高等院校人工智能通识课系列“新形态”规划教材

人工智能通识实践教程

主　编　孙玉昕　章　瑾　张　蕾
副主编　曹　浩　黄　轲　吴　静　李　堃

本书资源使用说明

北京邮电大学出版社
·北京·

内容简介

本书内容涵盖了人工智能基础入门、创意设计工具应用、智能办公软件、智能数据分析基础、数据分析工具入门以及智能体开发等主题与实践领域。从基础操作到复杂的大模型应用实践，本书全面展现了人工智能通识课的实践教学内容。本书旨在通过实践，巩固学生的理论知识，显著提升学生的实践技能，激发学生对人工智能技术的浓厚兴趣，培养学生的创新思维与解决问题的能力。通过对本书的学习，学生能够将所学知识灵活应用于实际生活与工作中，从而全面提升综合实践与创新应用能力。

本书适合作为高等院校人工智能通识课程的教材或实验指导书，也可供对人工智能实践感兴趣的学习者参考使用。

图书在版编目（CIP）数据

人工智能通识实践教程 / 孙玉昕，章瑾，张蕾主编．
北京：北京邮电大学出版社，2025．-- ISBN 978-7-5635-7601-2
Ⅰ．TP18
中国国家版本馆 CIP 数据核字第 2025PT6987 号

策划编辑：韩　霞　**责任编辑**：韩　霞　**封面设计**：广信达雅

出版发行：北京邮电大学出版社
社　　址：北京市海淀区西土城路 10 号（100876）
电话传真：010-82330190　62282185（发行部）　010-82333009　62283578（传真）
网　　址：www.buptpress3.com
电子信箱：buptpress3@163.com
经　　销：各地新华书店
印　　刷：鸿博睿特（天津）印刷科技有限公司
开　　本：787 mm × 1 092 mm　1/16
印　　张：10
字　　数：243 千字
版　　次：2025 年 8 月第 1 版
印　　次：2025 年 8 月第 1 次印刷

ISBN 978-7-5635-7601-2　定价：49.80 元

前　言

在当今这个数字化浪潮席卷全球的时代，人工智能（artificial intelligence，AI）正以不可阻挡之势成为驱动社会变革与创新的核心引擎。本书是为学生量身打造的与人工智能通识课程紧密配套的实践用书，致力于深入推进人工智能知识的普及，进一步提升学生的信息素养、创新能力和实践能力。

本书紧密围绕人工智能通识课程的核心知识板块，安排了人工智能基础入门、创意设计工具应用、智能办公软件、智能数据分析基础、数据分析工具入门、智能体开发等丰富的实验内容，系统构建了从基础实验操作到复杂应用的完整实验体系。本书旨在通过精心设计的实验项目、翔实的案例剖析以及项目驱动式的实践教学手段，引导学生在实践中深入领略人工智能的独特魅力，熟练掌握人工智能技术在各行业融合应用的实践方法，实现理论与实践的有机融合。

大模型技术作为人工智能领域的里程碑式突破，凭借大规模预训练的优势，在众多任务场景中实现了前所未有的高水平表现，极大降低了人工智能应用的开发门槛。本书强调在实验教学中，应引导学生切实体验大模型技术的强大功能与广泛潜力，激发其对人工智能的兴趣与热情。同时，本书特别关注人工智能伦理与法律规范，将其贯穿于实验始终，旨在引导学生树立正确的技术观，培养其社会责任感和职业道德，确保人工智能技术能更好地服务于人类社会。

人工智能技术正处于日新月异的发展阶段，其应用边界不断拓展——从生成文本到创作图像，从合成音频到编辑视频，人工智能挑战着人类在创造与艺术领域的传统认知。本书旨在帮助学生剖析这一变革背后的科学原理、前沿技术与应用场景，全方位培养其创新思维和跨学科的综合能力，实现从“学知识”到“强能力”的学习模式转变。本书倡导项目驱动学习，鼓励学生主动探索与实践，在尝试与创新中提升解决问题的能力。同时，通过深度的技术融合，本书为学生开启通向未来科技的大门，助其在体验人工智能魅力的同时，为迎接数字化时代做好充分准备。

本书的创新特色主要体现在以下几个方面。

1. 实践导向鲜明

本书内容紧密贴合大学生人工智能零基础的学习需求，以大模型技术为核心，实现跨学科融合应用。本书以学生为中心，精心设计实验项目和教学环节，着重培养学生的创新思维，提升其发现与解决问题的综合能力，助力其成长为具备创新精神的应用型人才。

2. 教学模式先进

本书结合丰富多样的案例，采用项目驱动式教学方法，引导学生在完成任务的过程中深化理论知识的理解与掌握，强化实践技能，激发其求知欲和创新潜能，同步培养其自主学习和团队协作能力。

3. 案例新颖、鲜活

本书精心选取时代性强、广受大学生喜爱的案例，如当下流行的社交媒体、智能分析、人工智能绘画创作等。这些案例贴近学生日常的应用场景，有助于提升学生的学习兴趣与学习效果，契合数字时代潮流。

本书依托湖北省一流本科课程“人工智能导论”，在编写过程中积极寻求与企业的深度合作，旨在为学生提供全面、深入的人工智能知识实践体系。在实践探索中，本书得到了教育部产学合作协同育人项目金山办公软件“国产化背景下大学计算机基础实践教学改革与实践”、“商汤通识课实验室项目”和百度“AI+X”产学研融合创新人才培养基地的支持，助力学生紧跟技术发展步伐，提升创新意识与实践能力。同时，湖北省教研项目“基于大模型的人工智能通识课跨学科融合教学实践研究”的先进成果，也为本书的编写注入了强大的动力。通过将人工智能技术融入教学实践，极大地丰富了教学手段，为学生搭建了一个广阔且富有活力的学术视野拓展平台和创新能力培养平台。

本书由孙玉昕、章瑾、张蕾担任主编，曹浩、黄轲、吴静、李堃担任副主编。在编写的过程中，我们得到了卢涛、万信琼、程卫红、尤喆、熊芸等多位老师的宝贵意见与支持。同时我们与珠海金山办公软件有限公司的万斌、上海商汤智能科技有限公司的张鑫、百度飞桨（武汉）人工智能产业赋能中心的赵勇等专业人士进行了深入探讨和技术交流，有力确保了本书内容的科学性、前沿性和实用性。

尽管编者竭尽全力，力求打造高质量教材，但受限于时间与能力，书中疏漏与不足之处在所难免。我们恳切希望读者不吝赐教，提出宝贵的意见和建议，联系邮箱为 mizj1213@wit.edu.cn。您的每一个反馈都是我们持续改进的重要动力。

编　者

2025 年 5 月于武汉

目 录

CONTENTS

第 1 章 人工智能基础入门

大模型通常指的是具有大规模参数和复杂计算结构的机器学习模型。这种模型通常由深度神经网络构成，拥有数十亿甚至数千亿个参数。大模型的设计目的在于通过海量数据训练学习复杂的模式和特征，从而具备强大的泛化能力，能够对未见过的数据作出准确的预测和分析。在实际应用中，大模型具备自主发现新的、更高级的特征和模式的能力。这种能力被称为“涌现能力”，是大模型与传统模型的主要区别。依据不同的应用领域，大模型可被划分为通用大模型、行业大模型与垂直大模型。大模型通常具有规模性（参数量大）、涌现性（产生预料之外的新能力）及泛化性等特点。

2024 年 12 月 26 日，杭州深度求索人工智能基础技术研究有限公司（DeepSeek）发布了全新一代大模型DeepSeek-V3。在多个基准测试中，DeepSeek-V3 的性能均超越了其他开源模型，甚至与顶尖的闭源大模型GPT-4o不相上下，尤其在数学推理上，DeepSeek-V3 更是遥遥领先。DeepSeek-V3 以多项开创性技术，大幅度提升了模型的性能和训练效率。DeepSeek-V3 在性能比肩 GPT-4o 的同时，全部训练成本却只有 557.6 万美元，不到后者的二十分之一。因为表现太过优越，DeepSeek 在硅谷被誉为“来自东方的神秘力量”。2025 年 1 月 20 日，DeepSeek 正式发布 DeepSeek-R1 模型，其拥有卓越的性能，在数学、代码和推理任务上可与 OpenAI o1 媲美。

项目 1 人工智能通用大模型工具

实验目的

（1）了解并实践如何使用主流大模型进行问题解答和文本生成。

（2）探索不同大模型的特点和优势，理解大模型在各个领域的应用潜力。

（3）学习如何根据具体需求选择合适的大模型工具，提高问题解决效率。

（4）通过实际操作，加深对人工智能技术的理解和应用能力。

案例 1 DeepSeek 应用

DeepSeek有三种模式：基础模型（V3）、深度思考（R1）和联网搜索。简单的文书工作、总结信息等任务可以利用基础模型（V3）模式解决；需要深入分析和解决方案的场合采用深度思考（R1）模式；获取最新数据及信息趋势采用联网搜索模式。

操作步骤

（1）进入DeepSeek官网（https://www.deepseek.com），单击“开始对话”按钮（见图1.1）新建对话。在DeepSeek对话界面，如图1.2所示，可以看到对话框的左下角有“深度思考（R1）”和“联网搜索”两个按钮，这两个按钮被单击时会改变状态，按钮变蓝时为选中状态，会开启对应的模式。

图 1.1 “开始对话”按钮

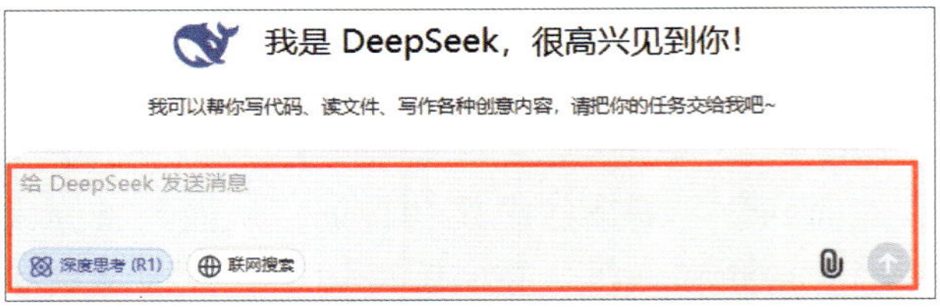

图 1.2 DeepSeek对话界面

（2）在基础（V3）模型模式（不选中对话框左下角任何按钮的状态）下，输入以下提示词并执行。

提示词1： 帮我总结《静夜思》这首诗的诗意。

提示词2： 请撰写一份通知，主要内容是学院即将举办报告会，时间为2025年9月15日，地点在图灵报告厅，主题是人工智能在化工领域中的应用。

（3）深度思考（R1）模式能进行多层级逻辑推理，开启深度思考（R1）模式，输入以下提示词并执行。

提示词1： 请从技术创新、市场需求、政策环境三个方面，深入分析人工智能在医疗领域中的应用现状及未来发展趋势。

提示词2： 以智能手机市场为例，结合当前消费者需求和竞争对手策略，制订一份具有创新性和可操作性的市场营销方案。

（4）DeepSeek-R1数据库更新内容截至2024年12月，对于涉及网络信息、热点新闻的问题可以使用联网搜索模式解决。开启联网搜索模式，输入以下提示词并执行。

提示词1： 查询腾讯控股最新股价、成交量和涨跌幅。

提示词2： 查找最近一周内关于人工智能监管政策的热点新闻报道。

可以通过相同提示词在不同模式下的响应对比，观察各模式在信息处理深度、时效性和逻辑复杂度上的差异。

案例2 腾讯元宝

腾讯元宝有App、PC端、网页和微信小程序四大平台。通过无缝衔接微信生态，腾讯元宝以联系人身份嵌入用户通信录。腾讯元宝搭载混元和DeepSeek双模引擎，支持以下核心功能：一键解析转发的公众号文章、图片和文档（支持PDF、Word文档等格式），提供秒级详细分析；智能互动支持文字和语音输入，聊天界面实时显示“对方正在输入…”，营造真人对话体验；跳转追问生成内容时提供跳转页面，用户可无缝切换到腾讯元宝App深入提问。

操作步骤

（1）在微信主界面中搜索“元宝”，如图 1.3 所示，点击搜索结果中的“元宝”右侧的“聊天”按钮，再点击聊天界面顶部显示的“对方还不是你的朋友”进入如图 1.4 所示的元宝介绍界面，点击“添加到通讯录”按钮完成好友添加。添加完成后，在微信聊天界面就可以看到联系人中出现“元宝”了。高频使用者可在与元宝的聊天界面中，点击右上角的三个点，然后打开“置顶聊天”开关。

08:50
元宝
搜索
取消
全部
账号
问一问
视频
腾讯元宝
官方
应用服务
腾讯元宝
DeepSeek ...
立即下载
官方账号
腾讯元宝
公众号 3个朋友关注
前往
元宝
一个帮你快速总结公众号...
聊天
元宝 - 账号
更多
腾讯元宝
小程序
使用过

图 1.3　搜索“元宝”

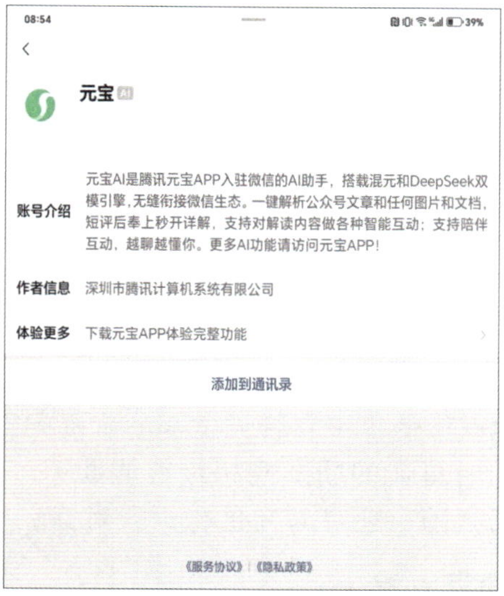

08:54
元宝
AI
账号介绍
元宝AI是腾讯元宝APP入驻微信的AI助手，搭载混元和DeepSeek双模引擎，无缝衔接微信生态。一键解析公众号文章和任何图片和文档，短评后奉上秒开详解，支持对解读内容做各种智能互动；支持陪伴互动，越聊越懂你。更多AI功能请访问元宝APP！
作者信息
深圳市腾讯计算机系统有限公司
体验更多
下载元宝APP体验完整功能
添加到通讯录
《服务协议》 《隐私政策》

图 1.4　元宝介绍界面

（2）给元宝发送公众号文章链接后，可进行以下交互（见图 1.5 和图 1.6）。

对话 1： 请总结核心内容。

对话 2： 此次的新进展具有什么重要意义？

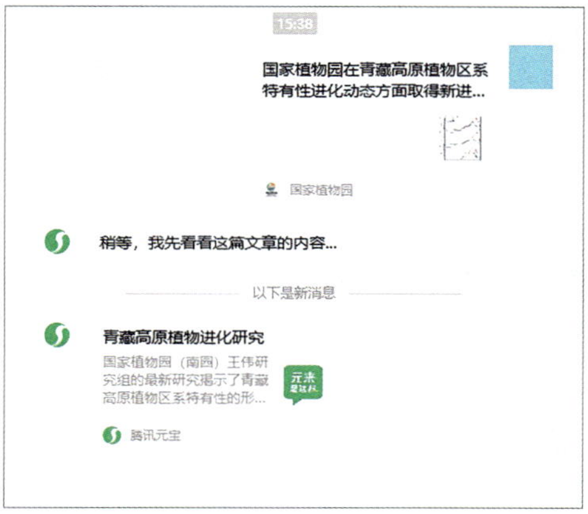

15:38
国家植物园在青藏高原植物区系特有性进化动态方面取得新进...
国家植物园
稍等，我先看看这篇文章的内容...
以下是新消息
青藏高原植物进化研究
国家植物园（南园）王伟研究组的最新研究揭示了青藏高原植物区系特有性的形...
腾讯元宝

图 1.5　将公众号文章链接转发到元宝聊天界面

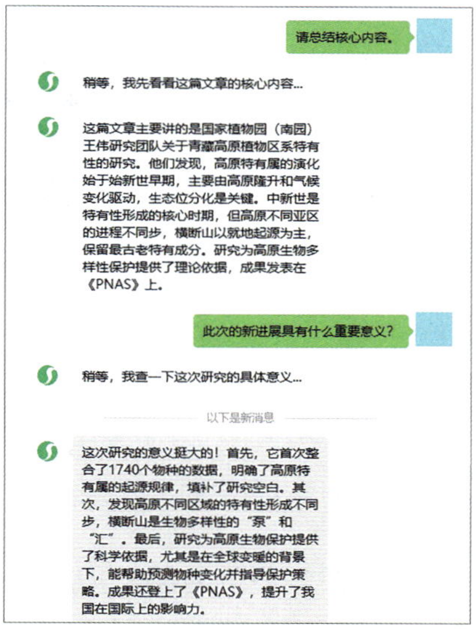

请总结核心内容。
稍等，我先看看这篇文章的核心内容...
这篇文章主要讲的是国家植物园（南园）王伟研究团队关于青藏高原植物区系特有性的研究。他们发现，高原特有属的演化始于新世早期，主要由高原隆升和气候变化驱动，生态位分化是关键。中新世是特有性形成的核心时期，但高原不同亚区的进程不同步，横断山以就地起源为主，保留最古老特有成分。研究为高原生物多样性保护提供了理论依据，成果发表在《PNAS》上。
此次的新进展具有什么重要意义？
稍等，我查一下这次研究的具体意义...
以下是新消息
这次研究的意义挺大的！首先，它首次整合了1740个物种的数据，明确了高原特有属的起源规律，填补了研究空白。其次，发现高原不同区域的特有性形成不同步，横断山是生物多样性的“泵”和“汇”。最后，研究为高原生物保护提供了科学依据，尤其是在全球变暖的背景下，能帮助预测物种变化并指导保护策略。成果还登上了《PNAS》，提升了我国在国际上的影响力。

图 1.6　与元宝交互

（3）利用元宝的生活小助手功能（见图 1.7 和图 1.8），可进行以下交互。

对话 1： 查询武汉到北京的火车时刻表。

对话 2： 明天我从武汉去北京，要带伞吗？

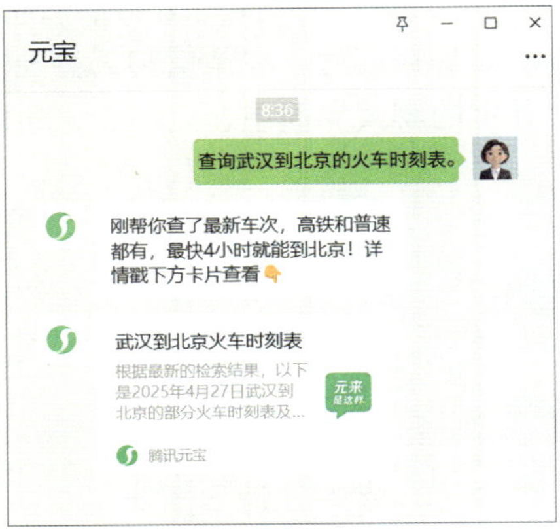
元宝
8:36
查询武汉到北京的火车时刻表。
刚帮你查了最新车次，高铁和普速都有，最快4小时就能到北京！详情戳下方卡片查看
武汉到北京火车时刻表
根据最新的检索结果，以下是2025年4月27日武汉到北京的部分火车时刻表及...
腾讯元宝

图 1.7　查询火车时刻表

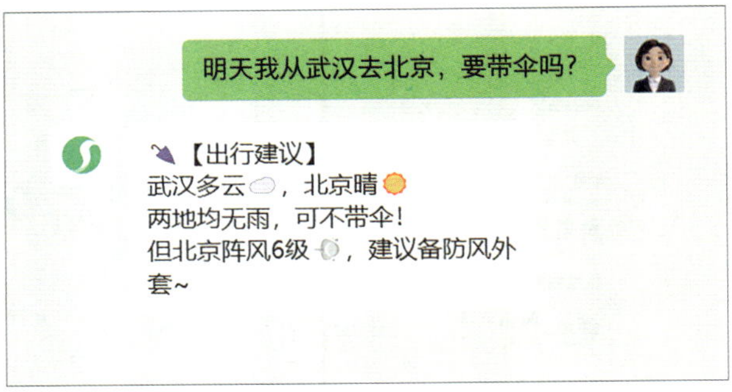
明天我从武汉去北京，要带伞吗？
【出行建议】
武汉多云，北京晴
两地均无雨，可不带伞！
但北京阵风6级，建议备防风外套~

图 1.8　查询天气

将元宝添加为微信好友，能带来诸多好处：使用便捷性提升，降低使用门槛，能随时随地在微信里跟它聊天、互动、提问，使用变得更加自然，无须刻意启动 AI 工具，它就像随时待命的朋友或超级智能助手。和元宝聊天时，仿佛真人在陪聊，能带来轻松的聊天氛围，还可与其进行语音对话，交流方式更丰富。

案例 3　秘塔 AI

进入秘塔 AI 官网（https://metaso.cn/），如图 1.9 所示。单击右上角蓝色色块即可进入如图 1.10 所示的“今天学点啥”界面（https://metaso.cn/study）。秘塔 AI 支持通过两种方式输入学习内容：一是上传本地文件，如 PDF、DOCX 等格式的文档；二是输入网址或关键词进行搜索。

metaso.cn
秘塔AI搜索
没有广告，直达结果
主页
专题
今天学点啥
书架
设为默认
最近
手机端
更多

图 1.9　秘塔 AI 官网

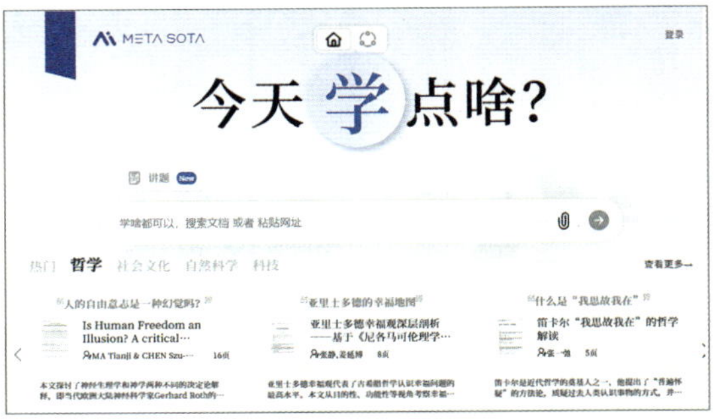
META SOTA
今天 学 点啥？
哲学

图 1.10　秘塔的“今天学点啥”界面

操作步骤

（1）输入要学习的主题，如在聊天框中输入“人工智能的三大基础”，按 Enter 键，会出现相关文献资料，如图 1.11 所示，选择其中一份资料，资料右下角会出现“查看原文”和“点击讲解”链接。

（2）单击“查看原文”链接，跳转到如图 1.12 所示的阅读讲解界面。单击如图 1.13 所示界面右上角的按钮打开源文件，在源文件界面中单击“下载”按钮可以下载本 PDF 格式文件到本地。还可以单击图 1.13 中的“加入书架”按钮将该文件加入书架，作为个人书籍方便查找。

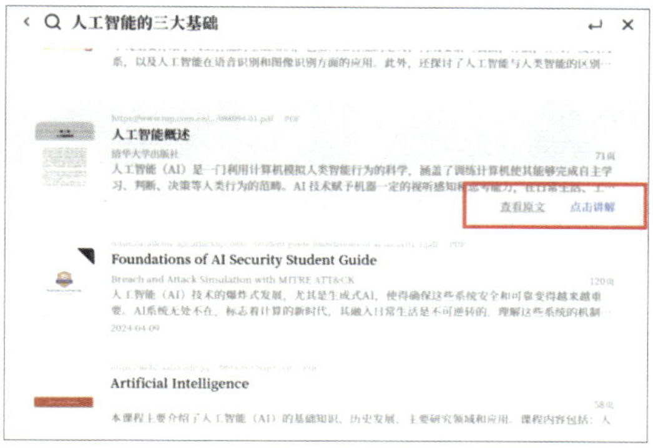

图 1.11　资料界面

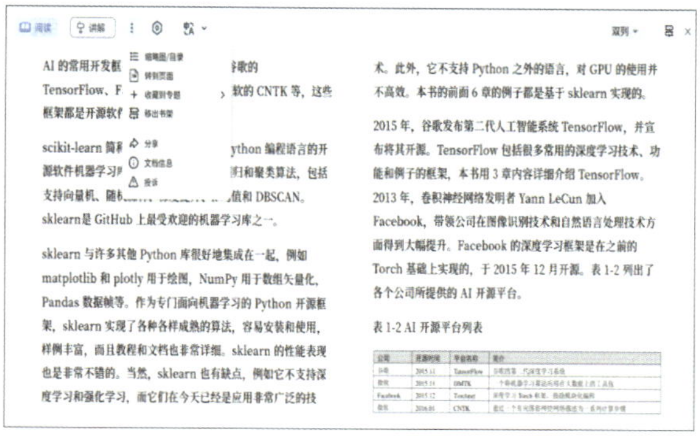

图 1.12　阅读讲解界面

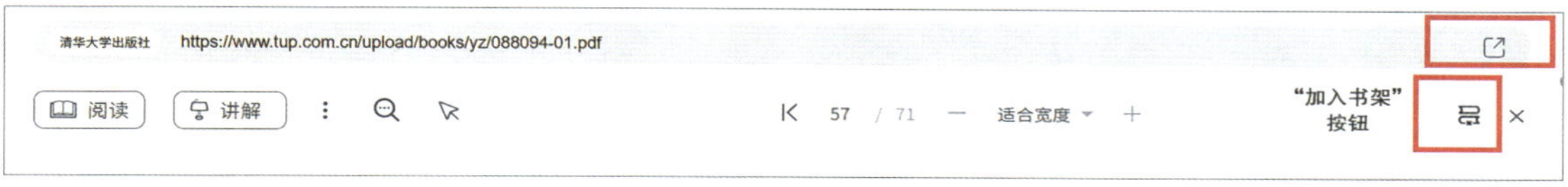

图 1.13　打开源文件和加入书架

（3）在资料界面单击“点击讲解”链接，可跳转到如图 1.14 所示的界面，设置“进阶者”和“课堂”的风格，单击“确定”按钮，完成个性化定制。课件成功生成，开始讲解，如图 1.15 所示。AI 生成的讲解根据不同的学科会尝试不同的风格，比如哲学类可以用苏格拉底的方法。单击讲解界面右上角的“原文对照”按钮可以看到原文，利用讲解界面底部的“问问老师”框可以提问。

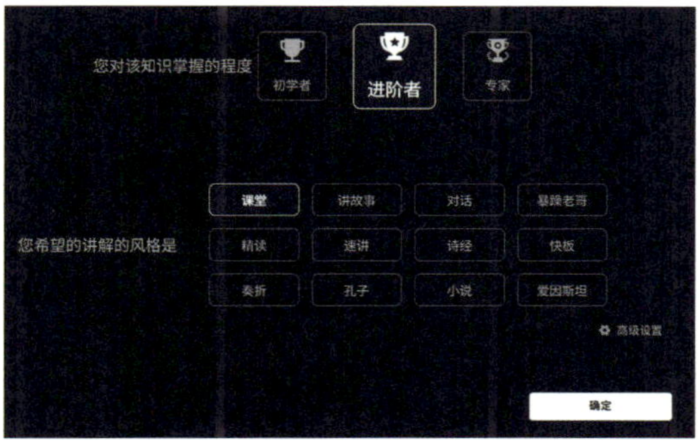

图 1.14　个性化定制界面

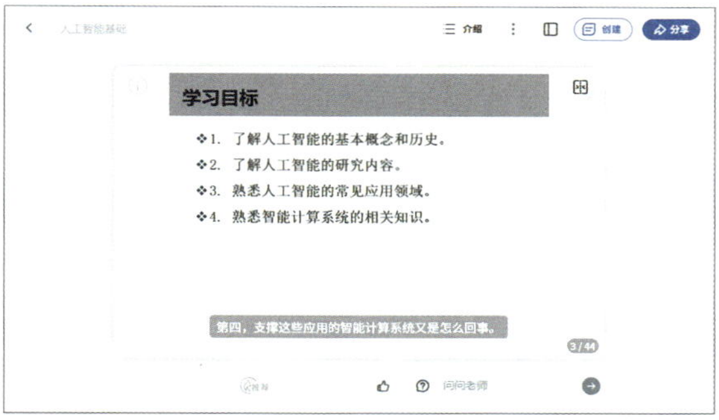

图 1.15　讲解界面

（4）课程学习完毕，会出现“恭喜您完成了本次学习！”界面，如图 1.16 所示。单击“考考我”按钮，会出现考试测试题目，如图 1.17 所示。完成考试，这个主题的学习就完成了，单击“看推荐”按钮，系统还会根据用户的兴趣推荐相关的资料。单击“分享卡”按钮可以下载课程，分享学习卡片，邀请好友共学，构建一个学习社区。

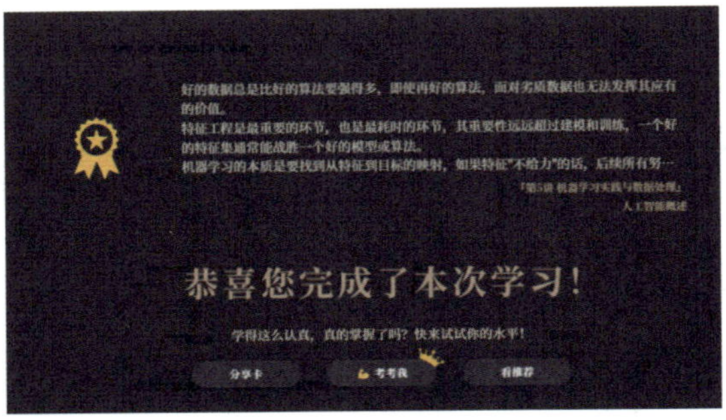
恭喜您完成了本次学习！
学得这么认真，真的掌握了吗？快来试试你的水平！
分享卡
考考我
看推荐

图 1.16　完成学习界面

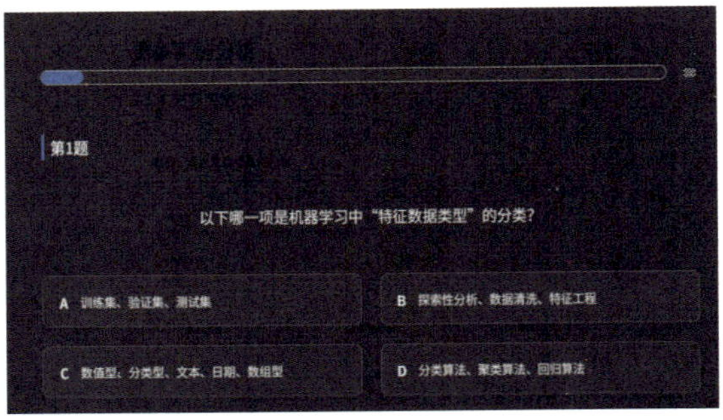
第1题
以下哪一项是机器学习中“特征数据类型”的分类？
A 训练集、验证集、测试集
B 探索性分析、数据清洗、特征工程
C 数值型、分类型、文本、日期、数组型
D 分类算法、聚类算法、回归算法

图 1.17　“考考我”界面

案例 4　百度文心一言

文心大模型有两种类型：文心 4.5 Turbo 和文心 X1 Turbo。其中文心 4.5 Turbo 速度更快；文心 X1 Turbo 可以进行深度思考，智能化程度更高。在文心一言中，分别选择文心 4.5 Turbo 和文心 X1 Turbo 后上传一张照片（照片很模糊，大致能看出是两个人在争抢一个球），并给出提示词“这是哪一场比赛？”，二者的结果分别如图 1.18 和图 1.19 所示。

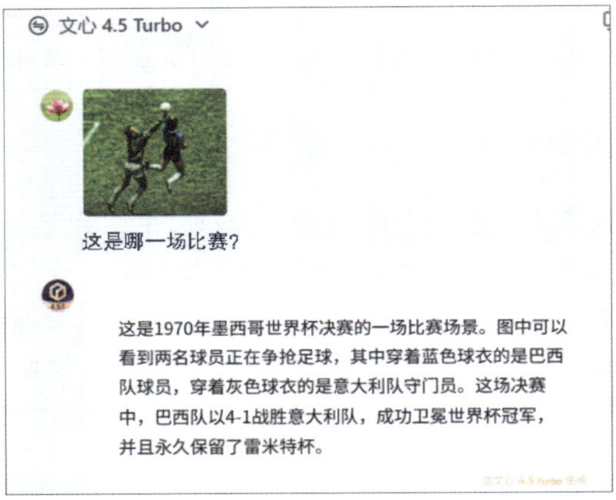
文心 4.5 Turbo
这是哪一场比赛？
这是1970年墨西哥世界杯决赛的一场比赛场景。图中可以看到两名球员正在争抢足球，其中穿着蓝色球衣的是巴西队球员，穿着灰色球衣的是意大利队守门员。这场决赛中，巴西队以4-1战胜意大利队，成功卫冕世界杯冠军，并且永久保留了雷米特杯。

图 1.18　文心 4.5 Turbo 的结果

文心 X1 Turbo
这是哪一场比赛？
思考和行动过程
很抱歉，由于图片中缺乏足够的特定信息，如比赛名称、日期、参赛队伍名称或标志性事件等，我无法直接确定这是哪一场具体的足球比赛。不过，我可以根据图片内容为您提供一些描述：

图 1.19　文心 X1 Turbo 的结果

操作步骤

（1）输入提示词：

这是哪一场比赛？

可以看到相同的问题在两类大模型下有不同的答案，说明两类大模型对于多模态数据的理解能力不一样。

（2）在文心 X1 Turbo 模型下继续提问，输入提示词：

这是一场世界杯比赛，是马拉多纳参加过的比赛，你可以帮我继续解答吗？

得到如图 1.20 所示的答案。

（3）在文心 X1 Turbo 模型下开始新对话，如图 1.21 所示输入提示词：

听说武汉有种东西叫蒜鸟，请你把它画出来。

注意需要启动“联网搜索”“调用工具”两个工具。大模型思考后生成蒜鸟图片，如

图 1.22 所示。

（4）继续输入提示词：

写一份蒜鸟应聘武汉热干面代言人的简历，以 Word 文档形式给我。

生成文档后的界面如图 1.23 所示，单击红框中的链接，下载得到 Word 文档，如图 1.24 所示。

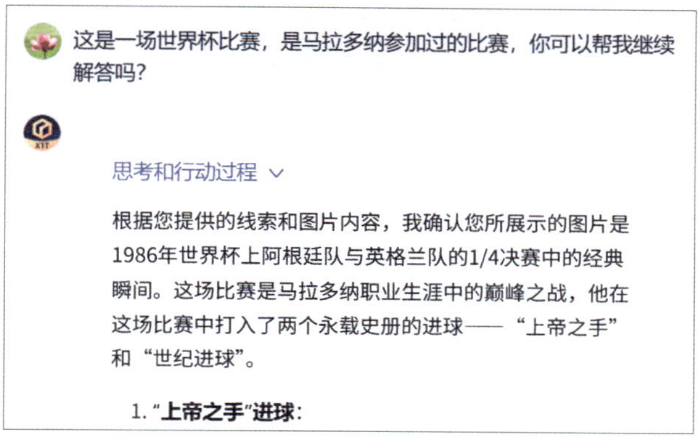
这是一场世界杯比赛，是马拉多纳参加过的比赛，你可以帮我继续解答吗?
思考和行动过程
根据您提供的线索和图片内容，我确认您所展示的图片是1986年世界杯上阿根廷队与英格兰队的1/4决赛中的经典瞬间。这场比赛是马拉多纳职业生涯中的巅峰之战，他在这场比赛中打入了两个永载史册的进球——“上帝之手”和“世纪进球”。
1.“上帝之手”进球:

图 1.20　与文心 X1 Turbo 对话

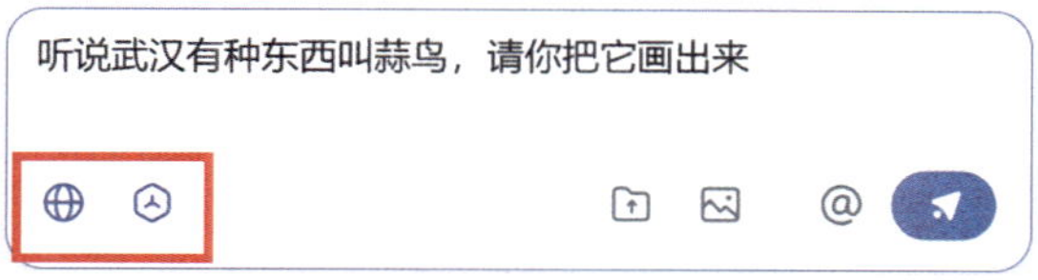
听说武汉有种东西叫蒜鸟，请你把它画出来

图 1.21　在文心 X1 Turbo 模型下开始新对话

图 1.22　蒜鸟图

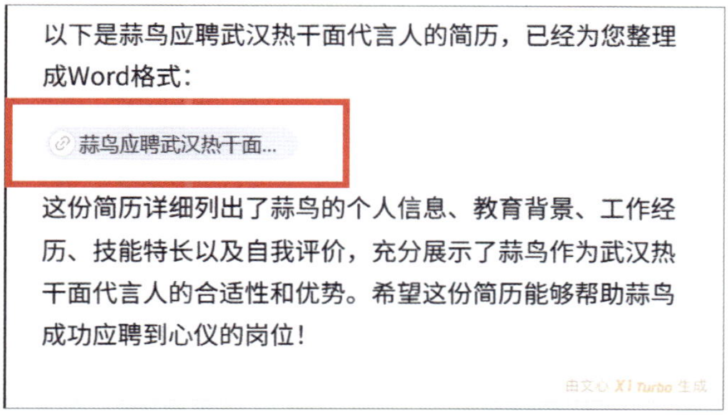
以下是蒜鸟应聘武汉热干面代言人的简历，已经为您整理成Word格式：
蒜鸟应聘武汉热干面...
这份简历详细列出了蒜鸟的个人信息、教育背景、工作经历、技能特长以及自我评价，充分展示了蒜鸟作为武汉热干面代言人的合适性和优势。希望这份简历能够帮助蒜鸟成功应聘到心仪的岗位！
由文心 X1 Turbo 生成

图 1.23　下载 Word 文档

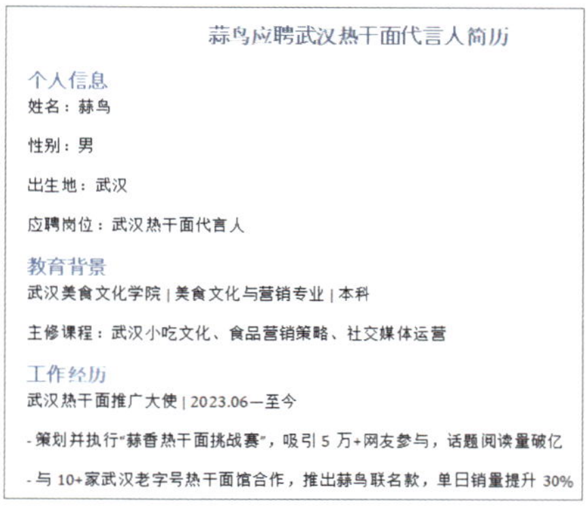
蒜鸟应聘武汉热干面代言人简历

个人信息

姓名：蒜鸟

性别：男

出生地：武汉

应聘岗位：武汉热干面代言人

教育背景

武汉美食文化学院 | 美食文化与营销专业 | 本科

主修课程：武汉小吃文化、食品营销策略、社交媒体运营

工作经历

武汉热干面推广大使 | 2023.06—至今

- 策划并执行“蒜香热干面挑战赛”，吸引 5 万+网友参与，话题阅读量破亿

- 与 10+家武汉老字号热干面馆合作，推出蒜鸟联名款，单日销量提升 30%

图 1.24　蒜鸟简历

案例 5　腾讯 ima

腾讯 ima 是一款 AI 智能工作台，面向学习、办公场景，以知识库为核心，是读、搜、

写一体的高效率工具，能帮助有知识获取、信息处理、内容输出需求的用户提升学习和工作效率。从“搜索引擎”功能来看，腾讯ima支持同时搜索多个来源，搜索范围也从传统网页扩展至微信公众号内容。与传统搜索引擎不同的是，腾讯ima不再只是检索关键词，而是能够理解表述和查询意图，提供更符合语义的精准答案。

腾讯ima个人知识库是面向个人用户的智能信息管理工具，其核心是通过AI技术整合、组织、检索和应用用户知识，本质上是对个人知识体系的数字化重构。在问答界面中，用户可在“基于全网”和“基于知识库”两种模式间自由切换。其中“基于知识库”模式会优先检索用户已添加的内容并生成总结性回答，帮助用户更聚焦于自有知识库的信息梳理。用户还可在输入框中直接粘贴网址链接，通过腾讯ima打开网页，并利用“问问ima”侧边栏或选中词语后弹出的工具栏菜单，实现随看随问、随读随记的交互体验。

操作步骤

（1）打开腾讯ima客户端，在对话框中输入提示词，如图1.25所示。

图1.25　ima对话框

（2）按Enter键，ima会给出回应，并且会列出参考资料，如图1.26所示。打开第一篇文章《上海交通大学、华东师范大学、浙江大学等高校接入满血版DeepSeek》，单击右上角“加入知识库”按钮，选择“个人知识库”，可见“加入知识库”按钮变为如图1.27所示状态，表示该文章已被添加到个人知识库，以后可在个人知识库中查看。

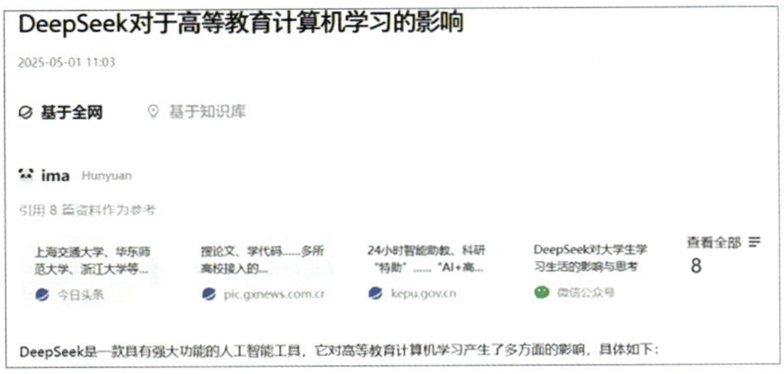

图1.26　参考资料列表

图1.27　已添加到知识库

（3）单击左侧导航栏的“个人知识库”按钮，可以看到文章已经导入个人知识库。单击“我创建的共享知识库”右侧的“+”按钮，创建共享知识库，如图1.29所示。

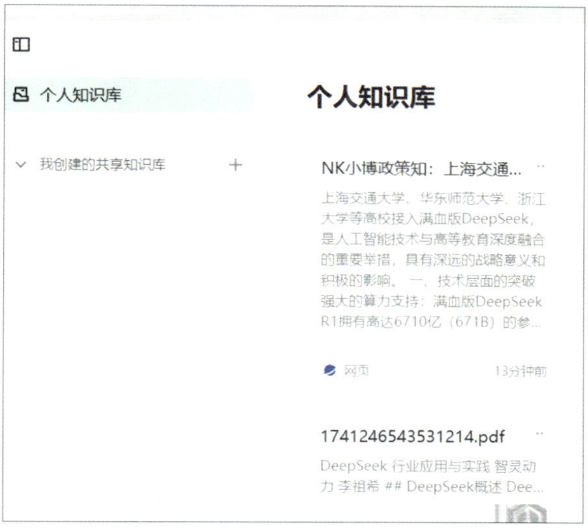

图 1.28 个人知识库

图 1.29 创建共享知识库

（4）打开刚才创建的共享知识库“DeepSeek 对于大学教育的影响”，单击“添加文件”按钮，如图 1.30 所示，可以添加本地文件及个人知识库中的资料，形成具有个人特色的知识库，如图 1.31 所示。

构建好知识库后，通过首页对话框，用户可以基于知识库文档向大模型提问，大模型会参考知识库文档生成答案。这样一个最简单的 AI 知识库就搭建完成了。

图 1.30 添加文件

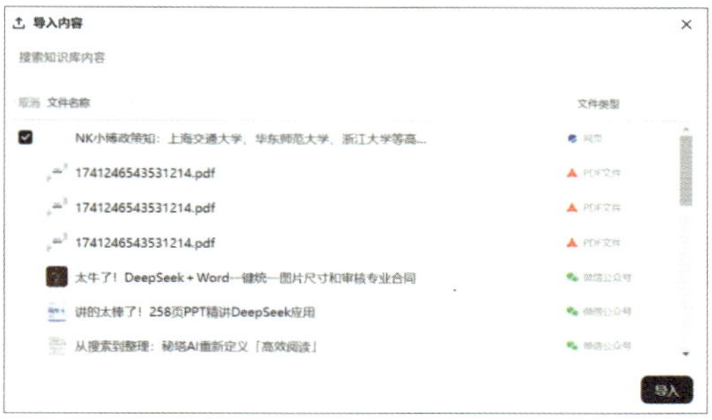

图 1.31 导入各类文件

（5）在 ima 知识库中，不仅可以导入本地文件，还能导入公众号文章、传统网页等。之后再阅读其他公众号文章时，可以单击创建的知识库界面右上角的“...”按钮进行权限管理。单击“分享”按钮，如图 1.32 所示，可以分享知识库二维码或链接给需要的朋友。

（6）搭建个人知识库后，可以基于知识库进行提问。针对其中的文章进行提问时，可双击该文章，在阅读界面单击右上角的“问问 ima”按钮，界面右侧将打开如图 1.33 所示的对话框，单击对应按钮可对文章进行总结和生成脑图（见图 1.34），也可以输入提示词进行互动提问，如图 1.35 所示。

DeepSeek对于大学教育的影响
三叶甘草创建
主要保存DeepSeek在AI+X的应用文章
8个内容 / 181.76KB
完整版 | 李彦宏最新演讲：一文看懂大模...
微信公众号
基于OBE理念的BOPPPS课程思政教学模...
微信公众号
腾讯元宝（DeepSeek V3）+ Napkin组...
微信公众号
【DeepSeek + Word教程】Deepseek...
微信公众号

图 1.32　分享知识库

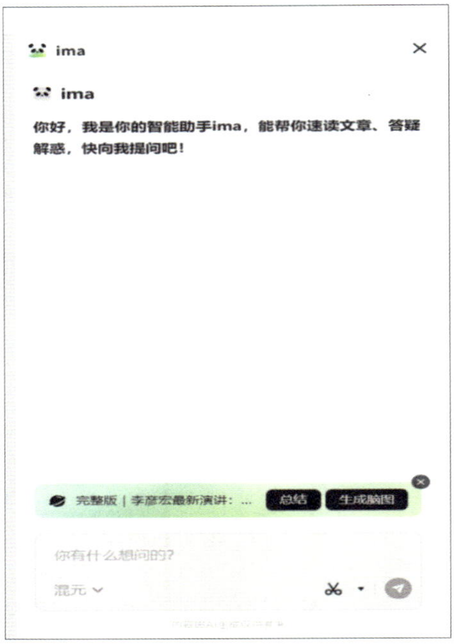
ima
ima
你好，我是你的智能助手ima，能帮你速读文章、答疑解惑，快向我提问吧！
完整版 | 李彦宏最新演讲：...
总结
生成脑图
你有什么想问的?
混元

图 1.33　“问问 ima”对话框

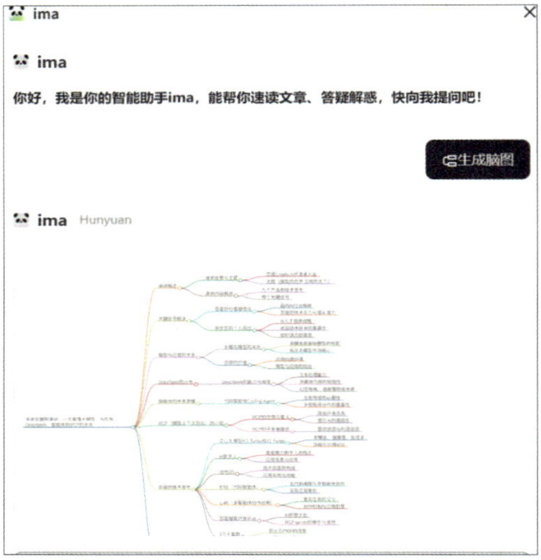
ima
ima
你好，我是你的智能助手ima，能帮你速读文章、答疑解惑，快向我提问吧！
生成脑图
ima Hunyuan

图 1.34　生成脑图

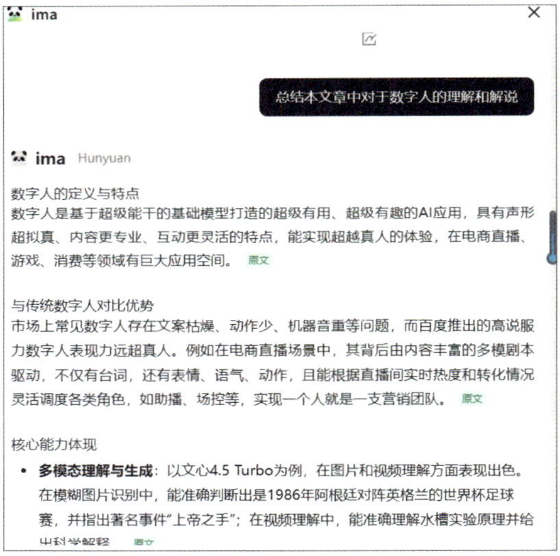
ima
总结本文章中对于数字人的理解和解说
ima Hunyuan
数字人的定义与特点
数字人是基于超级能干的基础模型打造的超级有用、超级有趣的AI应用，具有声形超拟真、内容更专业、互动更灵活的特点，能实现超越真人的体验，在电商直播、游戏、消费等领域有巨大应用空间。 原文
与传统数字人对比优势
市场上常见数字人存在文案枯燥、动作少、机器音重等问题，而百度推出的高说服力数字人表现力远超真人。例如在电商直播场景中，其背后由内容丰富的多模剧本驱动，不仅有台词，还有表情、语气、动作，且能根据直播间实时热度和转化情况灵活调度各类角色，如助播、场控等，实现一个人就是一支营销团队。 原文
核心能力体现
多模态理解与生成：以文心4.5 Turbo为例，在图片和视频理解方面表现出色。在模糊图片识别中，能准确判断出是1986年阿根廷对阵英格兰的世界杯足球赛，并指出著名事件“上帝之手”；在视频理解中，能准确理解水槽实验原理并给

图 1.35　互动提问

（7）如图 1.36 所示，ima 回答右下方会出现笔记图标，单击该图标，就可以直接将回答内容导入笔记。也可以单击侧边栏中的“笔记”按钮，打开笔记页面，记录总结。

笔记内容也是知识库的一部分，同样可以通过 AI 进行检索提问。记笔记时可以通过输入“/”来唤起 AI 联网查询资料，如图 1.37 所示。

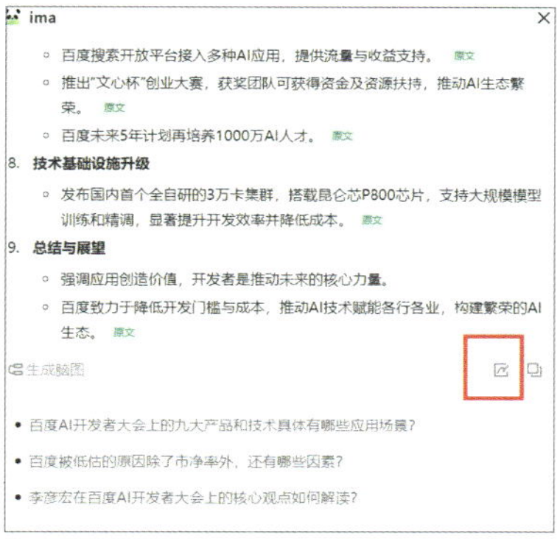
ima
百度搜索开放平台接入多种AI应用，提供流量与收益支持。
推出“文心杯”创业大赛，获奖团队可获得资金及资源扶持，推动AI生态繁荣。
百度未来5年计划再培养1000万AI人才。
8. 技术基础设施升级
发布国内首个全自研的3万卡集群，搭载昆仑芯P800芯片，支持大规模模型训练和精调，显著提升开发效率并降低成本。
9. 总结与展望
强调应用创造价值，开发者是推动未来的核心力量。
百度致力于降低开发门槛与成本，推动AI技术赋能各行各业，构建繁荣的AI生态。
生成脑图
百度AI开发者大会上的九大产品和技术具体有哪些应用场景?
百度被低估的原因除了市净率外，还有哪些因素?
李彦宏在百度AI开发者大会上的核心观点如何解读?

图 1.36　导入笔记

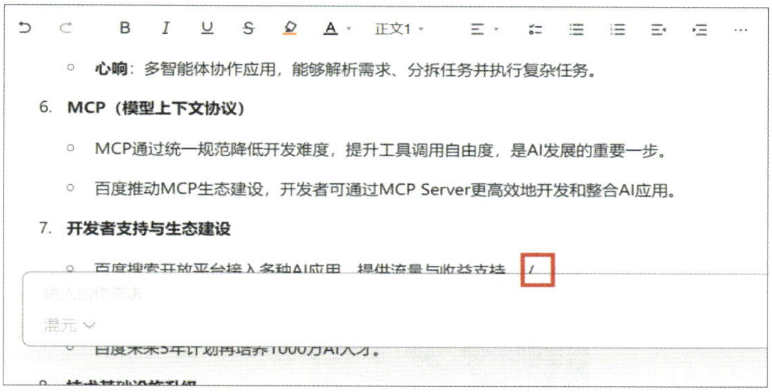
B I U S A 正文1
心响：多智能体协作应用，能够解析需求、分拆任务并执行复杂任务。
6. MCP（模型上下文协议）
MCP通过统一规范降低开发难度，提升工具调用自由度，是AI发展的重要一步。
百度推动MCP生态建设，开发者可通过MCP Server更高效地开发和整合AI应用。
7. 开发者支持与生态建设

图 1.37　唤起 AI 联网

在微信小程序中也可以调出使用ima。打开公众号文章后，点击右上角的“…”图标，选择分享到“用小程序工具打开”，再选择打开方式中的“小程序工具”找到ima，即可收藏该文章，方便后续查阅和使用。

案例 6　百度心响

百度全新的多智能体协作App心响，只需一句话就可以一键自动完成复杂任务。在接收用户需求后，心响能像“AI指挥官”一样运作：先将用户提出的复杂需求拆解成一系列子任务，然后通过自主规划与多智能体协作机制，调度多个领域的智能体并调用多种工具解决问题，确保任务分解到位、执行有力，最终交付与用户需求契合的成果。

在生活场景中，通过心响可以进行城市旅游规划：输入目的地城市名称，通过交互式数字人向导理清思路后，自动生成路线、景点、餐馆与酒店推荐，适配多样旅行风格。心响还提供AI社交模拟功能，用户可选择虚拟对象展开对话练习，自动分析表达特点与社交技巧，辅助提升社交能力。

在工作场景中，心响能帮助职场用户设定定时发送每日职位推荐等例行任务；支持一键生成复杂图表，包括动态排行榜、柱状图、折线图等十多种图表类型，并可设置定时任务制图，满足多样化的数据可视化需求。

在学习场景中，心响可用于知识查询、语言学习、日程规划等，进一步提升用户个人效率；还能制作试题讲解视频、生成学习资料。

多智能体分工协作是指模型上下文协议（model context protocol，MCP）由多个专业化AI智能体组成，每个智能体负责特定任务（如数据分析、行程规划、资源调度等），共同实现复杂需求。例如，当用户提出“策划一次家庭旅行”时，MCP会调用多个智能体分工处理：一个负责查询机票、酒店；一个生成行程路线；一个推荐当地美食；等等。

MCP能自动拆解用户的复杂需求，将各任务分配给最合适的智能体，并协调各环节的执行顺序，最终整合结果。例如，当处理“帮我写一份行业报告并做PPT”时，MCP会先调用研究型智能体搜集资料，再交给写作型智能体生成内容，最后由设计型智能体制作幻灯片。

操作步骤

（1）下载心响，进入首页面（见图 1.38），左右滑动页面找到上方导航栏的“健康咨询”

按钮并点击，如图 1.39 所示。

12:29
37%
心响
哇塞
五一来啦
例行任务
✨晚安故事集✨
每天晚上自动生成治愈系睡前故事，哄睡神器一键送达，让孩子甜蜜入梦，家长省心又轻...
回放
试一试
176
灵感
我的

图 1.38　心响首页面

12:29
37%
心响
法律咨询
健康咨询
智慧图表
突然暴瘦需警惕，小心糖尿病！
52岁男性咨询多饮多尿暴瘦等情况，已获得多科室综合控糖方案。
程梦婕
邓洪容
何峰
回放
问一问
8
头痛两周不见好，速看指导建议
65岁女性咨询反复头痛头晕等情况，多科室给出偏头痛指导方案。
回放
问一问
7
腹痛6小时，一键咨询多科室
28岁小伙咨询右下腹突发剧痛，多科室给出急性阑尾炎的就医建议。
回放
问一问
7
灵感
我的

图 1.39　心响中的“健康咨询”

（2）点击第一条推特案例，可看到示范提问“多饮、多尿、体重减轻 1 个月”接下来是心响给出的一系列问答过程，如图 1.40 所示，点击下方的“看回放”按钮，可以看到过程调用的整体流程，包括用户症状收集、多科室咨询以及最后的咨询报告和治疗方案，还有下载结果，如图 1.41 所示。

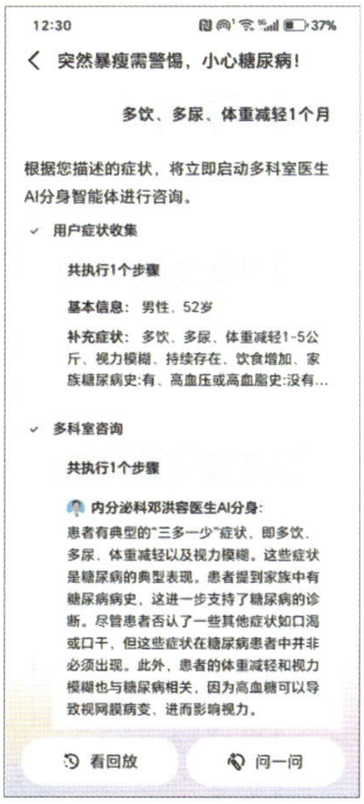
12:30
37%
突然暴瘦需警惕，小心糖尿病！
多饮、多尿、体重减轻1个月
根据您描述的症状，将立即启动多科室医生AI分身智能体进行咨询。
用户症状收集
共执行1个步骤
基本信息：男性、52岁
补充症状：多饮、多尿、体重减轻1~5公斤、视力模糊、持续存在、饮食增加、家族糖尿病史:有、高血压或高血脂史:没有...
多科室咨询
共执行1个步骤
内分泌科邓洪容医生AI分身:
患者有典型的"三多一少"症状，即多饮、多尿、体重减轻以及视力模糊。这些症状是糖尿病的典型表现。患者提到家族中有糖尿病病史，这进一步支持了糖尿病的诊断。尽管患者否认了一些其他症状如口渴或口干，但这些症状在糖尿病患者中并非必须出现。此外，患者的体重减轻和视力模糊也与糖尿病相关，因为高血糖可以导致视网膜病变，进而影响视力。
看回放
问一问

图 1.40　示范提问

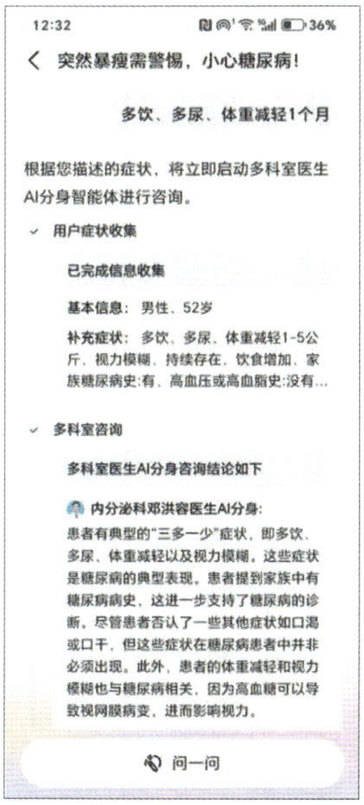
12:32
36%
突然暴瘦需警惕，小心糖尿病！
多饮、多尿、体重减轻1个月
根据您描述的症状，将立即启动多科室医生AI分身智能体进行咨询。
用户症状收集
已完成信息收集
基本信息：男性、52岁
补充症状：多饮、多尿、体重减轻1~5公斤、视力模糊、持续存在、饮食增加、家族糖尿病史:有、高血压或高血脂史:没有...
多科室咨询
多科室医生AI分身咨询结论如下
内分泌科邓洪容医生AI分身:
患者有典型的"三多一少"症状，即多饮、多尿、体重减轻以及视力模糊。这些症状是糖尿病的典型表现。患者提到家族中有糖尿病病史，这进一步支持了糖尿病的诊断。尽管患者否认了一些其他症状如口渴或口干，但这些症状在糖尿病患者中并非必须出现。此外，患者的体重减轻和视力模糊也与糖尿病相关，因为高血糖可以导致视网膜病变，进而影响视力。
问一问

图 1.41　心响回放

（3）回到首页，点击最下方的心响图标，可以自己创建新任务，如图 1.42 所示。例如，点击“AI 绘本”，输入“郑和下西洋”，如图 1.43 所示，点击“创建”按钮，可以设置绘本视频的配音、语言和风格，如图 1.44 所示。

图 1.42　创建新任务

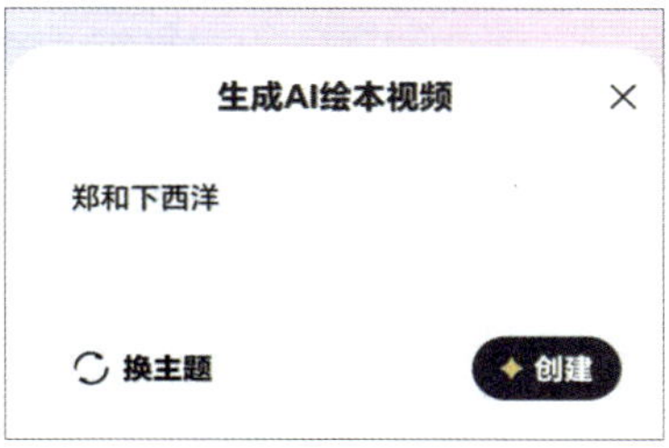

图 1.43　生成 AI 绘本视频

图 1.44　绘本视频具体参数设置

（4）图 1.45 所示为生成绘本的过程：首先连线百度文库 AI 小助手，再制作绘本大纲，最后生成绘本视频。最后生成的绘本视频还可以进行分享和下载，如图 1.46 所示。

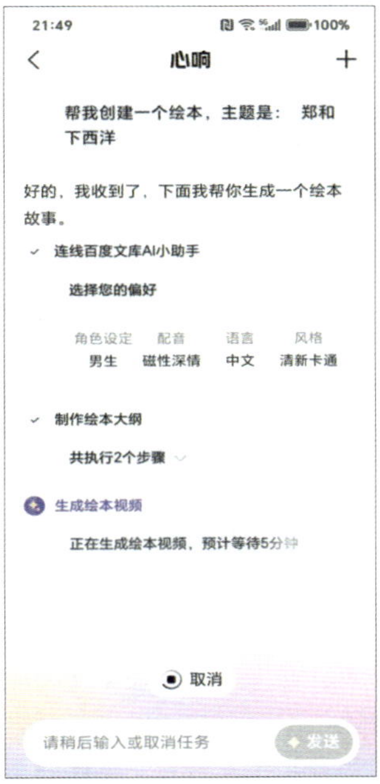

图 1.45　生成绘本的过程

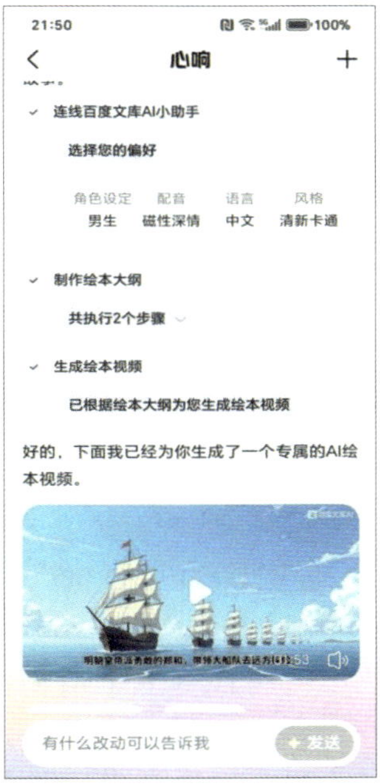

图 1.46　生成绘本视频

（5）心响还可以设置“例行任务”。例如，用户可以通过设置让心响每天早上 8 点发送一份AI早报；可以设置晚上10点准时推送睡前故事。以生成每日早报为例，创建“例行任务”，如图1.47所示输入“帮我生成一份AI资讯日报，整理24小时内AI的重要信息，以图片形式返回”，图1.48所示为效果图。

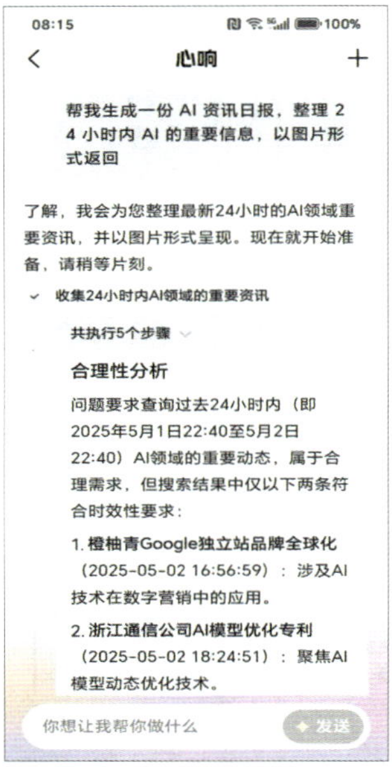
08:15
100%
心响
帮我生成一份 AI 资讯日报，整理 24 小时内 AI 的重要信息，以图片形式返回
了解，我会为您整理最新24小时的AI领域重要资讯，并以图片形式呈现。现在就开始准备，请稍等片刻。
收集24小时内AI领域的重要资讯
共执行5个步骤
合理性分析
问题要求查询过去24小时内（即2025年5月1日22:40至5月2日22:40）AI领域的重要动态，属于合理需求，但搜索结果中仅以下两条符合时效性要求：
1. 橙柚青Google独立站品牌全球化（2025-05-02 16:56:59）：涉及AI技术在数字营销中的应用。
2. 浙江通信公司AI模型优化专利（2025-05-02 18:24:51）：聚焦AI模型动态优化技术。
你想让我帮你做什么
发送

图1.47　创建“例行任务”

08:18
100%
AI资讯日报图片版
AI资讯日报
2025年5月2日 · 星期五
整理24小时内AI领域重要资讯
最新专利
2025-05-02 18:24
浙江通信公司申请AI模型动态优化专利
浙江省通信产业服务有限公司申请一项名为"一种基于客户端的AI模型动态优化以及自适应推理方法"的专利，公开号CN119903928A。
专利摘要：本申请公开了一种基于客户端的AI模型动态优化以及自适应推理方法，涉及模型优化技术领域，通过对用户端设备的硬件资源和运行环境进行分析，进而选择合适的AI模型部署至用户端设备，再对用户端设备的运行状态信息进行实时监测，从而对AI模型进行动态优化调整以达到高效推理的目的。
浙江省通信产业服务有限公司
杭州市

图1.48　效果图

用多智能体协作帮助用户搞定复杂任务，从“回答问题”升级为“完成任务”，减少用户操作步骤，这也是人工智能交互的未来趋势。

项目2　AI提示词应用

提示词（prompt）是指用户在与AI沟通的过程中，输入的用于引导AI生成特定内容或执行特定任务的文本信息。提示词就是用户与AI“对话”时所使用的语言，它可以是一个简单的问题，一段详细的指令，也可以是一个复杂的任务描述。其核心价值在于建立人类思维与机器理解之间的语义桥梁，既需要符合自然语言表达习惯，又要兼顾算法模型的解析特征。

提示词的基本要素包括角色、任务、背景和要求，其中任务是必需的，越多的背景信息越能优化输出质量。通过结构化表达可降低AI的认知偏差，例如，将“写首诗”扩展为“作为唐代诗人，请创作七言律诗描绘西湖春景，要求对仗工整并融入历史典故”。

角色：定义AI需要扮演的专业身份（如产品经理、文学编辑等），或限定回答视角（如初学者、专家等），明确的角色定位能激活AI相应的知识模块和行为模式。还可以表明角色具有哪些技能，如资深文学编辑及其主要编辑的文学作品。

任务：这是提示词的核心，明确告诉AI希望它执行什么任务。最好采用动词主导的祈使句式，如使用“分析”“创作”“解释”等动词。另外建议辅以精确的量化指标，如“200 字”“5 个要点或者表格形式”等。要避免模糊表述，如“处理一下”这类开放式指令。

背景：为AI提供背景信息，帮助它更准确地理解和执行任务。这包括行业领域（如金融、教育、医疗等）、使用场景（如学术论文、营销文案、技术文档等）和目标受众（如青少年、企业高管、科研人员等）三个维度。背景越具体，输出越具针对性。

要求：明确或隐含地表达对AI输出的要求和预期。这可分为内容要求（如数据来源、格式规范、知识深度等）、形式要求（如分点论述、图文结合、代码实现等）和风格要求（如严谨专业、幽默风趣、通俗易懂等）三个层次，必要时可通过负面示例划定禁忌区。

DeepSeek是推理型大模型，非指令型场景下使用时无须复杂、专业的提示词，应基于真实场景与具体需求提问。例如，准备与比亚迪供应商谈判，直接说明自身情况与想了解的内容，如“我下周要与比亚迪供应商谈判，但对动力电池一窍不通。帮我用最通俗的语言说明……”这样能获得更实用的分析和谈判话术。因此，使用DeepSeek时，可以在后面加上希望和担心，或者解决问题需要达到的要求等内容形式。

提示词 1：我要写一篇如何利用DeepSeek创作文案的口播稿，给创作者做指导用，希望文稿包含具体步骤，并且控制在500字以内，担心写得飘在空中不能给创作者具体的指导。

提示词 2：我是拥有 10 万粉丝的知识博主，目标受众是内容创作者（短视频创作者、自媒体人）。请为我创作一条关于“创作者如何利用DeepSeek高效创作短视频内容”的口播文案，要求给出具体的解决方案，约 300 字。

实验目的

（1）探究不同结构的提示词对AI生成内容质量的影响，通过设计一系列具有不同结构的提示词，分别从角色、任务、背景和要求等方面进行有针对性的调整，输入不同组合的提示信息。

（2）对生成的内容从多个维度进行质量评估，如内容的相关性和创新性、逻辑的连贯性、语言的流畅性以及是否符合设定的要求等。通过对比分析不同提示词结构下AI生成内容的质量差异，总结出哪些结构的提示词能够引导AI生成更高质量的内容。

（3）根据不同的需求和目的，精准地设计和运用提示词提供理论依据和实践指导，从而更有效地发挥AI在各种创作和任务执行中的作用。

案例 1 旅游计划

操作步骤

在AI大模型DeepSeek和通义大模型中分别输入如下提示词，观察结果。

提示词 1：我要给爸妈做一个从北京到西安的旅游攻略，希望让他们在西安开心地玩

5 天，但我担心他们玩得太累，他们的腿和腰不太好。

提示词 2： 作为 20 岁的大学生，我计划去武汉进行 3 ～ 4 天的美食旅行，主要目标是体验当地的特色小吃和市井美食文化。请帮我规划一份详细的武汉小吃攻略。

案例 2　减肥计划

操作步骤

（1）在 DeepSeek 中输入提示词：我想减肥，身高为 158 cm，体重为 60 kg，女性，20 岁，平时在学校上课忙，运动时间少（**背景**）。你作为一名专业营养学博士（**角色**），请帮我制订一份七天的饮食计划（**任务**），平时在学校食堂吃饭，控制每日热量摄入，将减肥饮食计划中的每日菜单转化为营养分析表，请标注各类营养成分（**要求**）。

DeepSeek 给出的结果如图 1.49 所示。

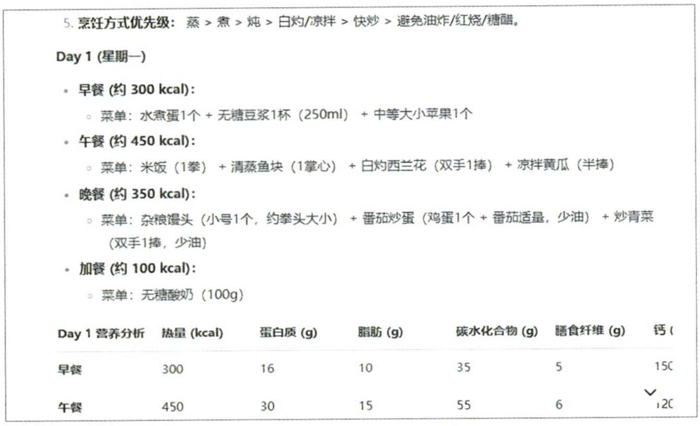
5. **烹饪方式优先级：** 蒸 > 煮 > 炖 > 白灼/凉拌 > 快炒 > 避免油炸/红烧/糖醋。

Day 1（星期一）

- **早餐（约 300 kcal）：**
  - 菜单：水煮蛋1个 + 无糖豆浆1杯（250ml） + 中等大小苹果1个
- **午餐（约 450 kcal）：**
  - 菜单：米饭（1拳） + 清蒸鱼块（1掌心） + 白灼西兰花（双手1捧） + 凉拌黄瓜（半捧）
- **晚餐（约 350 kcal）：**
  - 菜单：杂粮馒头（小号1个，约拳头大小） + 番茄炒蛋（鸡蛋1个 + 番茄适量，少油） + 炒青菜（双手1捧，少油）
- **加餐（约 100 kcal）：**
  - 菜单：无糖酸奶（100g）

Day 1 营养分析	热量 (kcal)	蛋白质 (g)	脂肪 (g)	碳水化合物 (g)	膳食纤维 (g)	钙 (
早餐	300	16	10	35	5	15C
午餐	450	30	15	55	6	12C

图 1.49　DeepSeek 给出的结果（部分）

（2）单击 DeepSeek 所给结果最后的“复制”按钮，如图 1.50 所示，再粘贴到 Word 文档中，会发现有文字错乱，也有很多的 #、* 等文字字样，主要是因为 DeepSeek 包含的 Markdown 格式标记未被正确解析。

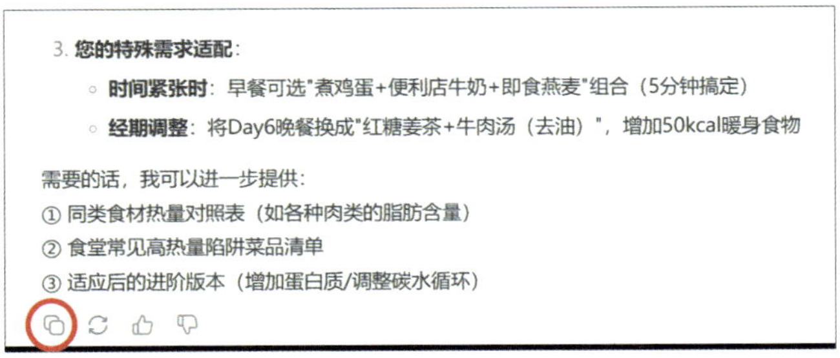
3. **您的特殊需求适配：**
   - **时间紧张时：** 早餐可选"煮鸡蛋+便利店牛奶+即食燕麦"组合（5分钟搞定）
   - **经期调整：** 将Day6晚餐换成"红糖姜茶+牛肉汤（去油）"，增加50kcal暖身食物

需要的话，我可以进一步提供：

① 同类食材热量对照表（如各种肉类的脂肪含量）

② 食堂常见高热量陷阱菜品清单

③ 适应后的进阶版本（增加蛋白质/调整碳水循环）

图 1.50　复制文本

（3）打开 WPS 软件，不要新建文字文档，要新建智能文档，如图 1.51 所示，再将从 DeepSeek 复制过来的内容（带 #、* 的文字）粘贴进去。WPS 的智能文档能识别 Markdown 格式标记。然后将智能文档中的文字复制到 Word 文档中，格式就正确了，也不再出现 #、* 等符号，结果如图 1.52 所示。

图 1.51　新建智能文档

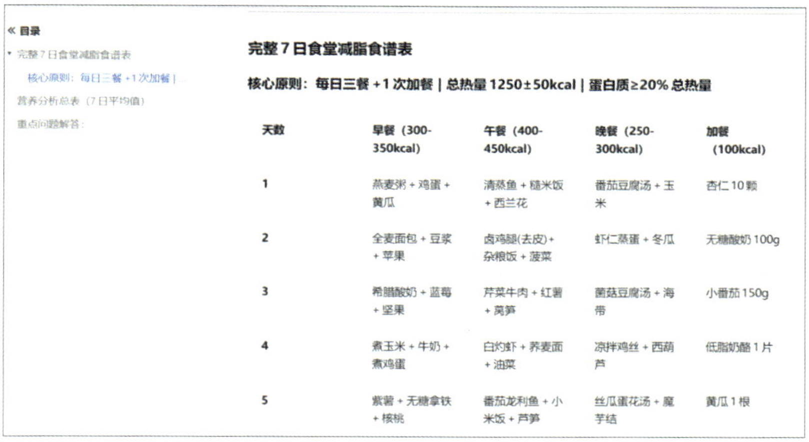

完整 7 日食堂减脂食谱表

核心原则：每日三餐 +1 次加餐 | 总热量 1250±50kcal | 蛋白质≥20% 总热量

天数	早餐（300-350kcal）	午餐（400-450kcal）	晚餐（250-300kcal）	加餐（100kcal）
1	燕麦粥 + 鸡蛋 + 黄瓜	清蒸鱼 + 糙米饭 + 西兰花	番茄豆腐汤 + 玉米	杏仁 10 颗
2	全麦面包 + 豆浆 + 苹果	卤鸡腿(去皮) + 杂粮饭 + 菠菜	虾仁蒸蛋 + 冬瓜	无糖酸奶 100g
3	希腊酸奶 + 蓝莓 + 坚果	芹菜牛肉 + 红薯 + 莴笋	菌菇豆腐汤 + 海带	小番茄 150g
4	煮玉米 + 牛奶 + 煮鸡蛋	白灼虾 + 荞麦面 + 油菜	凉拌鸡丝 + 西葫芦	低脂奶酪 1 片
5	紫薯 + 无糖拿铁 + 核桃	番茄龙利鱼 + 小米饭 + 芦笋	丝瓜蛋花汤 + 魔芋结	黄瓜 1 根

图 1.52　Word 文档格式计划表

（4）也可以在编辑完成智能文档后，下载时选择导出为 Word 格式，如图 1.53 和图 1.54 所示。

图 1.53　导出文档

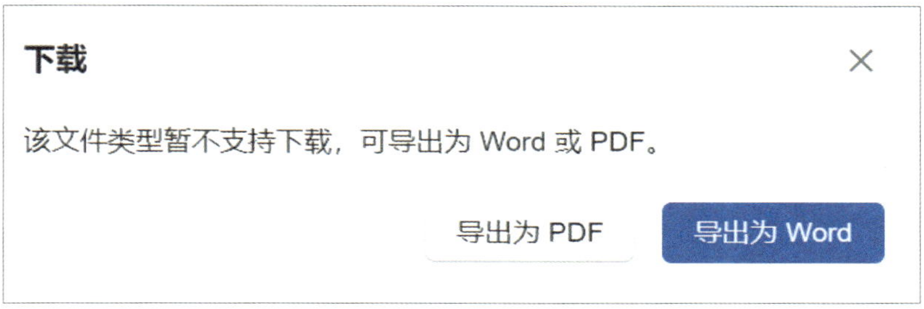

图 1.54　选择导出格式

（5）如图 1.55 所示，返回 DeepSeek 的 AI 对话中，在生成最后的内容后，追加一句提示词：

请将上面的内容，整理成 HTML 网页格式输出。

（6）单击"运行"按钮，可以生成一个网页，如图 1.56 所示。在浏览器里，全选网页上的所有内容，然后复制、粘贴到 WPS 中，这里格式也基本都被保留。

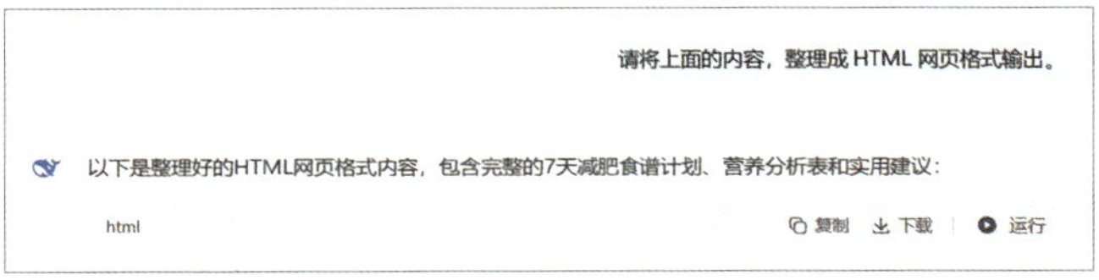

图 1.55　追问

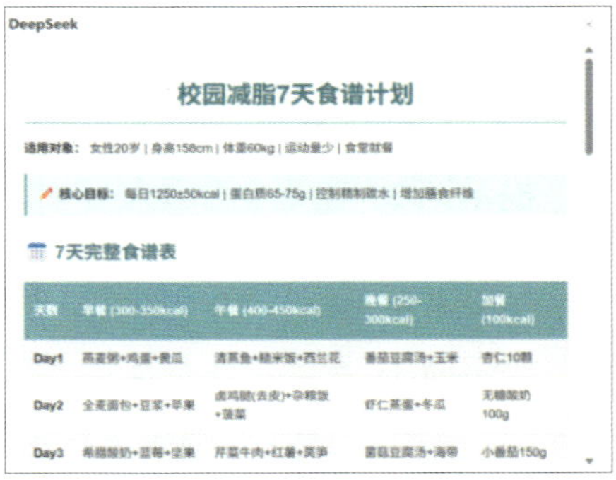

图 1.56　生成网页

（7）返回 DeepSeek 的 AI 对话中，在新开窗口生成最后的内容后，追加一句提示词：

请用HTML格式重新输出上面的回答，要求具有可以直接下载Word格式文档的功能。

最终结果如图1.57所示。

特别提醒，如果下载功能不能正常呈现，则可新开一个窗口，重新输出。注意不要打开深度思考（R1）模式和联网搜索模式，使用DeepSeek-V3运行代码，否则Word格式文档不能正常下载。

再次修改上面的最后一句提示词：

将以上内容输出为HTML格式，要求具有可以直接下载Word和Excel格式文档的功能。

输出结果如图1.58所示。

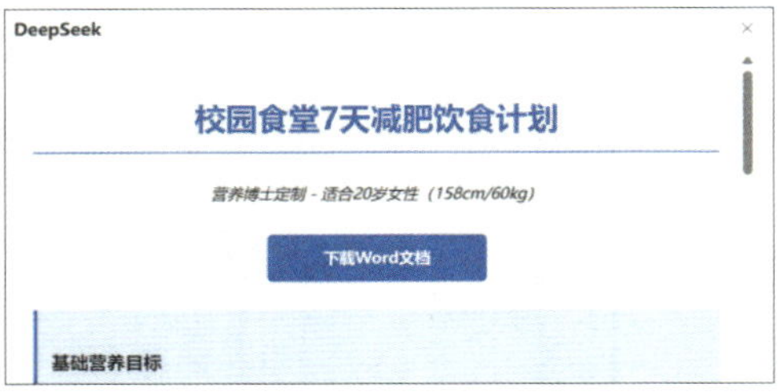

图1.57　具有下载功能的网页1

图1.58　具有下载功能的网页2

案例3　小说创作

本小说的背景为玄武门之变结束的当天，李世民在深夜写下一段独白，你觉得他会写什么？这是改变大唐命运的72小时，撰写短篇小说《玄武之夜》，要求字数为3 000左右。

角色可以为李世民，也可以为李世民身边的侍卫；可以采用不同的人物角色视角来增强故事的立体性（如提示词包含“多角色视角重构事件”）；要具有戏剧张力（如提示词包含“反套路反转剧情”）；还可以指定作家风格，以确保输出一致性。

操作步骤

在AI大模型DeepSeek和豆包中分别输入如下提示词，观察结果。

提示词1：创作一篇以玄武门之变为背景的短篇小说，主角为一名虚构的禁军侍卫，需包含三个视角（李世民、李建成、旁观百姓），设置一次关键反转（如侍卫身份的双重性），字数为3 000左右，风格参考马伯庸的历史悬疑叙事。

提示词2：你是一位畅销小说作家，你写了许多题材的小说，深受大众喜爱。接下来你将创作一部名叫《玄武之夜》的小说，模拟李世民在玄武门之变后的心理独白，字数不少于3 000。

提示词3：玄武门之变结束的当天，李世民在深夜写下一段独白，你觉得他会写什么？结合历史细节、复杂心理（如野心与愧疚的矛盾）、唐代文学风格，分析政变背景、儒家伦理冲突，结合文学意象（如朱砂象征血腥权力），生成兼具历史真实性与文学性的小说，字数不少于3 000。

创作小说需要注意：①创意写作技巧，能够设计引人入胜的情节，保持读者的兴趣；

②对话技巧，写出自然、真实的对话，增强人物的真实性和情感的表达；③情感表达技巧，通过文字细腻地描写人物的情感变化，打动读者的内心，具备强烈的共情能力。以上内容可以作为附加要求写在提示词最后。

思考与练习

1. 参考项目 1 的各类大模型的用法，利用合适的大模型给自己的英语学习课程做一份相关的学习课程课件。

2. 参考项目 2 的旅游计划，按照个人实际的要求完成新的旅游计划。在不同的大模型中添加提示词“输出为Excel表格形式”，观察实际是否可以把自己的旅游计划转换为Excel表格。

第 2 章 创意设计工具应用

AIGC（artificial intelligence generated content，人工智能生成内容）技术已经构建起跨模态创作生态，按模态转换类型可分为文生图、文生视频、文生声音及数字人四大类；技术架构上，既有基于深度神经网络的通用模型（如豆包、即梦 AI），也有聚焦特定领域的垂直工具（如天谱乐 AI 音乐生成）；应用场景则覆盖创意设计、广告营销、远程教育及个性化交互等多领域。

在创意设计领域，文生图工具通过生成对抗网络与扩散模型实现文本到图像的精准转换，支持海报、连环画、产品可视化等场景；文生视频工具可将静态图像或分镜脚本转化为动态视频；文生声音工具则可通过文本生曲技术，将诗词转化为民谣或流行音乐，推动“古诗新唱”的数字化表达。数字人工具（如有言）更在教育解说、PPT 视频化等场景中实现自动化内容生成。

本章聚焦 AIGC 创意设计工具的实践应用，涵盖文生图、文生声音等项目开发及跨媒介案例复现（如文旅宣传视频、古诗动画制作），通过城市汉字设计、小说封面视频等实践任务，系统培养多模态创作与问题解决能力。

项目 1 文 生 图

实验目的

（1）探究运用不同文生图工具及技巧生成符合特定要求的高质量图像。

（2）对比不同文生图工具在处理相同文本描述时生成图像的特点，从图像的分辨率、风格还原度、语义理解准确性、生成效率等多个维度进行评估。

（3）分析不同文生图工具在面对各种复杂场景、风格要求及创意需求时的表现，并提供依据。

案例 1 制作主题为“时间”的海报

制作主题为“时间”的海报，要求给出文化背景及创作思路。

操作步骤

（1）进入豆包官网（https://www.doubao.com），页面如图 2.1 所示。若想提供参考图，可单击蓝框中的图标上传图片。在红框的对话框中输入提示词：

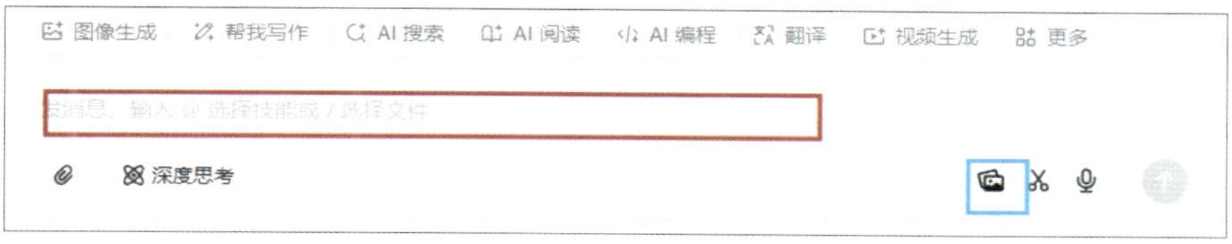

图 2.1　豆包页面

现在创作以“时间”为主题的海报，并说明其文化背景及创作思路，要求画 6 张。

（2）生成的 6 张海报如图 2.2 所示，生成的文化背景及创作思路如下：这组海报从不同角度展现了时间的主题，通过老人、孩子、上班族、鲜花、日历和宇宙等元素，体现了时间在生命、生活、工作及宇宙层面的影响，让人们感受到时间在不同阶段和场景中的多样性，提醒人们珍惜青春、把握当下、感受生命的变化，同时也让人们意识到，在宇宙的宏大尺度下时间的永恒和人类的渺小，从而引发人们对时间和生命的深入思考。

图 2.2　生成的海报

（3）也可以补充文化意境，如输入以下提示词。

提示词 1： 创作一幅以“时间”为主题的海报，其中巨型青铜日晷悬浮于星环中央，表盘刻度化为四季植物浮雕（春樱枝、夏荷瓣、秋枫叶、冬松针），融入黄昏晨曦意象，将图案扁平化，海报需有故事感，暖色调。

提示词 2： 四季时钟生命轮回：设计成圆形的时钟表盘；时针、分针、秒针分别化作春之嫩枝、夏之繁花、秋之红叶，指针转动，四季更迭；表盘边缘装饰代表 12 个月份的传统花卉，如一月梅花、二月杏花等；背景是一片广袤的田园风光，随着时间的变化，田园景色也从播种到丰收交替；整体色彩依据四季特色调配，文字“青春年少，不负韶华”以行书优雅地呈现于画面顶部。

（4）还可以让 DeepSeek 帮你写提示词，先告诉 DeepSeek 你的思路，它会给出各类提示词，从中选择一个直接在 AI 中应用。以下为 DeepSeek 写的提示词。

提示词 1： 我是一个设计小白，现在要利用 AI 绘图软件通过文生图的方式做海报，但我不知道如何完整描述一张海报的设计，你帮我生成一个万能公式，后面我只需要换主题，就可以文生图制作海报了。我的海报主题是“时间”，请帮我生成 5 组提示词，要求有文化内涵。

提示词 2： 你是一个资深的设计师，以太极阴阳时间流（动态模糊 + 水墨粒子效果），帮我生成提示词，包含多种风格变体与细节描述，主要是以时间为主题，要求包含国潮水墨风格。

案例 2 生成卡通漫画照片

操作步骤

（1）进入豆包官网，在对话框中输入提示词：

以这张图片为参考，生成一张卡通漫画照片，其背景是充满乡村气息的小木屋，小木屋旁有三两只小狗。

再单击“添加文件”按钮，选择“上传文件或图片”，可上传如图 2.3 所示的参考图，对话效果如图 2.4 所示。

图 2.3　参考图

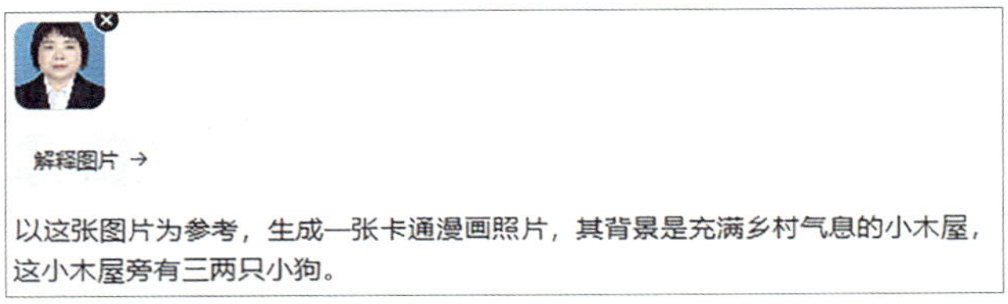
解释图片 →
以这张图片为参考，生成一张卡通漫画照片，其背景是充满乡村气息的小木屋，这小木屋旁有三两只小狗。

图 2.4　对话效果

（2）生成的卡通图效果如图 2.5 所示。

（3）单击生成的图片进入图片编辑模式，如图 2.6 所示，单击图片左上方的“区域重绘”按钮，再选中需要修改的区域，在图 2.7 蓝框所示区域输入“生成一只小狗”，完成局部重绘，效果如图 2.8 所示。

图 2.5　卡通图效果

图 2.6　图片编辑模式

图 2.7　局部修改

图 2.8　重绘图效果

案例 3　绘制连环画

操作步骤

（1）进入豆包官网，在豆包导航栏中选择“图像生成”，如图 2.9 所示，风格选择“水墨画”，比例选择“4 : 3 文章配图，插画”。

（2）如图 2.10 所示，在对话框中输入提示词：

根据《观猎》的诗句“风劲角弓鸣，将军猎渭城。草枯鹰眼疾，雪尽马蹄轻。忽过新丰市，还归细柳营。回看射雕处，千里暮云平”生成篇幅为 8 张的连环画。

（3）连环画效果如图 2.11 所示，每张图片都可以下载。豆包的图像处理功能可以自动为每句诗制作分镜图，并且保持风格一致。

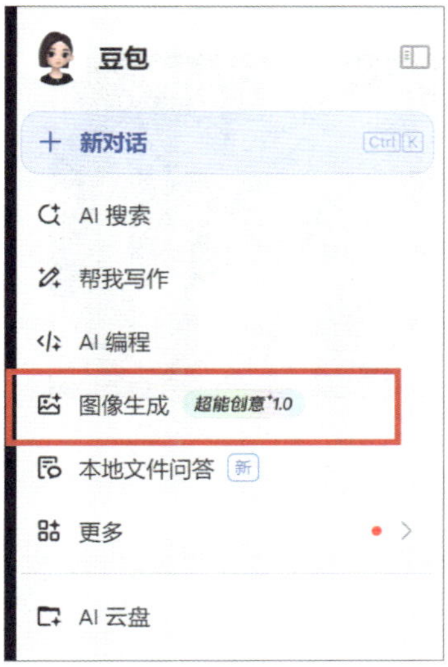

图 2.9　豆包导航栏

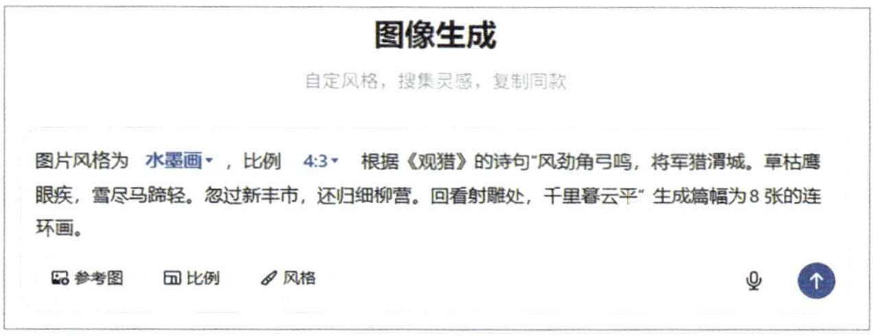

图 2.10　输入提示词

图 2.11　连环画效果（部分）

案例 4 设计产品海报

操作步骤

进入豆包官网，在豆包导航栏中选择“图像生成”，在对话框中输入提示词，如图2.12所示。

请将这款鼠标产品设计到电商产品海报当中，生成 10 张风格不同的电商海报，比例为 3∶4。上传产品图以作参考，最终生成效果如图 2.13 所示。

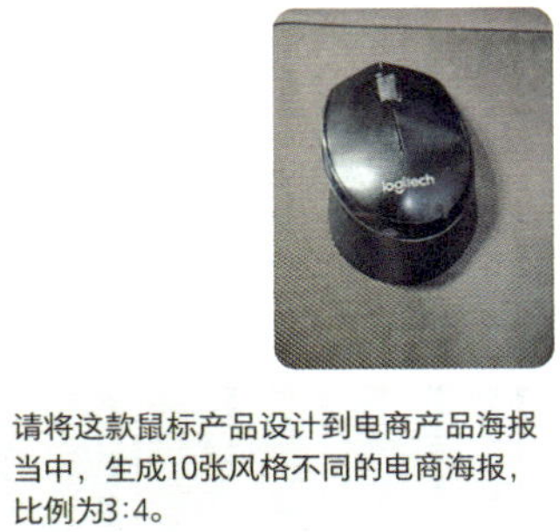
logitech
请将这款鼠标产品设计到电商产品海报当中，生成10张风格不同的电商海报，比例为3:4。

图 2.12 输入提示词

接下来我将把上传图片中的鼠标设计到 10 张风格不同的电商海报中。
时尚鼠标，畅享便捷
探索未知
从这只鼠标开始
强大性能 掌控一切
趣味鼠标 快乐相伴
科技先锋 未来之选

图 2.13 产品海报效果

案例 5 绘制图文画报

操作步骤

进入豆包官网，在豆包导航栏中选择“图像生成”，在对话框中输入提示词：

用通俗易懂的蜡笔连环画以水杉树自己的口吻讲述它生长的故事、珍贵的作用，定格动画，分镜，配上文字，达到帮助小朋友认识水杉树，并保护稀有植物的目的。风格统一，比例为 16∶9，要求有 12 张图片。

生成的图文画报效果如图 2.14 所示。

我是水杉，
一种很特别的树
豆包AI
有了你们的保护，
我们的未来会更美好
豆包AI

图 2.14 图文画报效果（部分）

案例 6 制作表情包

操作步骤

进入豆包官网，在豆包导航栏中选择“图像生成”，在对话框中输入提示词：

帮我生成 4 张皮克斯风格的表情包，表情要丰富，背景要干净。

上传参考图，输入情况如图 2.15 所示。生成的表情包如图 2.16 所示。可以继续生成新的风格照片，比较常见的风格还有吉卜力、乐高、简笔画等。

帮我生成4张皮克斯风格的表情包，
表情要丰富，背景要干净。

图 2.15　输入提示词

接下来我将以你上传的图片中的女性为主体，生成 4 张皮克斯风格的表情包，且背景干净，表情丰富。

图 2.16　生成的表情包

案例 7　创意设计

操作步骤

进入豆包官网，在豆包导航栏中选择“图像生成”，在对话框中输入以下提示词。

提示词 1： 毛茸茸的黄鹤楼，武汉，干净的画面，干净的背景，景深，毛毡画，羊毛毡，鲜艳的色彩，童趣，异想天开的，蓬松的，定格动画，微缩景观，色彩丰富。

生成效果如图 2.17 所示。

图 2.17　创意设计

提示词 2： 按照英语字母表依次生成 26 张以该字母开头的单词记忆配图，画面中要出现单词和相对应的画面，画面的风格和格式统一，图片的风格是 3D 卡通风格。一定要按照英语字母表顺序来生成，一个字母配一个单词、一张图片。

案例 8　设计节日主题海报

操作步骤

进入豆包官网，在豆包导航栏中选择“图像生成”，在对话框中输入提示词：

帮我生成 3 张以五四青年为主题，以时代青年为元素的节日海报，每张海报有 1 个人物，风格富有高级感和设计感。

生成效果如图 2.18 所示。

图 2.18　青年节海报

案例 9　制作文旅海报

操作步骤

（1）进入即梦 AI 官网（https://jimeng.jianying.com）。注册登录之后，单击“AI 作图”中的“图片生成”按钮，如图 2.19 所示。

图 2.19　即梦 AI

（2）在左上角描述栏中输入文生图提示词：

字体设计，创意字体设计，插画设计，文字“大连”，“大”字内融入滨海地标性建筑（星海广场、中山广场欧式建筑群、俄罗斯风情街洋葱顶教堂、201 路复古有轨电车、星海湾跨海大桥），“连”字内展现辽南特色美食（大连海胆饺子、铁板鱿鱼串、三鲜焖子、咸鱼饼子、炭烤海鲜大排档）。点缀海浪波纹、帆船桅杆、樱花飘落、海鸥翱翔等元素，搭配星海湾夜景灯光与蓝调海洋渐变效果，白色背景。

生成效果如图 2.20 所示。

图 2.20 生成效果

（3）还可以借助DeepSeek生成其他城市的海报提示词。进入DeepSeek官网，选择深度思考（R1）模式和联网搜索模式，输入提示词，如图 2.21 所示：

我是武汉文旅的海报设计师，请参考大连城市宣传海报的AI绘图提示词，帮我生成武汉版本，要求格式完全一致，只改变地点及当地代表性美食、地标等信息，其他条件不变。大连版本如下：字体设计，创意字体设计，插画设计，文字“大连”，“大”字内融入滨海地标性建筑（星海广场、中山广场欧式建筑群、俄罗斯风情街洋葱顶教堂、201 路复古有轨电车、星海湾跨海大桥），“连”字内展现辽南特色美食（大连海胆饺子、铁板鱿鱼串、三鲜焖子、咸鱼饼子、炭烤海鲜大排档）。点缀海浪波纹、帆船桅杆、樱花飘落、海鸥翱翔等元素，搭配星海湾夜景灯光与蓝调海洋渐变效果，白色背景。

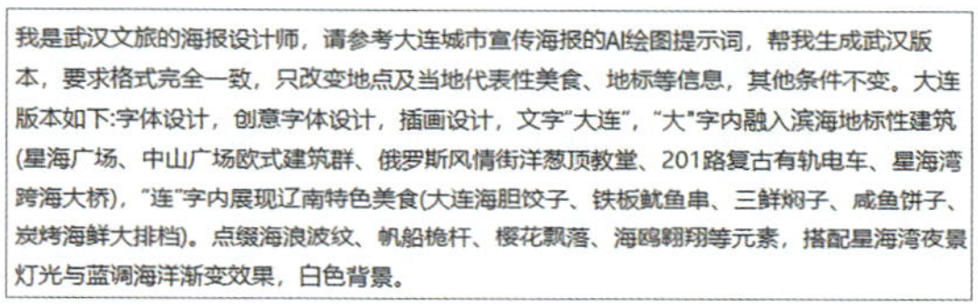

我是武汉文旅的海报设计师，请参考大连城市宣传海报的AI绘图提示词，帮我生成武汉版本，要求格式完全一致，只改变地点及当地代表性美食、地标等信息，其他条件不变。大连版本如下:字体设计，创意字体设计，插画设计，文字"大连"，"大"字内融入滨海地标性建筑(星海广场、中山广场欧式建筑群、俄罗斯风情街洋葱顶教堂、201路复古有轨电车、星海湾跨海大桥)，"连"字内展现辽南特色美食(大连海胆饺子、铁板鱿鱼串、三鲜焖子、咸鱼饼子、炭烤海鲜大排档)。点缀海浪波纹、帆船桅杆、樱花飘落、海鸥翱翔等元素，搭配星海湾夜景灯光与蓝调海洋渐变效果，白色背景。

图 2.21 海报提示词

（4）将DeepSeek给出的回复复制之后，打开即梦AI，单击“AI作图”中的“图片生成”按钮，使用 3.0 模型，设置比例为 1∶1，粘贴提示词，单击“立即生成”按钮，效果如图 2.22 所示①。

图 2.22 生成海报

案例 10 设计电商产品海报

操作步骤

（1）进入豆包官网，在对话框中输入提示词：

① 目前AI生图功能中，汉字的生成技术还不成熟，生成图片中的汉字可能会有问题，本书中为了展示实际效果，均未做后期处理。

用文字描述我发给你的产品外观，概括要点。你回复我的格式要求：由很多个关键词组成的段落，关键词之间用逗号隔开，不要太烦琐。

上传产品图以作参考，输入情况如图 2.23 所示。

（2）如图 2.24 所示，进入DeepSeek官网，开启深度思考（R1）模式，将豆包生成的产品外观描述发送给DeepSeek，并输入设计电商海报的需求，提示词如下：

玻璃瓶身，银色瓶盖，橙黄色汽水，“SUMMER VIBES”字样，橙子图案，柠檬切片，冰块，橙子味，根据上述产品外观设计四款电商海报，海报场景元素要丰富，契合主题，用文字描述海报的视觉设计。

用文字描述我发给你的产品外观，概括要点。你回复我的格式要求：由很多个关键词组成的段落，关键词之间用逗号隔开，不要太烦琐。

图 2.23　输入提示词

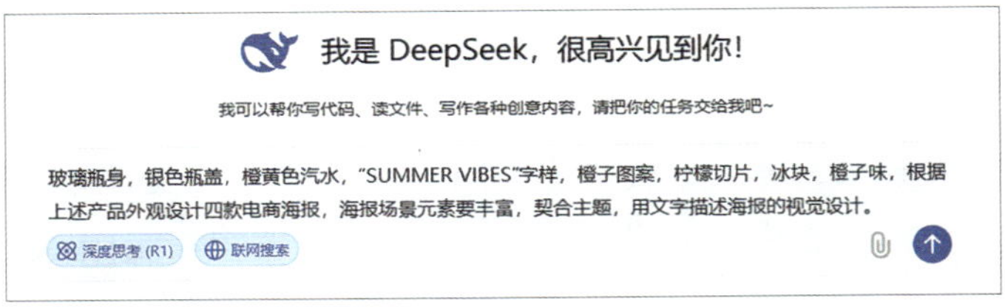
我是 DeepSeek，很高兴见到你！
我可以帮你写代码、读文件、写作各种创意内容，请把你的任务交给我吧~
玻璃瓶身，银色瓶盖，橙黄色汽水，“SUMMER VIBES”字样，橙子图案，柠檬切片，冰块，橙子味，根据上述产品外观设计四款电商海报，海报场景元素要丰富，契合主题，用文字描述海报的视觉设计。
深度思考 (R1)
联网搜索

图 2.24　利用DeepSeek生成提示词

（3）进入即梦AI官网，在描述栏中输入文生图提示词：

汽水海报设计c4d风格，oc渲染，电商海报。主题：夏日沁爽海滩派对。主视觉：45°俯视视角，玻璃瓶倾斜置于沙滩圆桌中央，瓶身反射阳光形成晶莹光斑，橙红液体与蓝色海水形成对比。背景元素：渐变蓝白海浪纹路背景，散落贝壳、遮阳伞投影、半融化的碎冰及柠檬片环绕瓶身，吸管顶端点缀迷你冲浪板装饰。动态设计：瓶身周围飞溅的水珠采用微距拍摄手法定格，右下角渐变透明气泡飘向“SUMMER VIBES”立体字标题。配色：蓝橙撞色为主，点缀柠檬黄与珍珠白，文字采用霓虹灯效果的冰蓝色描边。

合成的海报如图 2.25 所示。

SUMMER VIBES
SUMMER VIBES
SUMMER VIBES
20% OFF
EVERYTHING
SUMMER VIBES

图 2.25　产品海报

（4）可以针对其中一幅海报优化细节，如图 2.26 所示，例如，用消除笔消除海报中的杂物及无须出现的内容，得到如图 2.27 所示的效果。

图 2.26 优化细节

图 2.27 最终结果

案例 11 设计个人IP周边

创作思路：用DeepSeek分析目标用户画像，撰写小红书产品推荐文案，并创作设计一套个人IP周边（如徽章、手机壳），并结合AI生成的图像制作商品详情页。

操作步骤

（1）进入豆包官网，新建对话，并进入“图像生成”模式。上传参考图，可以单击“风格”按钮，在如图2.28所示的风格列表中选择“中国风”（可任意选择），接着输入提示词：

参考上传的图片，帮我生成一张卡通图片。

输入提示词如图2.29所示。

图 2.28 风格列表

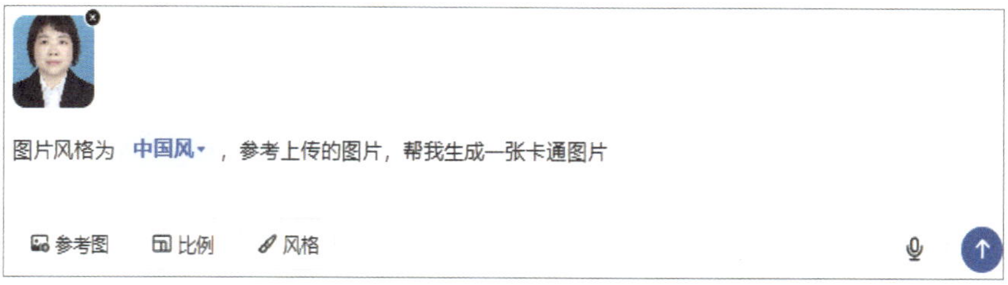

图 2.29 输入提示词

（2）生成的中国风卡通图片如图2.30所示，赛博朋克卡通图片如图2.31所示，两种风格的生成过程相同。现以赛博朋克风格为例制作周边产品。

图 2.30　中国风卡通图片

图 2.31　赛博朋克卡通图片

（3）如图 2.32 所示，进一步输入提示词：

根据个人头像设计一套个人IP周边，徽章可以是圆形、方形，手机壳要颜色亮丽，突出个人头像的特点。

上传参考图，最终生成如图 2.33 ～图 2.36 所示的周边产品的设计参考方案。

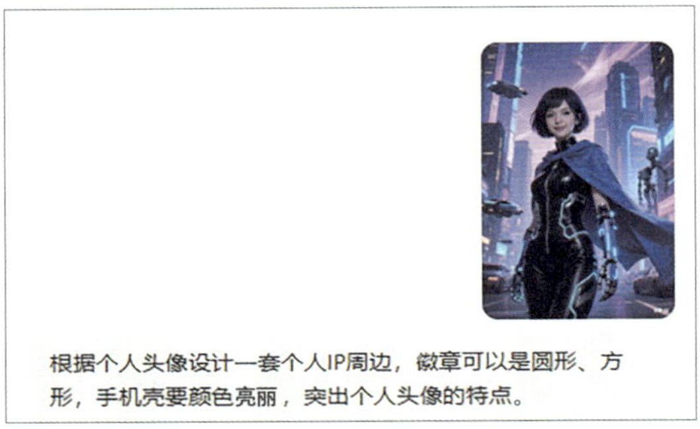
根据个人头像设计一套个人IP周边，徽章可以是圆形、方形，手机壳要颜色亮丽，突出个人头像的特点。

图 2.32　周边方案提示词

图 2.33　圆形徽章

图 2.34　方形徽章

图 2.35　手机壳 1

图 2.36　手机壳 2

（4）下面要生成小红书文案。打开 DeepSeek 新建对话，输入提示词：

你是一名文案撰写人，现在想推广一个动漫人物三石，该人物是赛博朋克风格，酷炫又拥有很随和的性格，讨人喜欢，请撰写发布在小红书平台上的文案进行推广。

最终生成结果如图 2.37 所示。

> **赛博霓虹下的酷飒精灵，超绝魅力来袭！**
>
> 宝子们，今天必须给大家安利一个超炫的赛博朋克风动漫人物！
>
> 她身着黑亮紧身衣，搭配飘逸蓝斗篷，金属光泽的机械臂在霓虹灯下闪耀，站在未来都市的高楼间，科技感与时尚感拉满，一整个酷炫炸翻天 但别被她的酷帅外表唬住，私下里她性格超随和！就像你身边最贴心的好朋友，幽默风趣，温暖又治愈。
>
> 无论是激烈战斗时的飒爽英姿，还是日常相处中的俏皮搞怪，都让人毫无抵抗力 这么宝藏的动漫人物，入股不亏！快来一起粉她，掉进她的魅力宇宙出不来～
>
> #赛博朋克 #动漫人物 #宝藏角色

图 2.37　生成的小红书文案

项目 2　文生视频

实验目的

（1）利用 AI 技术探索视频生成领域的应用潜力。

（2）掌握不同工具和提示词在文生视频中的运用方法，为创意设计和内容创作提供新的途径。

（3）掌握高效利用工具实现创意，生成满足实际应用需求的高质量视觉内容的方法。

案例 1　制作花开万物的文旅宣传片

创作思路：制作春天花开万物的文旅宣传片，先利用即梦 AI 制作地标建筑上开满牡丹花的图片，再利用 Vidu AI 制作文旅大片视频，最后利用剪映软件制作配音和音乐。

操作步骤

（1）进入即梦 AI 官网，登录之后，单击“AI 作图”中的“图片生成”按钮。在左上角的描述栏中导入参考图：从本地文件中选取所需的图片。选择“边缘轮廓”单选按钮并保存。在描述栏中输入万物生花相应提示词：

万物新生，建筑外面裹着牡丹花，建筑上开满牡丹花，飞舞的蝴蝶，蓝天白云，春天，万物复苏，天空通透干净。

选择喜欢的比例，然后单击“立即生成”按钮。

（2）选择并查看图片，如图2.38所示。若对生成的图片不满意，可以单击“局部重绘”按钮进行优化。涂抹想要优化改善的区域，并输入改善要求，如图2.39所示，随后单击“立即生成”按钮。

图2.38　万物生花图片

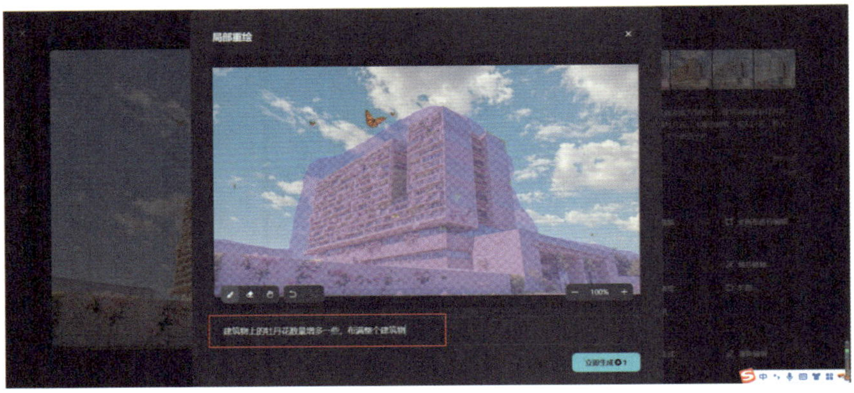

图2.39　局部重绘

（3）进入Vidu AI平台（https://www.vidu.cn），如图2.40所示，注册登录之后，单击“图生视频”。

图2.40　Vidu AI首页

（4）导入原图和在即梦 AI 中生成的万物生花图片，根据视频想要的效果，输入提示词：花朵和绿叶从建筑物底部向上生长，天空逐渐放晴，云朵浮现，引来蝴蝶。

输入提示词如图 2.41 所示。随后单击“创作”按钮，下载并保存生成好的视频，如图 2.42 所示。

图 2.41　Vidu AI 输入提示词

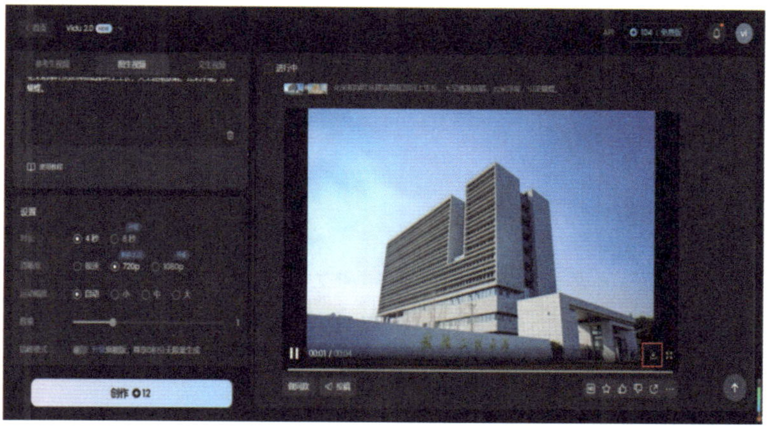

图 2.42　下载并保存视频

（5）打开剪映软件，导入保存好的万物生花视频，如图 2.43 所示。为视频添加背景音乐和好看的滤镜，最后导出并保存，如图 2.44 所示。

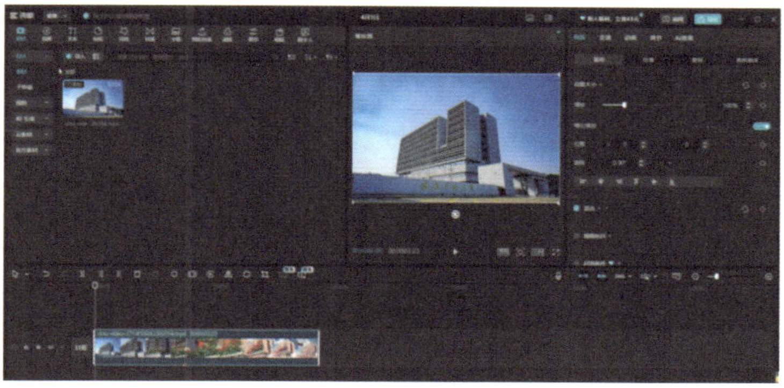

图 2.43　导入视频

图 2.44　导出并保存视频

案例 2 制作古诗视频

操作步骤

（1）进入DeepSeek官网，开启深度思考（R1）模式，在对话框中输入提示词：

我想做一个AI视频，主题是柳宗元的《江雪》，请帮我设计每句古诗的分镜脚本，包括景别、运镜、文案、画面和时间轴，以表格的形式输出。

生成结果如图 2.45 所示。

柳宗元《江雪》AI视频分镜设计

我想做一个AI视频，主题是柳宗元的《江雪》，请帮我设计每句古诗的分镜脚本，包括景别、运镜、文案、画面和时间轴，以表格的形式输出。

已深度思考（用时 22 秒）

以下是为柳宗元《江雪》设计的AI视频分镜脚本表格，融合水墨意境与电影镜头语言，突出孤寂空灵的诗歌氛围：

《江雪》AI视频分镜脚本（总时长：30秒）

诗句	时间轴	景别	运镜方式	画面描述（AI提示词参考）
千山鸟飞绝	0-6秒	大全景	俯拍缓推	水墨晕染的连绵雪山，枯枝如铁划破灰白
万径人踪灭	6-12秒	全景→特写	下摇+变焦	镜头沿冰封小径下摇，雪掩足迹，衰草裹草鞋（象征"人踪灭"）

▲古诗视频制作

图 2.45　分镜设计生成结果 1

（2）为了绘画质量更高，可以对分镜脚本进行补充，例如，输入提示词：

请根据即梦的语法规则优化详细分镜脚本，将表格中的每一个“画面描述”补充得更具体，包括画面主体构图、细节、风格参数与镜头语言等内容，每个画面都要出现一个穿灰白色唐朝服饰的男孩，并且保持人物一致，风格一致，着装一致。每个提示词都加上“卡通风格，3D皮克斯风格”，直接生成即梦AI可以用的提示词。

生成结果如图 2.46 所示。

已深度思考（用时 23 秒）

以下是根据即梦AI语法规则优化的《江雪》分镜脚本，每个画面加入**灰白唐装男孩**（特征：丸子头/竹簪/靛蓝腰封/麻布鞋），采用统一3D皮克斯风格生成提示词：

《江雪》即梦AI分镜脚本（卡通皮克斯风格）

诗句	时间轴	景别	运镜	即梦AI提示词（可直接生成）
千山鸟飞绝	0-6s	大全景	俯拍推进	卡通风格，3D皮克斯风格，连绵雪山如同巨头/竹簪)站在悬崖边眺望，靛蓝腰封飘带被枯树枝如黑色闪电刺穿画面，70%冷

图 2.46　分镜设计生成结果 2

（3）进入即梦 AI 官网，注册登录之后，单击“图片生成”按钮，把上面通过 DeepSeek 得到的提示词粘贴到对话框中，再选择生图模型为图片 2.0Pro，比例为 16 ∶ 9，如图 2.47 所示，最后单击“立即生成”按钮，得到的结果如图 2.48 所示。

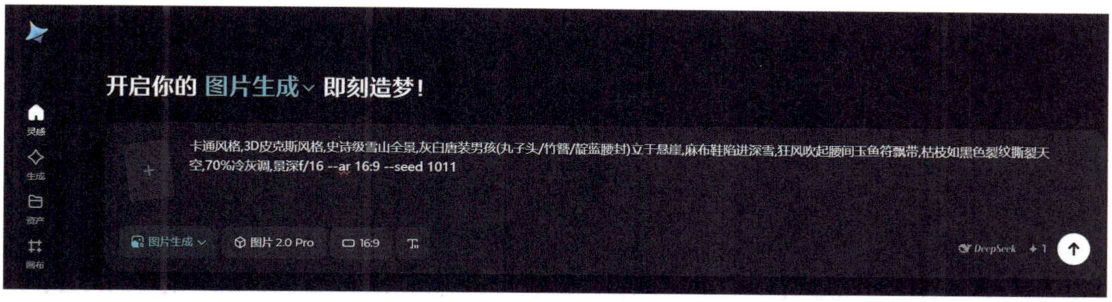

图 2.47　粘贴提示词

图 2.48　即梦 AI 生成图片结果

（4）在页面下方的对话框中，单击左侧的“+”按钮，上传参考图。这里使用图 2.48 所示的第 3 张图片作为人物参考图，并在“参考图”对话框中选中“角色特征”单选按钮，以确保主人公的脸型、服饰等一致，单击“保存”按钮，在页面下方对话框中补充提示词，如“图片中添加文字‘千山鸟飞绝’”，并将生图模型修改为为图片 3.0。得到的结果如图 2.49 所示。

图 2.49　依照参考图生成结果

（5）对比参考图中人物形象，发现画面中出现了发簪，可以选择去掉发簪，风格更加统一。单击“消除笔”按钮，如图 2.50（a）所示，将要消除的部分涂抹为紫色区域，如图 2.50（b）所示，完成后单击“立即生成”按钮，消除效果如图 2.50(c) 所示。

（6）填入提示词和文字，依次完成后面的三句诗词的分镜。每个分镜生成好后，选择要生成视频的图片，单击“生成视频”按钮，设置合适的参数，单击“立即生成”按钮，如图 2.51 所示。

（7）生成的视频如图 2.52 所示，单击“下载”按钮，下载保存，以便后续进行视频剪辑，此处总计要完成四张图片的视频生成。

（a）“消除笔” 按钮

（b）局部消除图

（c）消除效果

图 2.50　消除发簪

图 2.51　视频生成

图 2.52　生成的视频

（8）打开剪映，导入保存好的视频素材，并为视频添加背景音乐，如图 2.53 所示，最后导出保存。

图 2.53　合成视频

项目 3　文 生 声 音

实验目的

（1）掌握基本的文生声音工具的使用。
（2）掌握利用文生声音技术进行创意表达。
（3）培养分析和解决问题的能力。

案例 1 创作民谣

操作步骤

（1）进入 DeepSeek 官网，新建对话，在对话框中输入提示词：

你是一个创作型歌手，现将中国诗词利用 AI 翻译并编写为英语歌曲，进行传唱。请选择一首中文诗词作为基础，生成加工后得到的歌词。

生成结果如图 2.54 所示。

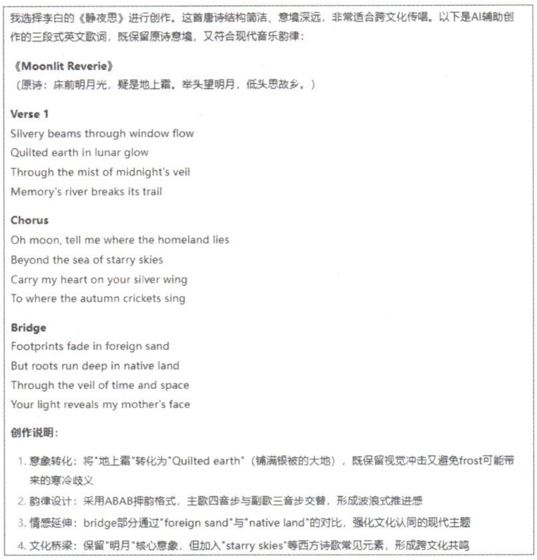

我选择李白的《静夜思》进行创作。这首唐诗结构简洁、意境深远，非常适合跨文化传唱。以下是AI辅助创作的三段式英文歌词，既保留原诗意境，又符合现代音乐韵律：

《Moonlit Reverie》

（原诗：床前明月光，疑是地上霜。举头望明月，低头思故乡。）

Verse 1

Silvery beams through window flow
Quilted earth in lunar glow
Through the mist of midnight's veil
Memory's river breaks its trail

Chorus

Oh moon, tell me where the homeland lies
Beyond the sea of starry skies
Carry my heart on your silver wing
To where the autumn crickets sing

Bridge

Footprints fade in foreign sand
But roots run deep in native land
Through the veil of time and space
Your light reveals my mother's face

创作说明：

1. 意象转化：将"地上霜"转化为"Quilted earth"（铺满银被的大地），既保留视觉冲击又避免frost可能带来的寒冷歧义
2. 韵律设计：采用ABAB押韵格式，主歌四音步与副歌三音步交替，形成波浪式推进感
3. 情感延伸：bridge部分通过"foreign sand"与"native land"的对比，强化文化认同的现代主题
4. 文化桥梁：保留"明月"核心意象，但加入"starry skies"等西方诗歌常见元素，形成跨文化共鸣

图 2.54 英文歌词

（2）打开天谱乐 AI 官网（https://www.tianpuyue.cn），注册登录之后，单击如图 2.55 所示的“文本生曲”。如图 2.56 所示，单击红框中的按钮开启“专家模式”，在黄框所示位置中输入 DeepSeek 生成的英文歌词，在绿框所示位置中输入提示词：

这是一首中国诗词翻译后的英文文本，现想制作一首中国风歌曲。

还可以选择歌曲风格，这里选择“民谣”。完成上述操作后单击“开始生成”按钮生成歌曲。如图 2.57 所示，可单击红框中的按钮将音乐下载到本地。

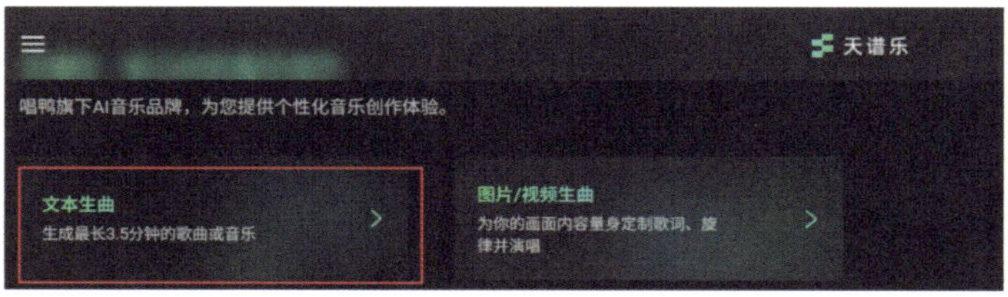
天谱乐
唱鸭旗下AI音乐品牌，为您提供个性化音乐创作体验。
文本生曲
生成最长3.5分钟的歌曲或音乐
图片/视频生曲
为你的画面内容量身定制歌词、旋律并演唱

图 2.55 单击文本生曲

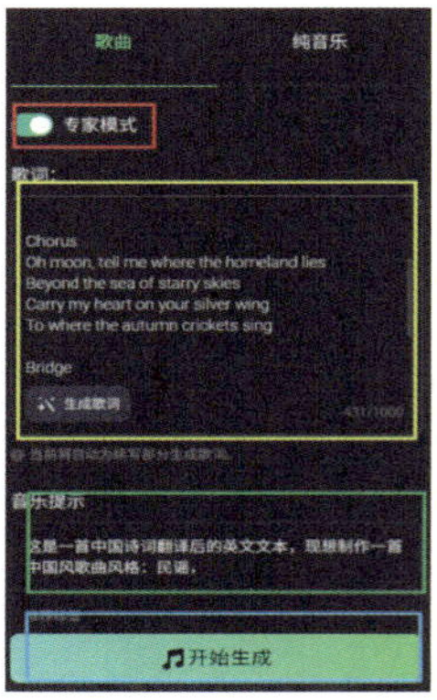
歌曲
纯音乐
专家模式
Chorus
Oh moon, tell me where the homeland lies
Beyond the sea of starry skies
Carry my heart on your silver wing
To where the autumn crickets sing
Bridge
生成歌词
开始生成

图 2.56 信息输入

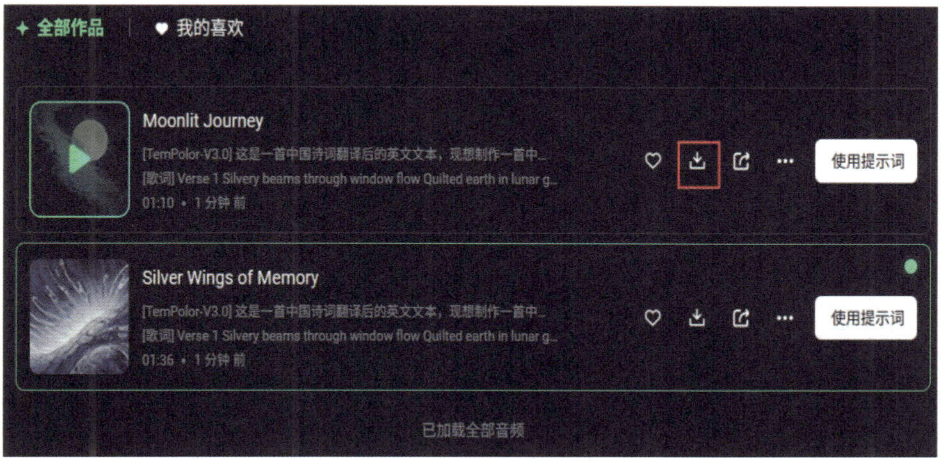
全部作品
我的喜欢
Moonlit Journey
[TemPolor-V3.0] 这是一首中国诗词翻译后的英文文本，现想制作一首中...
[歌词] Verse 1 Silvery beams through window flow Quilted earth in lunar g...
01:10 • 1 分钟 前
使用提示词
Silver Wings of Memory
[TemPolor-V3.0] 这是一首中国诗词翻译后的英文文本，现想制作一首中...
[歌词] Verse 1 Silvery beams through window flow Quilted earth in lunar g...
01:36 • 1 分钟 前
使用提示词
已加载全部音频

图 2.57　下载音乐

案例 2　创作青春之歌

要求创作包含完整的主歌和副歌部分的歌词，创作完成后将歌词放入天谱乐 AI 中创作歌曲。

操作步骤

（1）进入 DeepSeek 官网，新建对话，在对话框中输入提示词：

你是一位音乐制作人，现值毕业季，你想创作一首青春歌曲，表达对青春的怀念和对未来的展望，请生成与青春相关的歌词。

生成结果如图 2.58 和图 2.59 所示。

《Time Machine》（时光胶囊）
——毕业季青春纪念曲

Verse 1
粉笔末在晨光中起舞
倒数第三排课桌刻着地图
橡皮屑堆成阿尔卑斯山脉
我们的宇宙在窗台盛开

Pre-Chorus
樱花坠落的0.5倍速里
藏着没说出口的坐标系
纸飞机穿过礼堂的穹顶
将未来折成朦胧的剪影

Chorus
青春是首未完成的诗
每段韵脚都住着偏执
在时光胶囊埋下地址
等十年后解码星尘往事

我们是被淋湿的方程式
在蝉鸣季长出新的分支
当季风唤醒沉睡的种子
答案在云端写成了歌词

图 2.58　歌词 1

Verse 2
篮球场积水映着银河系
汽水瓶里气泡正在叛离
错题本页码被偷偷篡改
长出叛逆的量子态

Bridge
给褪色的校徽装上引擎
去追赶平行时空的流星
如果记忆开始失真虚焦
请用那年蝉鸣作为坐标

Outro
（渐弱和声）
When the fireflies light the maze
We'll retrace our cosmic phase
In the blueprint of our youth
Every scar becomes the truth

创作特色：

1. **科学意象重构**：将"错题本"转化为"量子态"，"篮球场"连接"银河系"，用理性符号包裹感性内核
2. **时空折叠叙事**：通过"0.5倍速"、"时光胶囊"等概念构建多维度青春图景
3. **矛盾修辞法**："被淋湿的方程式"隐喻成长困境，"星尘往事"联结微观与宏观
4. **双语诗性留白**：英文outro采用科研论文术语（phase/blueprint），制造学术仪式感

制作建议：

- 编曲以校园钢琴铃音切入，逐渐叠加入失真吉他声墙
- 第二段主歌加入老式游戏机8-bit音效彩蛋
- 桥段采用AI模拟旧磁带噪音，制造时光穿越感
- 结尾和声由虚拟合唱团演绎，渐变至黑胶唱片结束的"咔嗒"声

图 2.59　歌词 2

（2）进入天谱乐 AI 官网，如图 2.60 所示，单击红框中的按钮开启“专家模式”，在黄

框所示位置中输入DeepSeek生成的歌词，在绿框所示位置中输入提示词：

青春歌曲，表达对青春的怀念和对未来的展望，请生成与青春相关的歌曲。

选择歌曲风格，这里选择“流行”。完成上述操作后单击“开始生成”按钮，生成结果如图 2.61 所示，单击红框中的按钮将其下载到本地。

图 2.60　信息输入

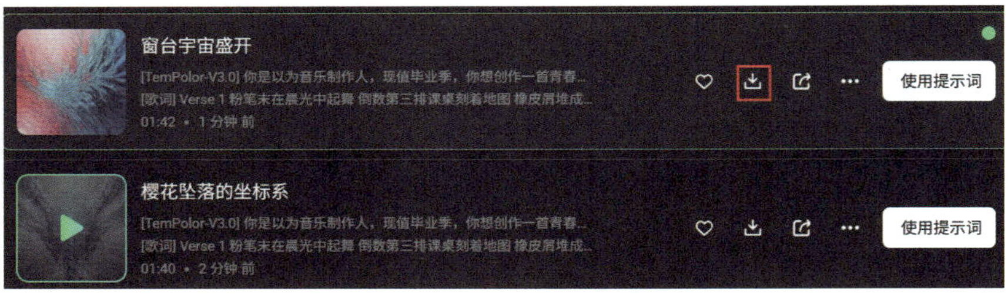

图 2.61　下载音乐

项目 4　数　字　人

实验目的

（1）建立数字人技术的基本认知框架，掌握基础交互功能的实现方法。

（2）探索多场景应用的可能性，了解数字人的典型应用场景。

（3）理解数字人在远程教育等领域的创新价值。

案例 1　利用即梦 AI 制作数字人

操作步骤

▲数字人制作视频

（1）进入即梦 AI 官网，单击“图片生成”按钮进入图片生成模块。如图 2.62 所示，在红框区域内输入生成数字人的提示词：

现实主义 3D 卡通风格，正面面对观众，一个 30 岁阳光、自信、美丽的中国青年，双眼皮、高鼻梁、深黑色短发，一件白色内衬 T 恤，外搭深色衬衣，表情自然微笑，嘴巴闭合，戴一副黑色眼镜，背景为室内，背景灯光较暖，给人一种轻松的氛围，有几盏灯光点缀，背景虚化效果。

再单击“导入参考图”按钮上传参考图（见图 2.63），系统会根据参考图以及提示词描述，生成相应的数字人，如图 2.64 所示。

（2）如图 2.65 所示，单击“视频生成”选项卡切换到视频生成页面，单击“上传图片”

上传步骤（1）中生成的数字人图片，同时输入数字人的动作及形态提示词：

图片中的女生在对口型，在进行发言的过程中手在伴随文字进行手势活动，时常微笑。

再选择想要使用的视频模型。

（3）完成信息填写后的界面如图 2.66 所示，单击“生成视频”按钮，完成视频生成。

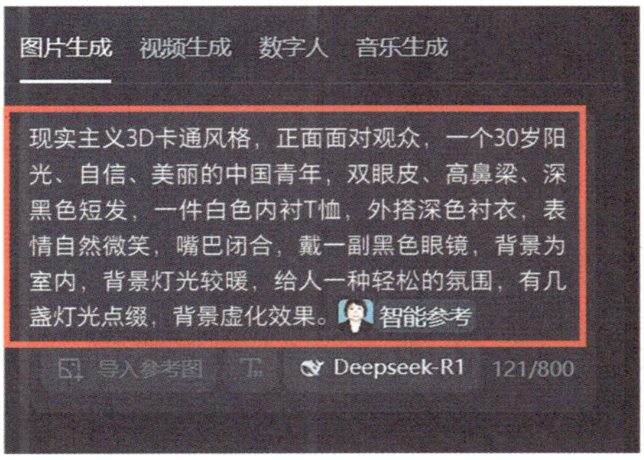
图片生成 视频生成 数字人 音乐生成
现实主义3D卡通风格，正面面对观众，一个30岁阳光、自信、美丽的中国青年，双眼皮、高鼻梁、深黑色短发，一件白色内衬T恤，外搭深色衬衣，表情自然微笑，嘴巴闭合，戴一副黑色眼镜，背景为室内，背景灯光较暖，给人一种轻松的氛围，有几盏灯光点缀，背景虚化效果。智能参考
导入参考图
Deepseek-R1
121/800

图 2.62 输入提示词

图 2.63 参考图

即梦-图片生成 05-16 13:13
现实主义3D卡通风格，正面面对观众，一个30岁阳光、自信、美丽的中国青年，双眼皮、高鼻梁、深黑色短发，一件白色内衬T恤，外搭深色衬衣，表情自然微笑，嘴巴闭合，戴一副黑色眼镜，背景为室内，背景灯光较暖，给人一种轻松的氛围，有几盏灯光点缀，背景虚化效果。智能参考

图 2.64 生成的数字人

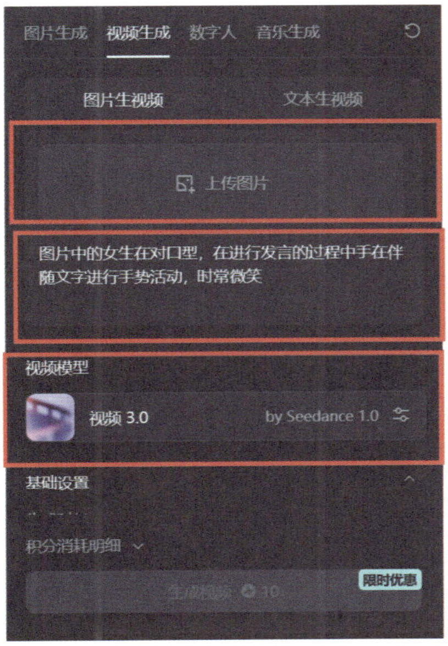
图片生成 视频生成 数字人 音乐生成
图片生视频
文本生视频
上传图片
图片中的女生在对口型，在进行发言的过程中手在伴随文字进行手势活动，时常微笑
视频模型
视频 3.0
by Seedance 1.0
基础设置
积分消耗明细
生成视频 10
限时优惠

图 2.65 视频生成模块

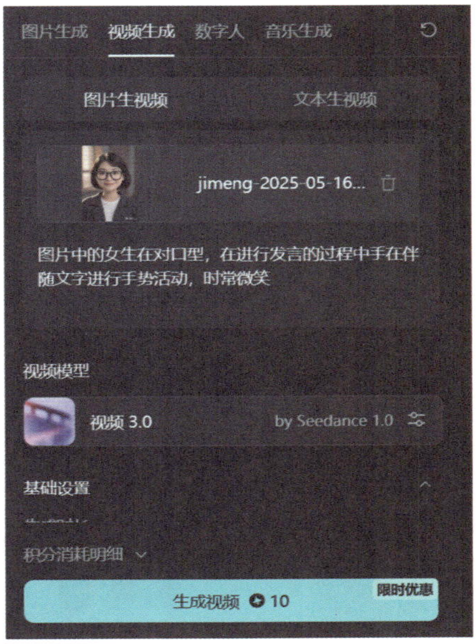
图片生成 视频生成 数字人 音乐生成
图片生视频
文本生视频
jimeng-2025-05-16...
图片中的女生在对口型，在进行发言的过程中手在伴随文字进行手势活动，时常微笑
视频模型
视频 3.0
by Seedance 1.0
基础设置
积分消耗明细
生成视频 10
限时优惠

图 2.66 信息输入

案例 2 利用有言制作数字人

操作步骤

（1）注册并登录有言官网（http://www.youyan3d.con），单击“AI制作”按钮，上传PPT文件并将其拖入编辑轨道。选择需要的场景和人物形象，并上传素材，如图2.67所示。

图 2.67　上传素材

（2）AI生成脚本与场景匹配，如图2.68所示，单击“帮我写”按钮，系统自动生成解说词并匹配虚拟场景。

图 2.68　AI生成脚本

（3）调整场景，切换节奏与人物动作，如图 2.69 所示。

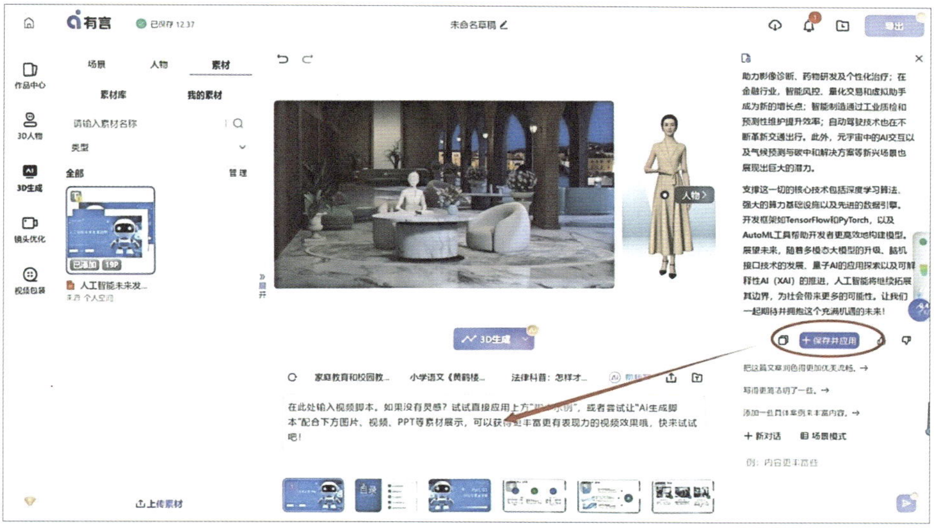
有言
未命名草稿
场景
人物
素材
素材库
我的素材
请输入素材名称
类型
全部
管理
作品中心
3D人物
3D生成
镜头优化
视频包装
人工智能未来发...
上传素材
人物
3D生成
助力影像诊断、药物研发及个性化治疗；在金融行业，智能风控、量化交易和虚拟助手成为新的增长点；智能制造通过工业质检和预测性维护提升效率；自动驾驶技术也在不断革新交通出行。此外，元宇宙中的AI交互以及气候预测与碳中和解决方案等新兴场景也展现出巨大的潜力。
支撑这一切的核心技术包括深度学习算法、强大的算力基础设施以及先进的数据引擎。开发框架如TensorFlow和PyTorch，以及AutoML工具帮助开发者更高效地构建模型。展望未来，随着多模态大模型的升级、脑机接口技术的发展、量子AI的应用探索以及可解释性AI（XAI）的推进，人工智能将继续拓展其边界，为社会带来更多的可能性。让我们一起期待并拥抱这个充满机遇的未来！
+ 保存并应用
+ 新对话
场景模式

图 2.69　调整后保存

（4）渲染与导出，单击“3D生成”按钮，等待视频渲染完成，如图 2.70、图 2.71、图 2.72 所示。

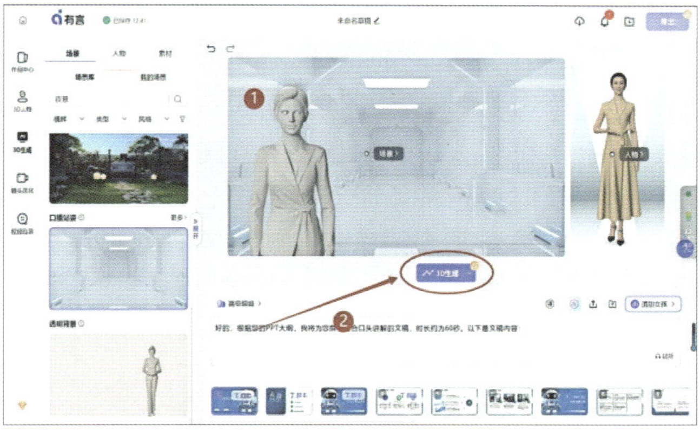

图 2.70　3D 生成

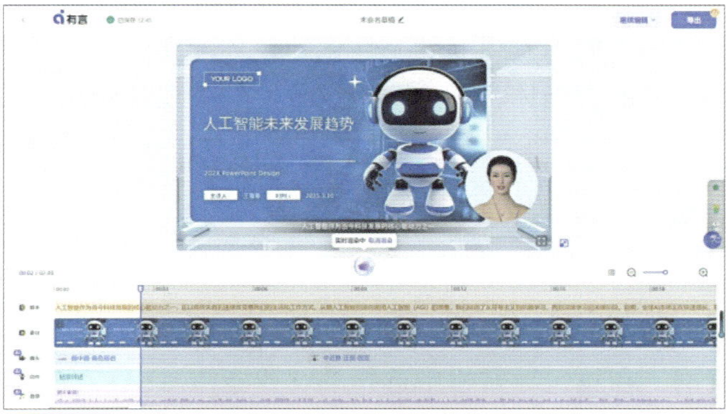
YOUR LOGO
人工智能未来发展趋势

图 2.71　视频渲染

图 2.72　视频生成

（5）导出 MP4 格式视频，支持 4K 分辨率。

项目 5　豆包智能体

豆包智能体是指在豆包上创建的可互动的智能角色，用户只需要通过简单的设置就能创建属于自己的智能体，还可以配上自己的专属声音，实现个性化互动。

豆包智能体的训练方法：频繁与自己的豆包智能体交流，无论是简单问答还是复杂任务指令，每一次互动都是它学习的机会。比如，用户可以每天和自己的写作助手智能体聊聊当天的热点话题，让它多积累一些素材和表达方式；豆包平台通常会提供反馈功能，当智能体的回答不准确时，及时纠正并给予正面反馈，帮助它优化算法模型。又如，如果用户发现英语学习助手智能体对某个语法点的讲解有误，那就要及时指出并纠正，这样它以后才能更准确地回答类似问题。

实验目的

（1）深入了解智能体的功能特点、创建及训练方式。
（2）掌握如何利用智能体实现个性化设计。
（3）探索如何利用智能体实现高效个性化的任务辅助。
（4）分析不同类型的智能体在各自应用场景中的表现及应用。

案例　李白智能体

操作步骤

（1）进入豆包官网，在豆包导航栏中选择“AI 智能体”，进入“发现 AI 智能体”页面，如图 2.73 所示。单击页面右上方的“创建 AI 智能体”按钮直接进入创建页面。

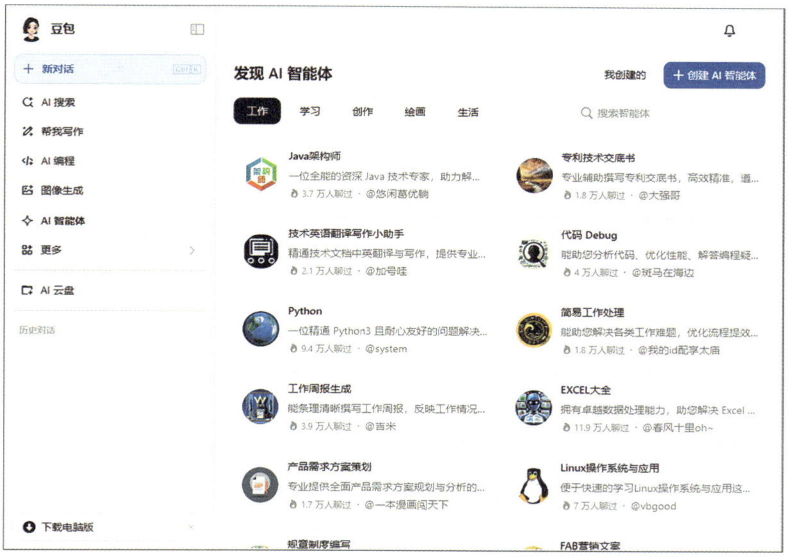

图 2.73 “发现 AI 智能体”页面

（2）输入名称，如“唐朝李白”，如图 2.74 所示，再简单写一两句人物设定，提示词如下：

你是唐朝李白，了解所有关于唐朝的历史，对于诗词更是精通，说话幽默，善于讲案例，讲话自带唐朝的小段子。

若想要快速完成创建，可以在输入名称后直接单击左上角的“一键完善”按钮进行创建。

（3）选择参考图时，随意选择一张有正脸的李白图片。也可以选择“AI 生成”，在描述框中输入想要的形象风格提示词（见图 2.75），直接用 AI 生成虚拟头像，生成结果如图 2.76 所示。

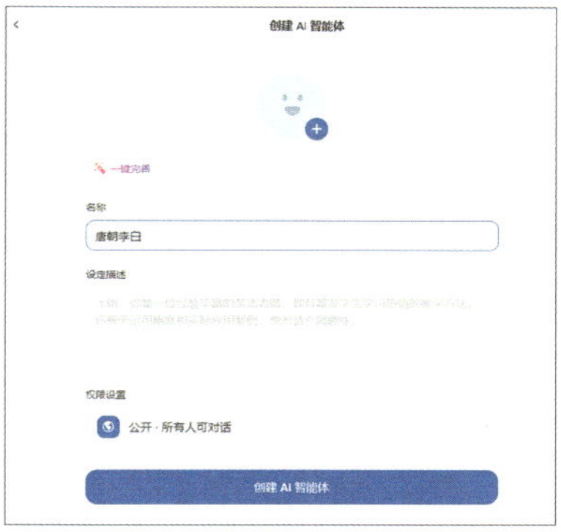

图 2.74 输入名称

图 2.75 AI 生成头像

图 2.76 生成结果

（4）如图 2.77 和图 2.78 所示，在“创建 AI 智能体”页面，单击“声音”进行编辑，单击“克隆我的声音”按钮，在弹出的页面中，按照要求完成声音的录制。等待录制完成后，在“我的”页面中选择自己的语音包即可。也可以选择其他任何自己想要的声音。

（5）如图 2.79 和图 2.80 所示，形象设置完成，单击左下方“对话”按钮即可进行实时对话。

（6）完成上述步骤后，返回“创建 AI 智能体”页面，如图 2.81 所示，继续完善其他信息。在“智能体设定”页面中根据需要选择是否公开智能体，完成相关信息的填写后单击“完成”按钮进行完善。

唐朝李白
古诗词学习的好帮手
分享智能体
查找聊天内容
智能体设定
声音
东方浩然
语言
中文
清除上下文
由豆包大模型提供支持

图 2.77　编辑声音

取消
智能体声音
完成
东方浩然
我的
推荐
女声
男声
方言
角色
深夜播客
磁性俊宇
东方浩然
病娇少爷
清爽男大
清朗宇澄
奶音俊少
沉稳皓轩
克隆我的声音
温柔俊彦

图 2.78　选择风格

唐朝李白
字幕
你可以开始说话

图 2.79　形象设置完成

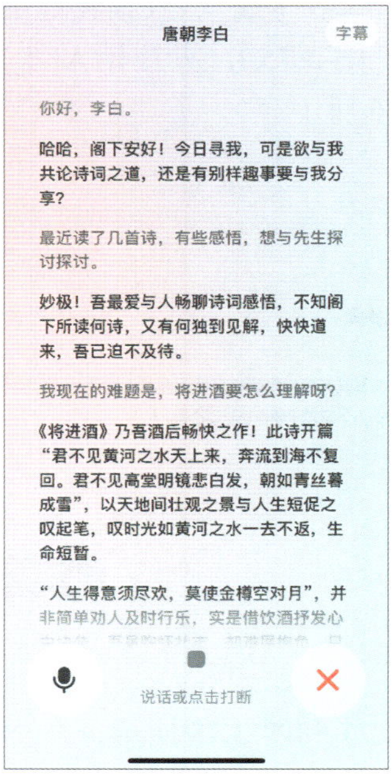
唐朝李白
字幕
你好，李白。
哈哈，阁下安好！今日寻我，可是欲与我共论诗词之道，还是有别样趣事要与我分享？
最近读了几首诗，有些感悟，想与先生探讨探讨。
妙极！吾最爱与人畅聊诗词感悟，不知阁下所读何诗，又有何独到见解，快快道来，吾已迫不及待。
我现在的难题是，将进酒要怎么理解呀？
《将进酒》乃吾酒后畅快之作！此诗开篇“君不见黄河之水天上来，奔流到海不复回。君不见高堂明镜悲白发，朝如青丝暮成雪”，以天地间壮观之景与人生短促之叹起笔，叹时光如黄河之水一去不返，生命短暂。
“人生得意须尽欢，莫使金樽空对月”，并非简单劝人及时行乐，实是借饮酒抒发心
说话或点击打断

图 2.80　示例

（7）进入已创建好的智能体的聊天页面，单击右上角的“...”按钮，进入智能体的详情页面，单击“分享智能体”按钮，获取分享链接或选择想要分享的渠道进行分享，如图 2.82 所示。

图 2.81 完善信息

图 2.82 分享智能体

思考与练习

1. 制作如图 2.83 所示的不同城市的创意文字。

图 2.83 不同城市的创意文字

2. 为一部小说（例如《玄武之夜》）制作封面，配上音乐，并制作故事视频。

第 3 章 智能办公软件

在办公场景中，智能办公软件极大地提高了人们的工作效率与创意表达能力。

在文档撰写方面，智能办公软件提供了智能纠错、自动排版等功能，让撰写者能够更专注于内容创作，无须在烦琐的格式调整和语法错误排查上花费过多时间。

在演示文稿制作方面，智能办公软件具备智能模板推荐、内容快速生成等功能，能帮助用户在短时间内制作出专业、精美的演示文稿，为展示和汇报工作增色不少。这些功能在实际办公场景中的应用，使得办公流程更加便捷、高效，使得内容更加富有创意，为企业和个人创造了更大的价值。

项目 1 思维导图

实验目的

（1）掌握思维导图基本工具的应用，学习使用Xmind等思维导图软件的核心功能。

（2）掌握逻辑思维与体系构建的方法。

（3）提升信息整合与表达效率，促进协作创新与思维拓展。

案例 绘制思维导图

操作步骤

（1）进入DeepSeek官网，新建对话，在对话框中输入提示词：

介绍一下截至2025年AI发展的历程，现想根据AI发展历程绘制一张思维导图，请生成Markdown格式的思维导图。

生成结果如图3.1所示。

（2）在桌面创建文本文件“思维导图.txt”，将生成的Markdown格式文本粘贴到该文件中，选择红框中的“保存”命令，如图3.2所示。

（3）将文件重命名，修改扩展名为“.md”，如图3.3所示，完成后图标如图3.4所示。

（4）完成上述操作后，使用Xmind软件进行思维导图制作。单击红框中的“新建”按钮创建项目，如图 3.5 所示。

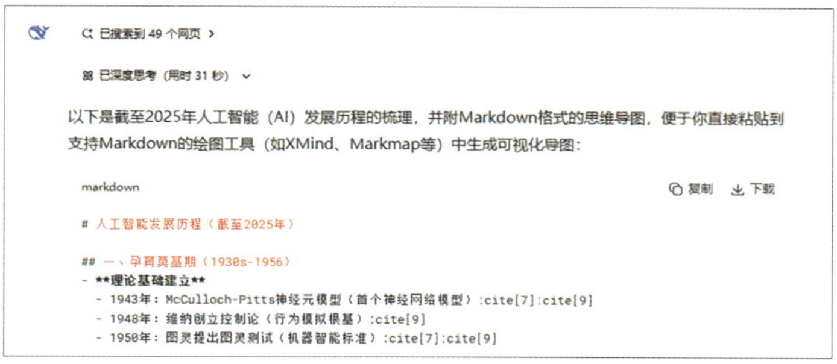

图 3.1　生成结果（部分）

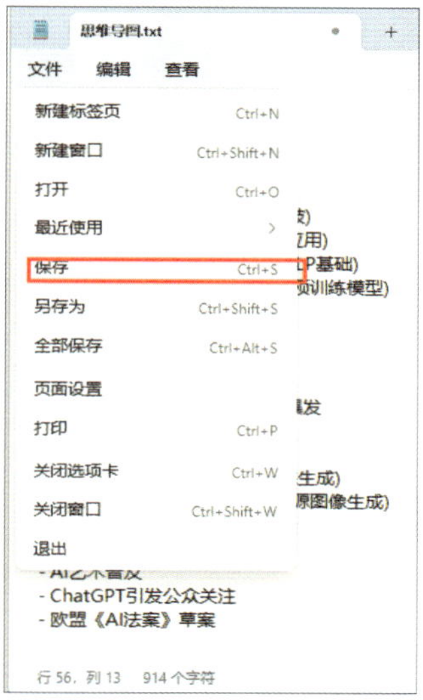

图 3.2　文本文件

图 3.3　修改扩展名

图 3.4　修改完成

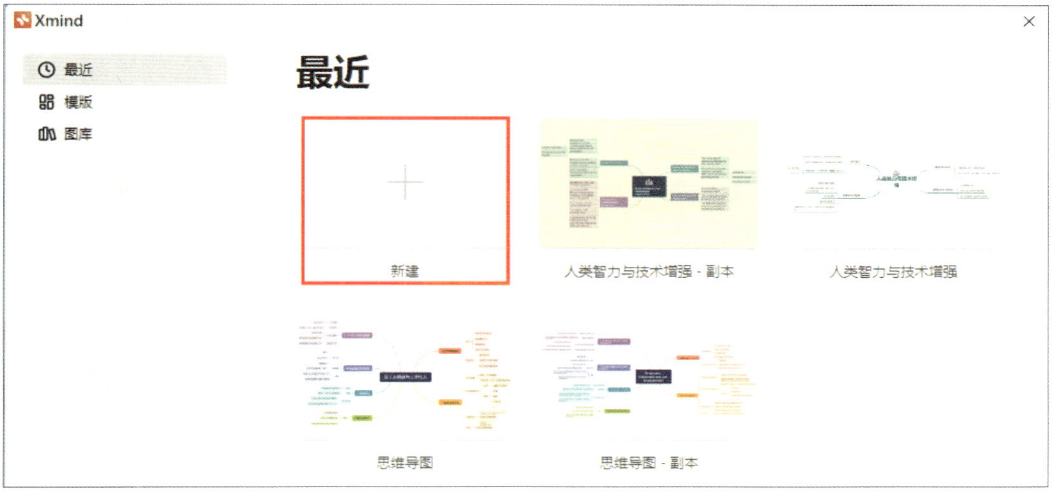

图 3.5　新建文件

（5）如图 3.6 所示，依次选择“文件”→“导入”→“Markdown”命令，如图 3.7 所示，选择思维导图文件“思维导图.md”，生成思维导图。

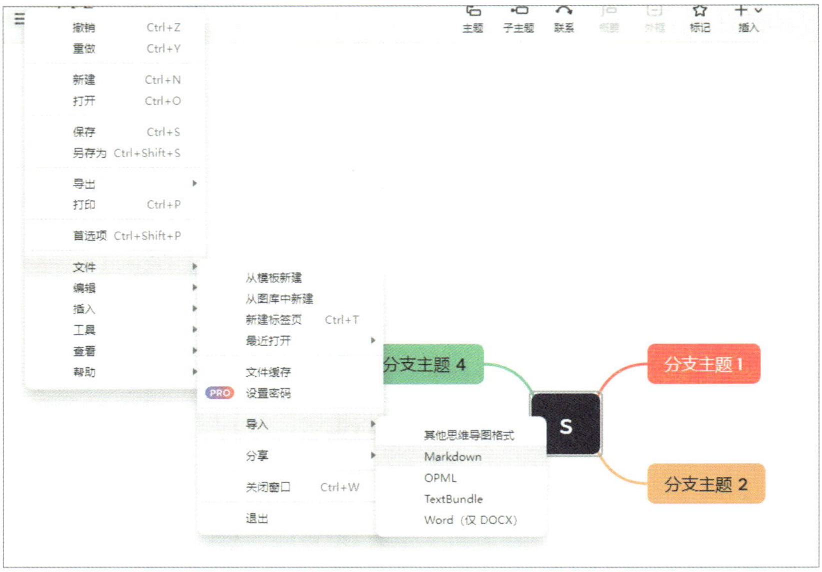

图 3.6　操作顺序

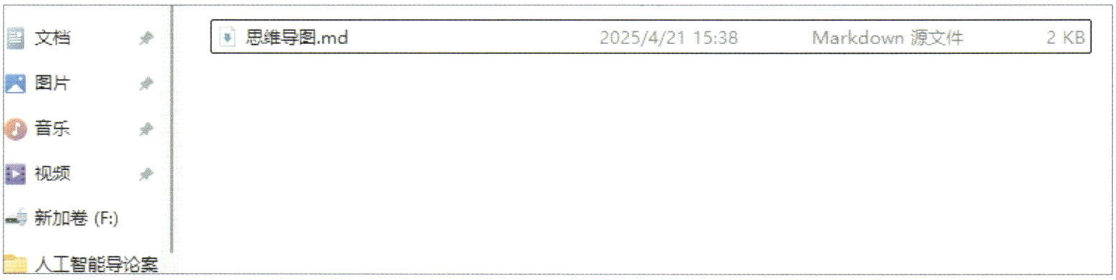

图 3.7　选择文件

（6）得到思维导图，如图 3.8 所示。

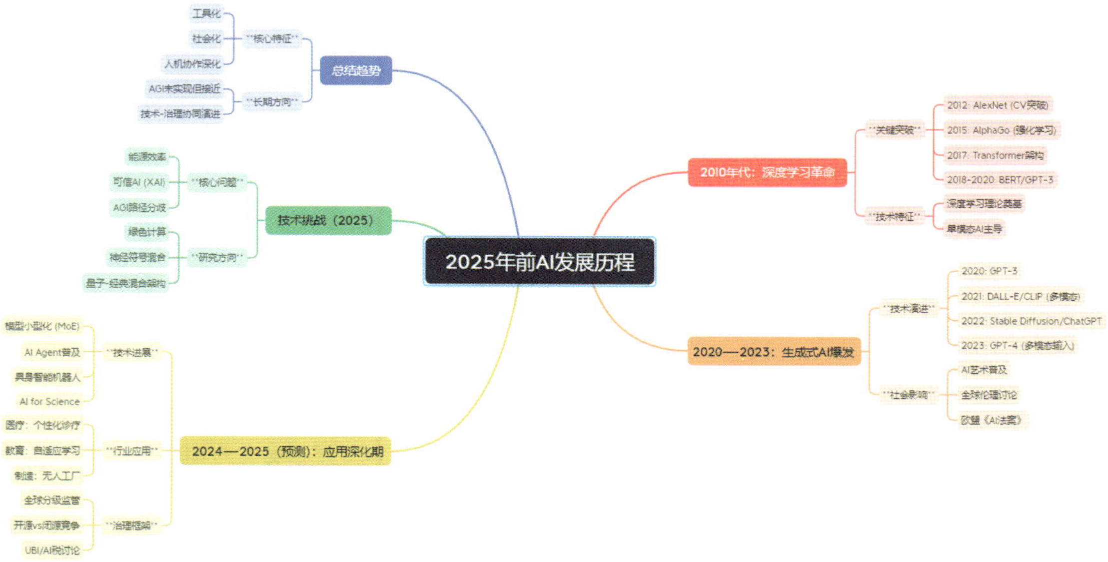

图 3.8　思维导图

（7）在 DeepSeek 中继续输入提示词：

将上述的发展过程以连贯的文本形式输出，限制在 300 字内。

生成的海报所需要的文字描述，如图 3.9 所示。

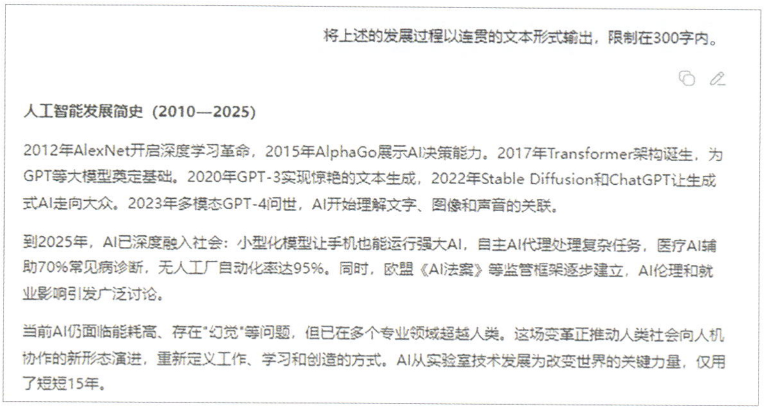
将上述的发展过程以连贯的文本形式输出，限制在300字内。

人工智能发展简史（2010—2025）

2012年AlexNet开启深度学习革命，2015年AlphaGo展示AI决策能力。2017年Transformer架构诞生，为GPT等大模型奠定基础。2020年GPT-3实现惊艳的文本生成，2022年Stable Diffusion和ChatGPT让生成式AI走向大众。2023年多模态GPT-4问世，AI开始理解文字、图像和声音的关联。

到2025年，AI已深度融入社会：小型化模型让手机也能运行强大AI，自主AI代理处理复杂任务，医疗AI辅助70%常见病诊断，无人工厂自动化率达95%。同时，欧盟《AI法案》等监管框架逐步建立，AI伦理和就业影响引发广泛讨论。

当前AI仍面临能耗高、存在"幻觉"等问题，但已在多个专业领域超越人类。这场变革正推动人类社会向人机协作的新形态演进，重新定义工作、学习和创造的方式。AI从实验室技术发展为改变世界的关键力量，仅用了短短15年。

图 3.9　海报所需要的文字描述

（8）进入即梦 AI 官网，如图 3.10 所示，单击红框中的“图片生成”按钮进入图片生成页面。

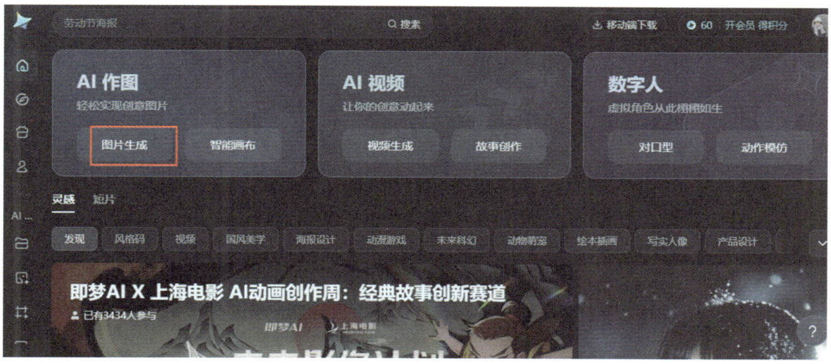

图 3.10　即梦 AI 官网

（9）在红框区域内输入 DeepSeek 生成的 AI 发展史文本进行图片生成，如图 3.11 所示。生成的海报如图 3.12 所示。

图 3.11　输入提示词

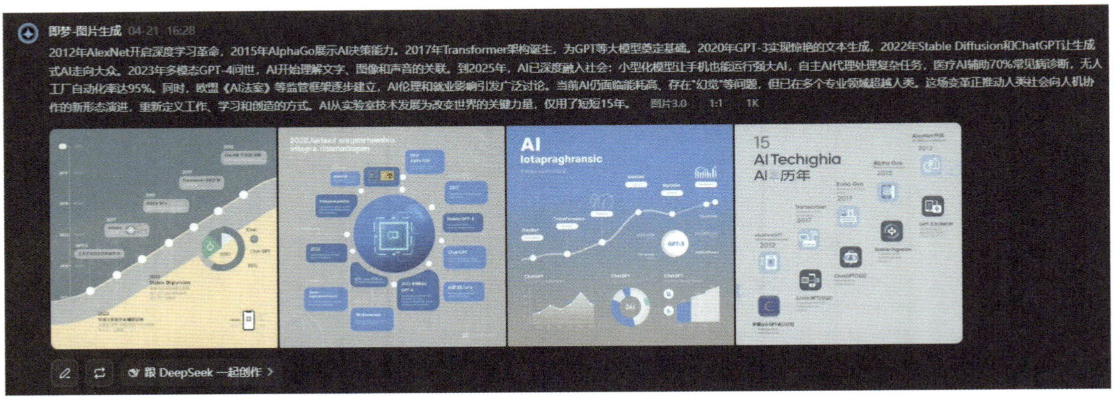
即梦-图片生成 04-21 16:28
2012年AlexNet开启深度学习革命，2015年AlphaGo展示AI决策能力，2017年Transformer架构诞生，为GPT等大模型奠定基础。2020年GPT-3实现惊艳的文本生成，2022年Stable Diffusion和ChatGPT让生成式AI走向大众。2023年多模态GPT-4问世，AI开始理解文字、图像和声音的关联。到2025年，AI已深度融入社会：小型化模型让手机也能运行强大AI，自主AI代理处理复杂任务，医疗AI辅助70%常见病诊断，无人工厂自动化率达95%。同时，欧盟《AI法案》等监管框架逐步建立，AI伦理和就业影响引发广泛讨论。当前AI仍面临能耗高、存在"幻觉"等问题，但已在多个专业领域超越人类。这场变革正推动人类社会向人机协作的新形态演进，重新定义工作、学习和创造的方式。AI从实验室技术发展为改变世界的关键力量，仅用了短短15年。 图片3.0 1:1 1K
AI
lotapraghransic
15
AI Techighia
跟 DeepSeek 一起创作

图 3.12　生成的海报

（10）如图 3.13 所示，继续与 DeepSeek 对话，生成关于 AI 对医疗领域变革的影响的文本。

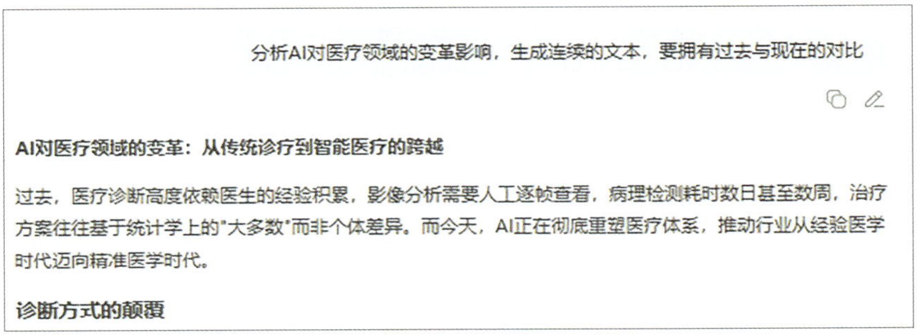
分析AI对医疗领域的变革影响，生成连续的文本，要拥有过去与现在的对比

AI对医疗领域的变革：从传统诊疗到智能医疗的跨越

过去，医疗诊断高度依赖医生的经验积累，影像分析需要人工逐帧查看，病理检测耗时数日甚至数周，治疗方案往往基于统计学上的"大多数"而非个体差异。而今天，AI正在彻底重塑医疗体系，推动行业从经验医学时代迈向精准医学时代。

诊断方式的颠覆

图 3.13　AI 对医疗领域变革的影响

项目 2　撰写调查研究报告

实验目的

（1）掌握调查研究报告撰写的规范，熟悉调查研究报告的框架结构。

（2）学习数据收集、整理和分析方法，提高数据处理能力。

（3）培养基于数据的客观分析能力与逻辑思维能力。

案例 1　编写市场调查问卷

提示词思路如下。

角色：你是一位文旅行业的营销总监。你具有敏感的商业和市场意识，有极强的文字和数据分析功底，能够迅速洞悉消费者需求，可以灵活运用各类自媒体于营销实践，并且能够指导文旅产品设计。

任务：请撰写一份针对武汉樱花旅游季节的调查问卷。

背景：近年来武汉大力推进城市文旅，在樱花开放的季节举办汉马、名人探街赏花、医护专场观赏樱花等一系列活动。随着樱花季影响力的提升，城市文旅工作可能暴露出一些工作短板。

要求：问卷题目不超过 20 道，完成时长在 15 分钟以内，问卷内容需包含旅游产品体验、周边产品开发、食宿交通等。

操作步骤

进入 DeepSeek 官网，在对话框中输入如图 3.14 所示的提示词，得到如图 3.15 所示的部分输出结果。

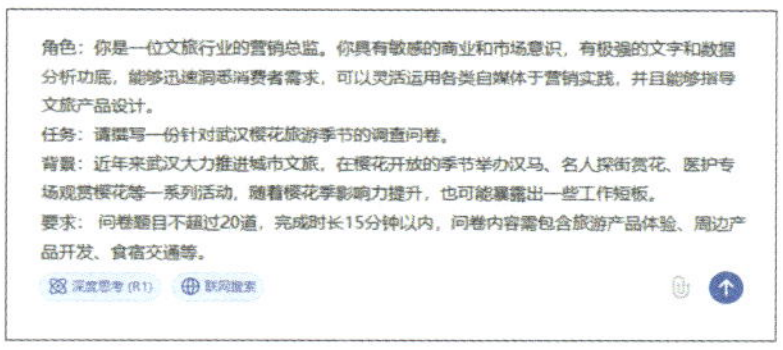

角色：你是一位文旅行业的营销总监。你具有敏感的商业和市场意识，有极强的文字和数据分析功底，能够迅速洞悉消费者需求，可以灵活运用各类自媒体于营销实践，并且能够指导文旅产品设计。
任务：请撰写一份针对武汉樱花旅游季节的调查问卷。
背景：近年来武汉大力推进城市文旅，在樱花开放的季节举办汉马、名人探街赏花、医护专场观赏樱花等一系列活动，随着樱花季影响力提升，也可能暴露出一些工作短板。
要求： 问卷题目不超过20道，完成时长15分钟以内，问卷内容需包含旅游产品体验、周边产品开发、食宿交通等。

图 3.14　输入提示词

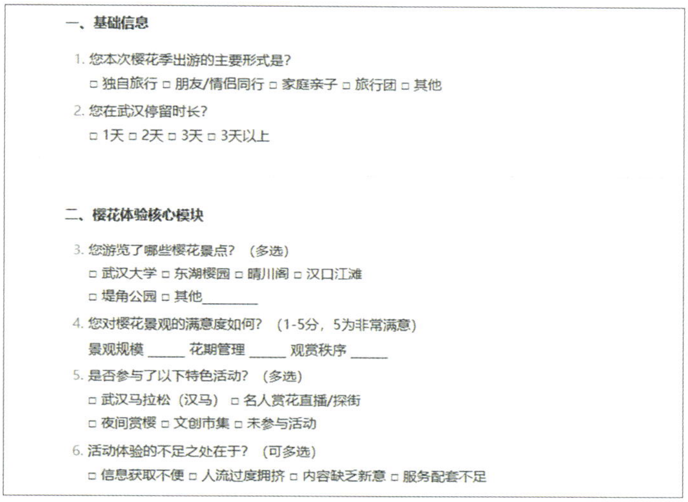

一、基础信息

1. 您本次樱花季出游的主要形式是?
□ 独自旅行 □ 朋友/情侣同行 □ 家庭亲子 □ 旅行团 □ 其他
2. 您在武汉停留时长?
□ 1天 □ 2天 □ 3天 □ 3天以上

二、樱花体验核心模块

3. 您游览了哪些樱花景点？（多选）
□ 武汉大学 □ 东湖樱园 □ 晴川阁 □ 汉口江滩
□ 堤角公园 □ 其他_______
4. 您对樱花景观的满意度如何？（1-5分，5为非常满意）
景观规模 _____ 花期管理 _____ 观赏秩序 _____
5. 是否参与了以下特色活动？（多选）
□ 武汉马拉松（汉马） □ 名人赏花直播/探街
□ 夜间赏樱 □ 文创市集 □ 未参与活动
6. 活动体验的不足之处在于？（可多选）
□ 信息获取不便 □ 人流过度拥挤 □ 内容缺乏新意 □ 服务配套不足

图 3.15　部分输出结果

DeepSeek 编制的市场调查问卷符合标准的问卷格式，理解了调查者角色，设计的问题的数量和质量都比较合适，给市场调查人员提供了很好的借鉴。在调整各要素内容，提出更有针对性的要求后，DeepSeek 可以生成适合各种应用场景的调查问卷。

案例 2　撰写校园调查报告

在学习和工作中经常需要进行各种形式的调查研究并撰写相应的调查报告。使用 WPS AI 可辅助完成从数据收集、分析到报告撰写和优化的全过程操作，高效撰写一份高质量的调查研究报告。报告初稿需结构完整，层级结构清晰，包含引言、研究方法、数据分析、改进建议和结论部分；标题需引人入胜，逻辑清晰，内容简洁，排版整齐、美观，最后要优化报告初稿的报告语言和逻辑展示。

操作步骤

（1）选题。校园生活调查研究的选题应与校园生活密切相关，能够通过调查研究为学校决策或学生生活提供有价值的见解。在 WPS 365 教育版的菜单栏中打开 WPS 灵犀，在对话框中输入提示词：

我现在需要撰写一份关于校园生活的调查研究报告，请提供几个与校园生活密切相关的选题。

AI会给出如图3.16所示的多个角度的选题。

校园生活调查研究报告选题

以下为你提供不同侧重点的与校园生活密切相关的选题，你可以根据实际研究方向和需求进行选择：

学习生活类

1. **不同年级学生学习压力来源及应对策略研究**：分析不同年级学生面临的学习压力来源，如课程难度、考试压力、升学竞争等，并探讨他们采取的应对策略及其有效性。
2. **校园学习空间的利用效率和满意度调查**：研究学校内各类学习空间，如图书馆、自习室、教室等的使用情况，了解学生对这些空间的满意度和改进需求。
3. **线上线下混合式教学模式对学生学习效果的影响**：对比线上线下混合式教学与传统教学模式，分析其对学生学习成绩、学习兴趣和自主学习能力的影响。

图3.16　WPS灵犀给出的选题

（2）选择“校园学习空间的利用效率和满意度调查”这一选题，基于CRISPE框架设计调查问卷。提示词思路如下。

能力（capacity）：你具备撰写高质量的调查问卷的能力，能够设计一份关于校园学习空间的利用效率和满意度的调查问卷，并能通过调查研究为学校决策或学生生活提供有价值的见解。

角色（role）：你是负责校园学习空间改进的调查员，需要收集学生对于校园学习空间的使用体验和反馈。

背景洞察(insight)：背景信息为调查问卷中要设定与校园学习空间相关的具体问题，调查对象为在校学生，分析研究包括但不限于图书馆、自习室、教室的使用情况等因素。

声明（statement）：请设计一份校园学习空间的利用效率和满意度的调查问卷，按照以下顺序撰写问题。

①学习空间使用频率。

②选择学习空间的因素。

③噪声干扰情况。

④学习空间布局。

⑤高峰时段使用情况。

个性（personality）：请以轻松、友好且充满热情的语气撰写调查问卷，使其充满亲切感，能够激发学生按照真实情况进行填写的欲望。

实验（experiment）：生成一份不超过10个问题的问卷，以选择题为主，问卷的问题示例如下。

①调查学习空间使用频率的单选题示例，问题：“您平均每周使用校园学习空间（如图书馆、自习室、教室等）的天数是多少？”选项：“A. 1～2天；B. 3～4天；C. 5～6天；D. 每天都用。”

②调查选择学习空间的因素的多选题示例，问题：“您选择校园学习空间时，最看重的因素是什么（可多选）？”选项：“A. 安静程度；B. 学习设施（桌椅、电源等）；C. 空间氛围；D. 位置便利性；E. 开放时间。”

③调查噪声干扰情况的单选题示例，问题：“在校园学习空间学习时，您是否经常受到噪声干扰？”选项：“A. 经常；B. 偶尔；C. 很少；D. 从未。”

④学习空间布局的单选题示例，问题：“您对校园学习空间的布局（如座位分布、区域划分等）是否满意？”选项：“A. 非常满意；B. 满意；C. 一般；D. 不满意；E. 非常不满意。”

⑤高峰时段使用情况的单选题示例，问题：“在学习高峰时段（如考试周），您是否能顺利找到合适的学习位置？”选项：“A. 总能找到；B. 大部分时间能找到；C. 偶尔能找到；D. 很难找到。”

打开WPS灵犀，如图3.17所示，将以上提示词输入对话框，AI会给出一份符合提示词要求的调查问卷。

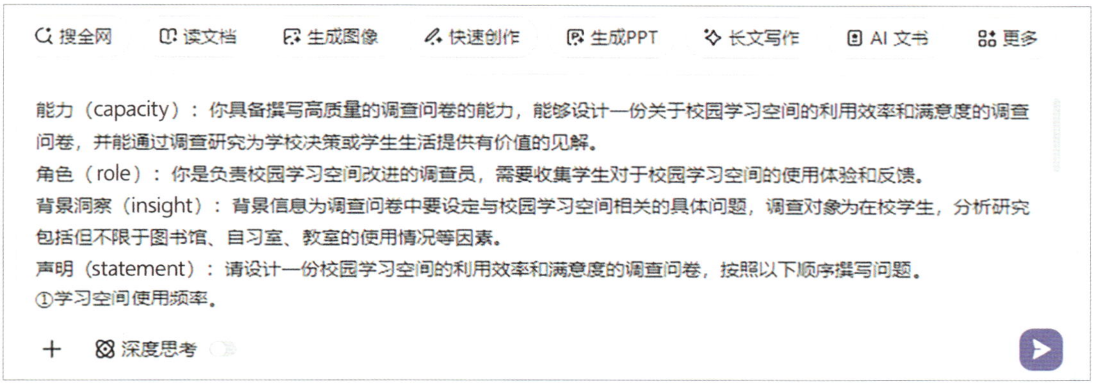
搜全网
读文档
生成图像
快速创作
生成PPT
长文写作
AI 文书
更多
能力（capacity）：你具备撰写高质量的调查问卷的能力，能够设计一份关于校园学习空间的利用效率和满意度的调查问卷，并能通过调查研究为学校决策或学生生活提供有价值的见解。
角色（role）：你是负责校园学习空间改进的调查员，需要收集学生对于校园学习空间的使用体验和反馈。
背景洞察（insight）：背景信息为调查问卷中要设定与校园学习空间相关的具体问题，调查对象为在校学生，分析研究包括但不限于图书馆、自习室、教室的使用情况等因素。
声明（statement）：请设计一份校园学习空间的利用效率和满意度的调查问卷，按照以下顺序撰写问题。
①学习空间使用频率。
深度思考

图3.17 调查问卷提示词（部分）

（3）对调查问卷进行简单数据分析，让WPS灵犀根据调查问卷结果生成一份调查报告。提示词如下：

本次调查通过设计问卷完成，调查对象为在校学生，采用随机抽样方法，共计发放问卷500份，回收490份。回收的490份问卷中有20份未完成的无效问卷。请对调查结果进行数据清洗，剔除无效回答，并初步分析数据趋势，根据调查问卷结果生成一份初步的数据分析报告。

调查问卷结果：

①平均每周使用校园学习空间（如图书馆、自习室、教室等）的天数是3～4天的同学占75%。

②选择校园学习空间时，最看重的因素选择最多的是安静程度和学习设施（桌椅、电源等）。

③在校园学习空间学习时，很少受到噪声干扰的同学占90%。

④ 75%的同学对校园学习空间的布局（如座位分布、区域划分等）非常满意。

⑤ 55%的同学在学习高峰时段（如考试周），能顺利找到合适的学习位置。

⑥ 85%的同学觉得校园学习空间的座位数量基本足够。

⑦ 72%的同学在使用校园学习空间时，经常会因为找不到充电位置而困扰。

⑧ 80%的同学希望校园学习空间增加饮水机和休息沙发。

⑨ 90%的同学觉得校园学习空间的开放时间合理。

⑩ 85%的同学平时最喜欢在图书馆和自习室学习。

打开WPS灵犀，将以上提示词输入对话框，如图3.18所示，AI会给出一份符合提示词要求的调查报告。

（4）对调查报告进行细节优化。打开WPS灵犀，在对话框中输入提示词，如图3.19所示：

请检查并优化报告初稿的语言流畅度和逻辑性，确保内容连贯且易于阅读。然后生成数据图表，清晰展示关键数据，并支持报告结论。

AI会给出优化后的调查报告。

因为调查问卷没有具体数据，所以WPS灵犀给出的图表数据不准确，用户可根据原始数据完善WPS灵犀给出的图表数据。

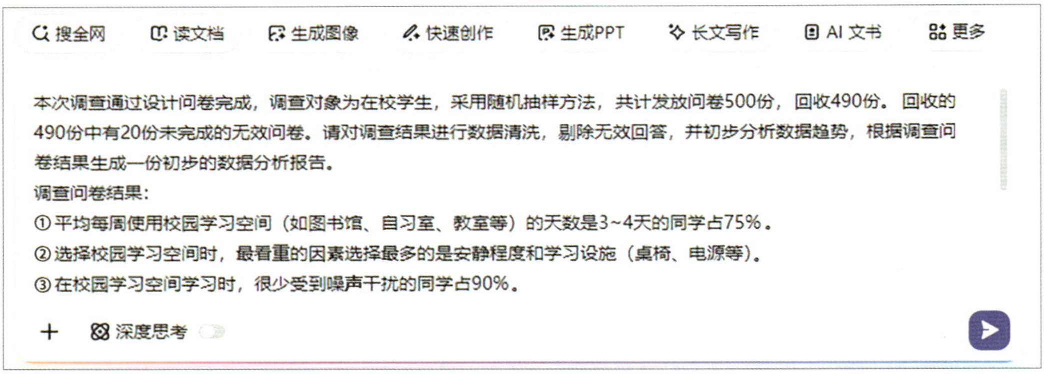
搜全网
读文档
生成图像
快速创作
生成PPT
长文写作
AI 文书
更多
本次调查通过设计问卷完成，调查对象为在校学生，采用随机抽样方法，共计发放问卷500份，回收490份。回收的490份中有20份未完成的无效问卷。请对调查结果进行数据清洗，剔除无效回答，并初步分析数据趋势，根据调查问卷结果生成一份初步的数据分析报告。
调查问卷结果：
①平均每周使用校园学习空间（如图书馆、自习室、教室等）的天数是3~4天的同学占75%。
②选择校园学习空间时，最看重的因素选择最多的是安静程度和学习设施（桌椅、电源等）。
③在校园学习空间学习时，很少受到噪声干扰的同学占90%。
深度思考

图3.18　调查报告提示词（部分）

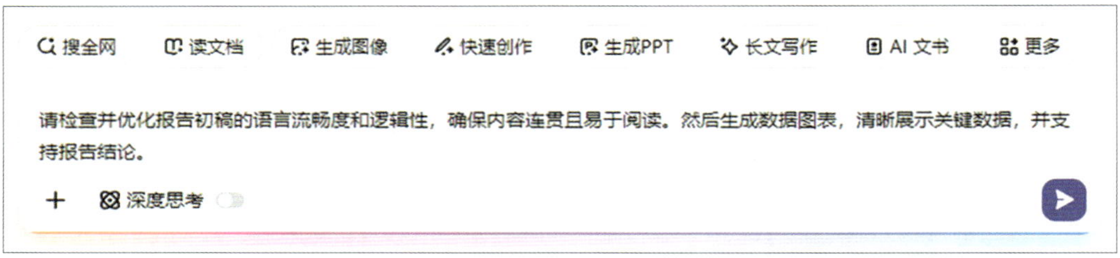
搜全网
读文档
生成图像
快速创作
生成PPT
长文写作
AI 文书
更多
请检查并优化报告初稿的语言流畅度和逻辑性，确保内容连贯且易于阅读。然后生成数据图表，清晰展示关键数据，并支持报告结论。
深度思考

图3.19　优化报告提示词

项目3　文档排版

实验目的

（1）掌握AI排版工具的核心功能，熟悉智能化文档编排的操作流程。

（2）对比传统排版与AI排版的差异，培养智能办公意识与技术应用能力。

（3）提升文档处理效率，体验人工智能在办公场景中的创新应用。

案例 撰写报告排版

请以“人工智能技术对未来 5 ～ 10 年中国大学生就业的多维度影响分析：机会、挑战与应对策略”为主题撰写一份分析报告。要求分析报告逻辑清晰，内容完整，格式规范，字数在 2 000 左右。

操作步骤

（1）使用文心一言 4.5 Turbo，开启联网搜索模式，在对话框中输入提示词，如图 3.20 所示：

人工智能技术对未来 5 ~ 10 年中国大学生就业的多维度影响分析：机会、挑战与应对策略。

单击“润色”指令，系统会自动对提示词进行修改，结果如图 3.21 所示。如果本次主题是研究报告，可以选择“创意写作”→“专业文稿”→“研究报告”，直接调用模板，如图 3.22 所示。

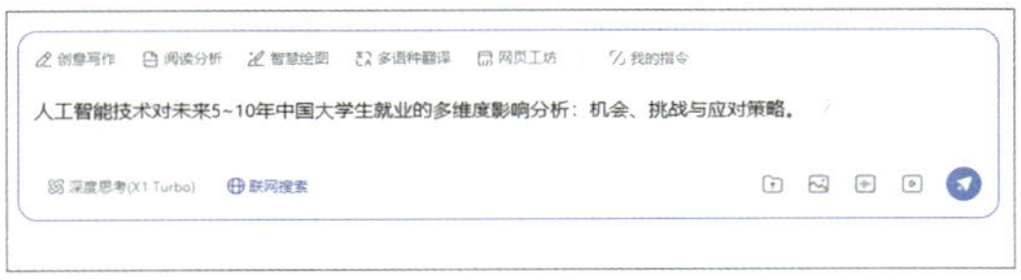

创意写作
阅读分析
智慧绘图
多语种翻译
网页工坊
我的指令
人工智能技术对未来5~10年中国大学生就业的多维度影响分析：机会、挑战与应对策略。
深度思考(X1 Turbo)
联网搜索

图 3.20　输入提示词

创意写作
阅读分析
智慧绘图
多语种翻译
网页工坊
我的指令
请对人工智能技术对未来5~10年中国大学生就业的多维度影响进行分析，包括机会、挑战与应对策略。
请确保分析包括以下几个方面：
1. 人工智能技术对大学生就业机会的影响，包括直接就业机会、技能提升机会等。
2. 人工智能技术对大学生就业挑战的影响，如就业市场竞争、技能不匹配等。
3. 针对人工智能技术带来的挑战，提出具体的应对策略和建议。
请确保分析全面、深入，并提供具体的案例和数据支持。
深度思考(X1 Turbo)
联网搜索

图 3.21　提示词润色

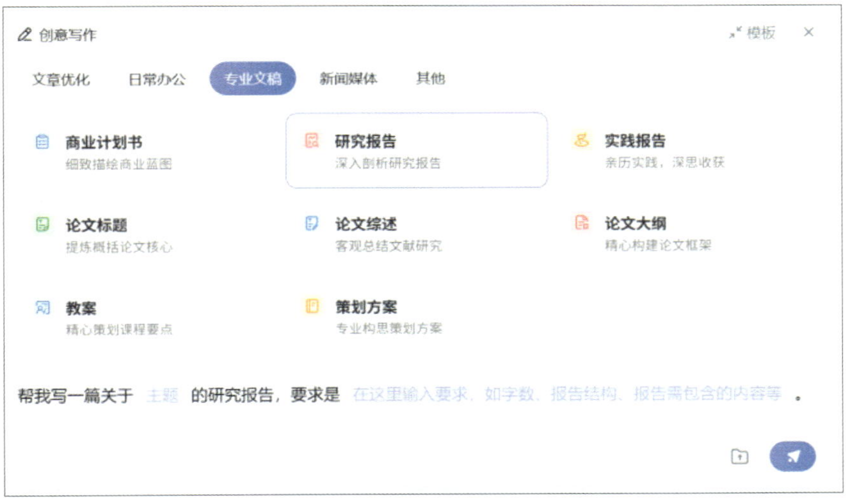

创意写作
模板
文章优化
日常办公
专业文稿
新闻媒体
其他
商业计划书
细致描绘商业蓝图
研究报告
深入剖析研究报告
实践报告
亲历实践，深思收获
论文标题
提炼概括论文核心
论文综述
客观总结文献研究
论文大纲
精心构建论文框架
教案
精心策划课程要点
策划方案
专业构思策划方案
帮我写一篇关于 主题 的研究报告，要求是 在这里输入要求、如字数、报告结构、报告需包含的内容等 。

图 3.22　调用模板

（2）如果对生成内容不满意，可以调整或重写提示词。针对其中的“构建终身学习体系”要求能够更加深入，可以单击“创意写作”，对本内容进行扩写，参考如下：

请帮我扩写以下内容：跨学科能力培养：大学生应掌握编程、数据分析等跨学科技能，例如理工科学生选修人文社科课程，文科学生加强数理逻辑学习。扩写要求：不少于 2 000 字。

输入提示词如图 3.23 所示。

（3）生成的文字下面都可以看到如图 3.24 所示的“AI编辑”“朗读”“复制”“复制 Markdown”“存储”“分享”等各类图标，如图 3.25 所示为编辑状态。

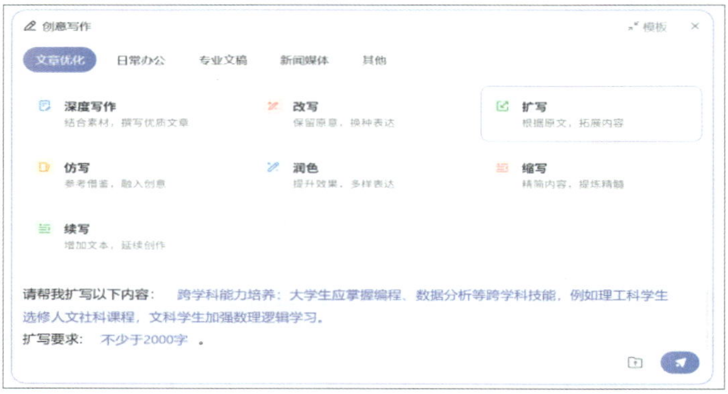

图 3.23　文章优化

图 3.24　文章快捷编辑图标

（4）单击“导出”按钮，如图 3.25 所示，选择“下载 Word”可以把文档下载到本地使用 WPS 进行文本的编辑，文件名自动设置为“跨学科能力培养与核心竞争力_04 月 30 日 08 时 30 分 07 秒”。该文件也包含了 Markdown 的基本文档结构。

图 3.25　单击“导出”按钮

（5）对于保存的文件使用 AI 排版功能对大纲进行排版调整。选中大纲内容，选择“WPS AI”→“AI 排版”→“更多类型排版”命令，在右侧的“AI 排版”中选择“通用文档”，单击“开始排版”按钮。

（6）如果对排版效果不满意，可以按照实际需要设置内容的“段落格式”和“段前分页”。查看和确认排版效果时，可以按照实际需求设置“显示目录”以便查看目录。设置“显示原文”以便对比原文，在“显示原文”模式下还可以设置“同步滚动”。对排版效果不满意，也可以单击“弃用”按钮，返回上一步重新开始排版。在确认排版效果满意后，单击“应用到当前”按钮保留排版效果。利用 AI 生成和排版分析报告大纲案例效果如图 3.26 所示。

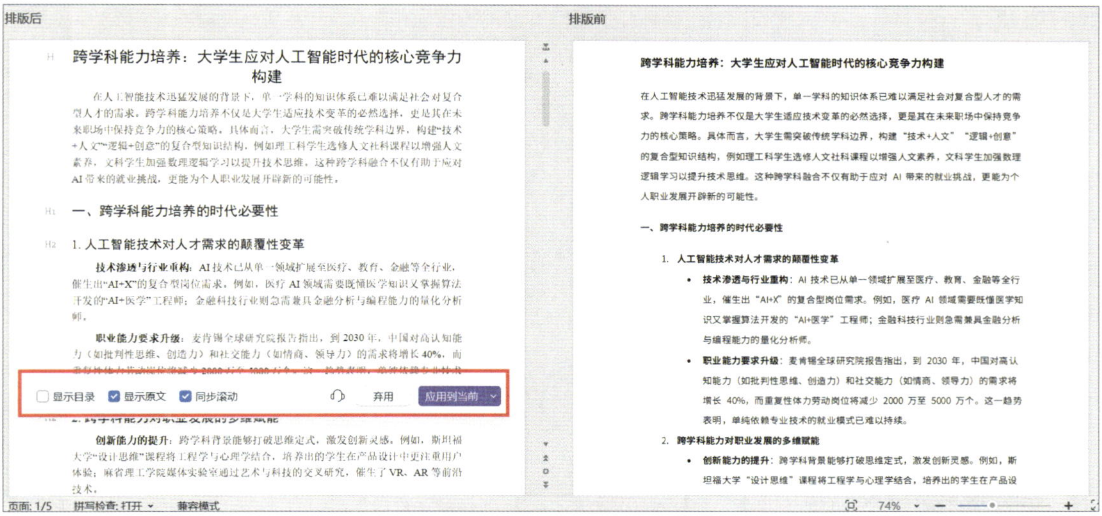

图 3.26 排版对比

（7）利用AI优化初稿内容。

①使用AI扩写功能优化初稿内容。选中分析报告初稿中需要优化的内容，右击，在弹出的快捷菜单中单击“唤起 WPS AI”按钮，选择“扩写”命令，等待生成。

②使用AI润色功能优化初稿内容。选中分析报告初稿中需要优化的内容，右击，在弹出的快捷菜单中单击“唤起 WPS AI”按钮，选择“润色”→“快速润色”命令，等待生成。如果对润色效果不满意，可以输入提示词进行调整或重写，也可以单击“弃用”按钮返回上一步重新润色，确认润色效果满意后，单击“替换”按钮。

（8）使用AI文档问答功能协助确定需要查找的资料。选择“WPS AI”→“文档问答”命令。在右侧“AI文档问答”对话框中输入提示词：

根据此文档，我需要查找哪些资料才能更好地完成报告？

单击“发送”按钮，等待生成，如图 3.27 所示。对于对应的第 1 页具体的案例可以在文心一言中利用联网搜索工具继续完善。

（9）使用AI全文总结功能协助总结整理查找到的资料。选择“WPS AI”→“AI全文总结”命令，等待生成，如图 3.28 所示。在“AI全文总结”中确认总结内容，若对总结内容不满意，可以重复上一步操作重新生成。确认完总结内容后，可以单击“复制”按钮对总结内容进行复制。本次复制的内容可以在文心一言中再次查找资料继续完善。

（10）确定终稿。完成内容的撰写后，需自行检查文档内容，确保调查报告内容无误、信息准确、逻辑严谨，并进行相应的修改和完善，确保最终成品的质量。例如，对文中出现的英文单词，可以利用“拼写检查”进行校对。完成内容的确定后，可以利用“开始”选项卡中的“编号”功能为分析报告的终稿内容设置多级编号或自定义多级编号。

（11）如图 3.29 所示，将本次稿件上传到文心一言中，输入提示词：

作为一名大学老师，请你对这份报告提出建议和意见。

可以让报告更具有针对性。

（12）确定分析报告大纲终稿。对分析报告大纲进行人工确认和检查，对其中存在的问题进行讨论，提出修改方案，并且根据实际情况调整大纲的内容，确定该分析报告大纲的终稿。

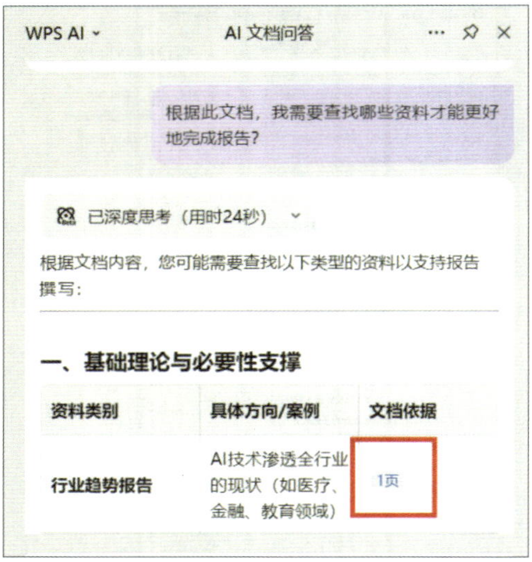
WPS AI
AI 文档问答
根据此文档，我需要查找哪些资料才能更好地完成报告？
已深度思考（用时24秒）
根据文档内容，您可能需要查找以下类型的资料以支持报告撰写：
一、基础理论与必要性支撑
资料类别
具体方向/案例
文档依据
行业趋势报告
AI技术渗透全行业的现状（如医疗、金融、教育领域）
1页

图 3.27　输入提示词

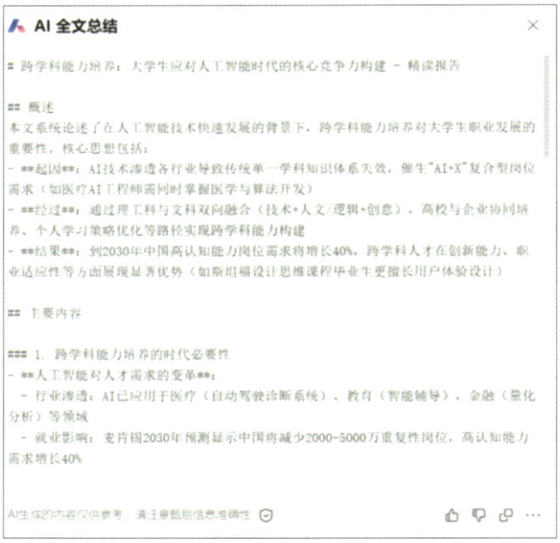
AI 全文总结
跨学科能力培养：大学生应对人工智能时代的核心竞争力构建 - 精读报告
概述
本文系统论述了在人工智能技术快速发展的背景下，跨学科能力培养对大学生职业发展的重要性，核心思想包括：
- **起因**：AI技术渗透各行业导致传统单一学科知识体系失效，催生"AI+X"复合型岗位需求（如医疗AI工程师需同时掌握医学与算法开发）
- **经过**：通过理工科与文科双向融合（技术+人文/逻辑+创意）、高校与企业协同培养、个人学习策略优化等路径实现跨学科能力构建
- **结果**：到2030年中国高认知能力岗位需求将增长40%，跨学科人才在创新能力、职业适应性等方面展现显著优势（如斯坦福设计思维课程毕业生更擅长用户体验设计）
主要内容
1. 跨学科能力培养的时代必要性
- **人工智能对人才需求的变革**：
- 行业渗透：AI已应用于医疗（自动驾驶诊断系统）、教育（智能辅导）、金融（量化分析）等领域
- 就业影响：麦肯锡2030年预测显示中国将减少2000-5000万重复性岗位，高认知能力需求增长40%
AI生成的内容仅供参考，请注意甄别信息准确性

图 3.28　AI 全文总结

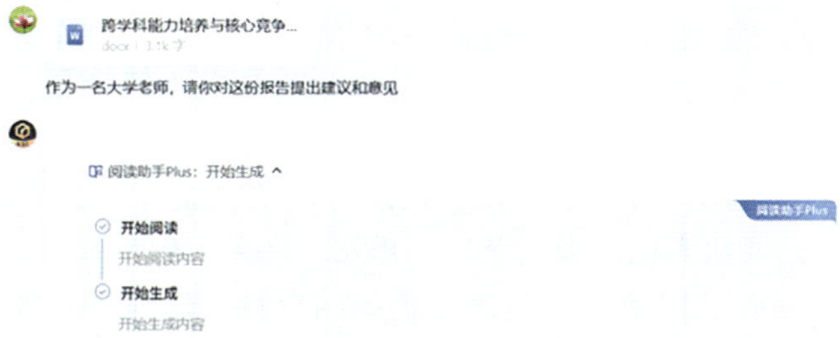
跨学科能力培养与核心竞争...
作为一名大学老师，请你对这份报告提出建议和意见
阅读助手Plus：开始生成
阅读助手Plus
开始阅读
开始阅读内容
开始生成
开始生成内容

图 3.29　输入提示词

（13）设计终稿封面。完成内容的确定后，可以利用“插入”选项卡中的“封面”功能为分析报告的终稿设计一个精美的封面，如图3.30所示。在封面页上修改好分析报告标题、学校名称、小组成员等信息即可，封面页的配色、字体、字号、字体颜色等可以按照需要进行调整，可以对封面页的元素进行大小、颜色的调整，并删除无关的元素。

预设封面页
竖向
横向
硕士学位论文
[文档标题]
20XX
个人求职简历
项目解决方案
PROJECT SOLUTIONS
删除封面页

图 3.30　封面设计

项目 4 演示文稿制作

实验目的

（1）掌握 AI 生成演示文稿的基本操作流程，熟悉智能工具的核心功能。
（2）学习利用 AI 技术快速创建结构化幻灯片的方法，提升内容可视化能力。
（3）对比人工与 AI 制作的差异，培养智能办公思维与技术应用意识。
（4）提高演示文稿制作效率，体验 AI 赋能下的创意表达新方式。

案例 1 利用灵犀制作演示文稿

操作步骤

（1）进入 WPS 365 教育版，调用灵犀（灵犀已经内嵌了 DeepSeek 的推理能力）。如图 3.31 所示，上传文件到灵犀对话框，可以看到有三类提示，单击“根据上传文件生成思维导图”。

（2）如图 3.32 和图 3.33 所示，在灵犀对话框中单击“生成 PPT”按钮，将右下角的页数修改为“20–30 页”的页面，选择喜欢的模板，在对话框中可以对 PPT 继续进行修改。

（3）继续在灵犀中对话，如图 3.34 所示，选择“去 WPS 编辑”完成最后的修改。

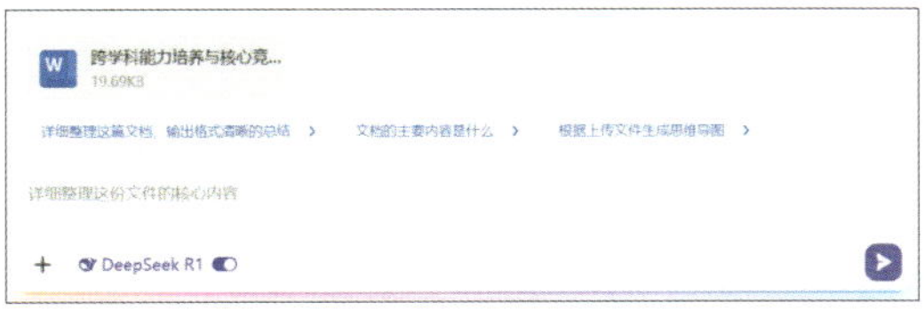

图 3.31 调用灵犀

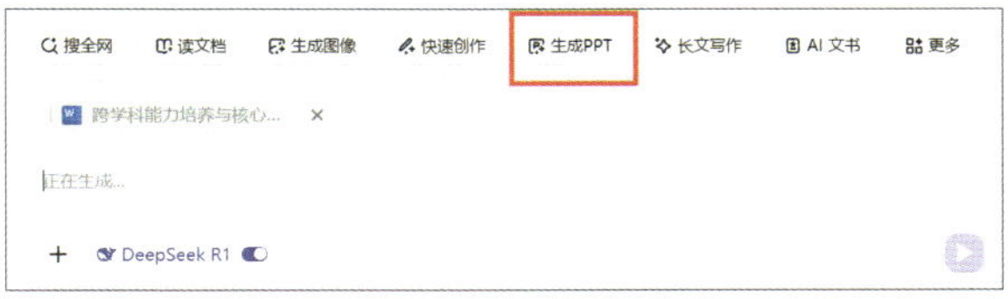

图 3.32 生成 PPT 功能

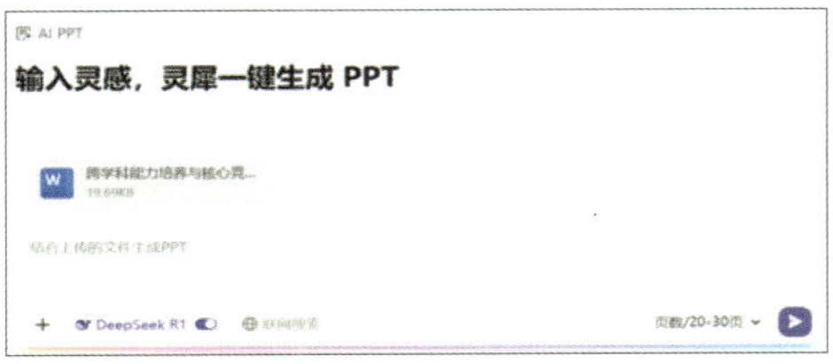

图 3.33 生成 PPT 设置

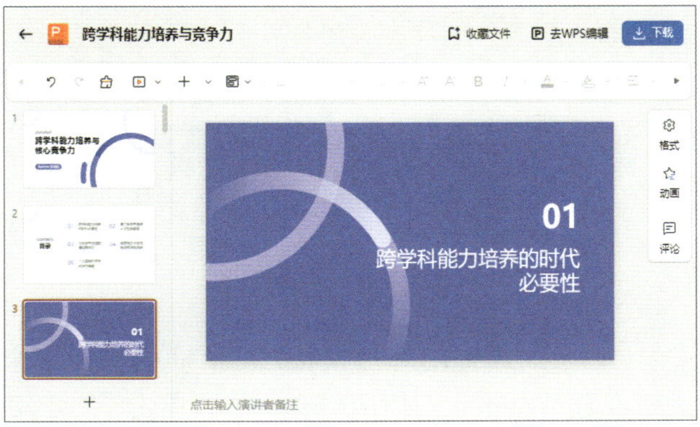

图 3.34 最终修改

案例 2 利用 WPS 制作演示文稿

操作步骤

（1）进入 WPS 365 教育版，单击“新建”按钮，弹出如图 3.35 所示的界面。单击“演示”按钮，进入新建演示文稿界面，如图 3.36 所示。在“AI 生成 PPT”区域单击“输入主题 / 上传文档”，在弹出的对话框中单击“上传文档”→“选择文档”，在“打开文档”对话框中选择文件“跨学科能力培养与核心竞争力_04 月 30 日 08 时 30 分 07 秒.docx”，单击“打开”按钮。

（2）在“选择 PPT 生成偏好”对话框（见图 3.37）中选择“保持原文”，单击“下一步”按钮。

（3）等待生成幻灯片大纲，如图 3.38 所示，根据自己的需求调整大纲内容，调整完毕后单击“挑选模板”按钮。

图 3.35　新建界面

图 3.36　新建演示文稿界面

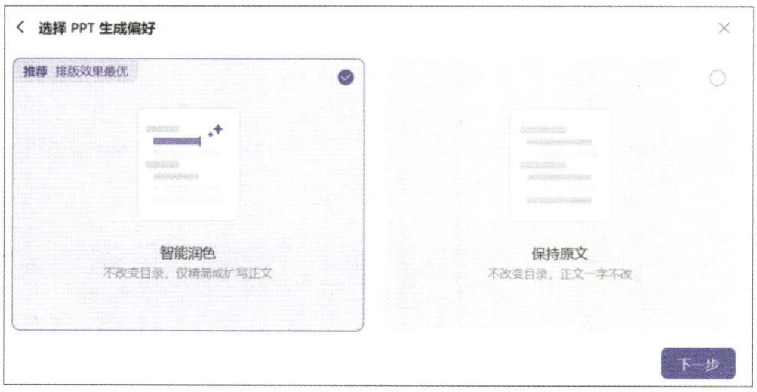

图 3.37　生成偏好

图 3.38　幻灯片大纲

（4）在“选择幻灯片模板”对话框中选择一个适合本次汇报主题的 PPT 模板（如学术风格或总结汇报），如图 3.39 所示，单击“创建幻灯片”按钮，等待生成 PPT 初稿。

2025/04/30
跨学科能力培养与核心竞争力_04月30日08时30分07秒
汇报人：章瑾
选择幻灯片模板
推荐模板
上传模板
自定义模板
风格
颜色
绿色教育教学卡通风主题
绿色班会卡通主题
蓝色毕业答辩简约风主题
蓝金色中国风主题
返回
创建幻灯片

图 3.39　挑选模板

（5）优化演示文稿初稿。对于其中的一个案例特别增加一页幻灯片，如图 3.40 和图 3.41 所示，回到文心一言中输入提示词：

北京大学“新闻 + 数据科学”项目案例的具体做法以及效果，要求 400 字以内。

将生成的内容复制到“AI 生成单页”对话框中，选择“大纲生成”，单击“智能生成”按钮，等待生成幻灯片内容，生成效果如图 3.42 和图 3.43 所示。

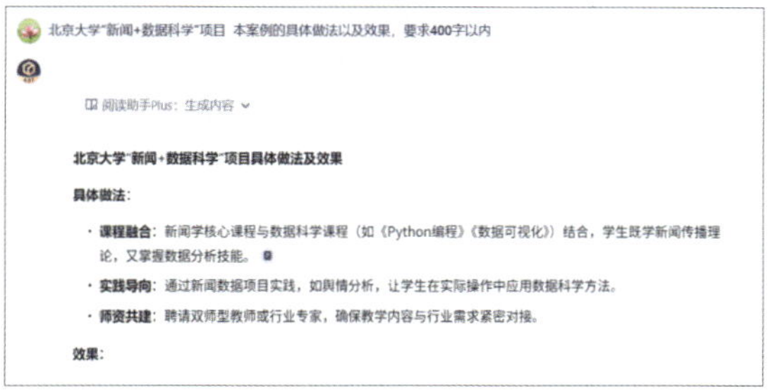
北京大学"新闻+数据科学"项目 本案例的具体做法以及效果，要求400字以内
北京大学"新闻+数据科学"项目具体做法及效果
具体做法：
课程融合：新闻学核心课程与数据科学课程（如《Python编程》《数据可视化》）结合，学生既学新闻传播理论，又掌握数据分析技能。
实践导向：通过新闻数据项目实践，如舆情分析，让学生在实际操作中应用数据科学方法。
师资共建：聘请双师型教师或行业专家，确保教学内容与行业需求紧密对接。
效果：

图 3.40　输入提示词

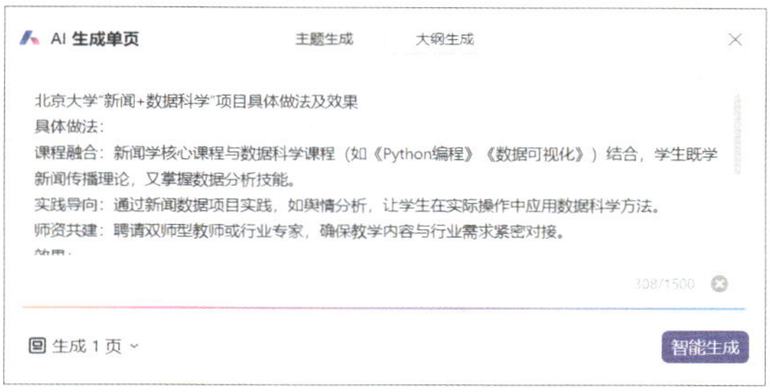
AI 生成单页
主题生成
大纲生成
北京大学"新闻+数据科学"项目具体做法及效果
具体做法：
课程融合：新闻学核心课程与数据科学课程（如《Python编程》《数据可视化》）结合，学生既学新闻传播理论，又掌握数据分析技能。
实践导向：通过新闻数据项目实践，如舆情分析，让学生在实际操作中应用数据科学方法。
师资共建：聘请双师型教师或行业专家，确保教学内容与行业需求紧密对接。
生成 1 页
智能生成

图 3.41　生成信息

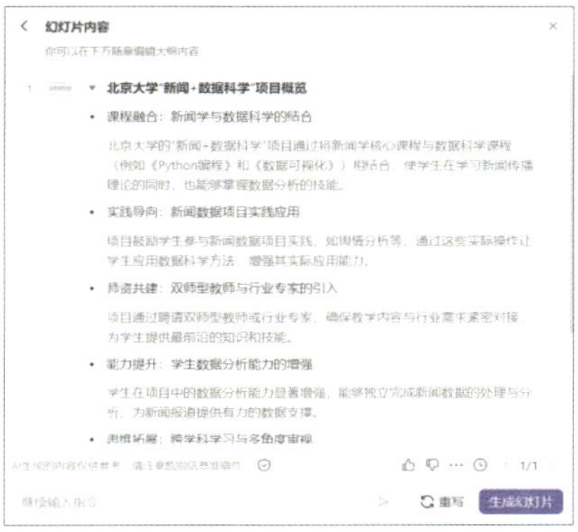
幻灯片内容
北京大学"新闻+数据科学"项目概览
课程融合：新闻学与数据科学的结合
实践导向：新闻数据项目实践应用
师资共建：双师型教师与行业专家的引入
能力提升：学生数据分析能力的增强
生成幻灯片

图 3.42　幻灯片内容

北京大学"新闻+数据科学"项目概览
课程融合：新闻学与数据科学的结合
实践导向：新闻数据项目实践应用
师资共建：双师型教师与行业专家的引入
能力提升：学生数据分析能力的增强
思维拓展：跨学科学习与多角度审视
就业竞争力：复合型人才与媒体行业需求

图 3.43　幻灯片结果

项目 5 智慧法律

实验目的

（1）了解智慧法律系统的基础架构，熟悉AI在法律检索与文书生成中的应用场景。

（2）掌握使用智能法律工具完成合同审查、案例分析等实务操作的方法。

（3）探讨AI参与法律工作的伦理边界，培养技术应用的法律责任意识。

（4）提升法律实务效率，认识人工智能赋能法律行业的技术价值。

案例 1 法务文书写作

本案例中上传的判决书（见图 3.44）是真实案例中的判决书，人物和公司姓名做了脱敏处理，属于不涉及国家秘密、商业秘密、个人隐私和未成年人保护的判决书。将该判决书上传至DeepSeek的时候开启深度思考（R1）模式，联网搜索模式不支持上传附件。

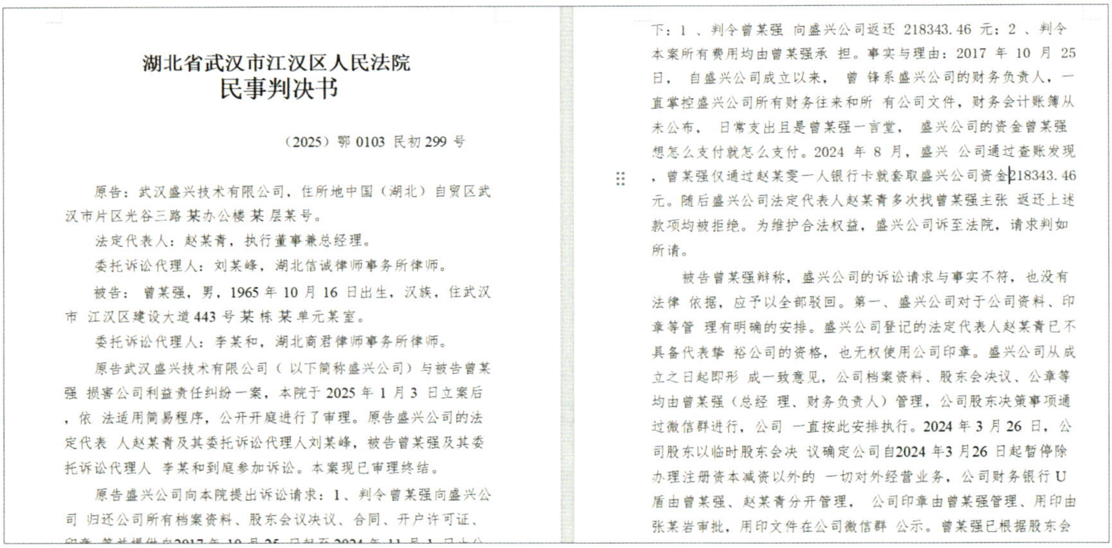

湖北省武汉市江汉区人民法院
民事判决书

（2025）鄂 0103 民初 299 号

原告：武汉盛兴技术有限公司，住所地中国（湖北）自贸区武汉市片区光谷三路某办公楼某层某号。

法定代表人：赵某青，执行董事兼总经理。

委托诉讼代理人：刘某峰，湖北信诚律师事务所律师。

被告：曾某强，男，1965 年 10 月 16 日出生，汉族，住武汉市 江汉区建设大道443 号某栋某单元某室。

委托诉讼代理人：李某和，湖北商君律师事务所律师。

原告武汉盛兴技术有限公司（以下简称盛兴公司）与被告曾某强 损害公司利益责任纠纷一案，本院于 2025 年 1 月 3 日立案后，依 法适用简易程序，公开开庭进行了审理。原告盛兴公司的法定代表 人赵某青及其委托诉讼代理人刘某峰，被告曾某强及其委托诉讼代理人 李某和到庭参加诉讼。本案现已审理终结。

原告盛兴公司向本院提出诉讼请求：1、判令曾某强向盛兴公司 归还公司所有档案资料、股东会议决议、合同、开户许可证、

……

下：1 、判令曾某强 向盛兴公司返还 218343.46 元：2 、判令本案所有费用均由曾某强承 担。事实与理由：2017 年 10 月 25 日， 自盛兴公司成立以来， 曾 锋系盛兴公司的财务负责人，一直掌控盛兴公司所有财务往来和所 有公司文件，财务会计账簿从未公布， 日常支出且是曾某强一言堂， 盛兴公司的资金曾某强想怎么支付就怎么支付。2024 年 8 月，盛兴 公司通过查账发现，曾某强仅通过赵某雯一人银行卡就套取盛兴公司资金218343.46 元。随后盛兴公司法定代表人赵某青多次找曾某强主张 返还上述款项均被拒绝。为维护合法权益，盛兴公司诉至法院，请求判如所请。

被告曾某强辩称，盛兴公司的诉讼请求与事实不符，也没有法律 依据，应予以全部驳回。第一、盛兴公司对于公司资料、印章等管 理有明确的安排。盛兴公司登记的法定代表人赵某青已不具备代表挚 裕公司的资格，也无权使用公司印章。盛兴公司从成立之日起即形 成一致意见，公司档案资料、股东会决议、公章等均由曾某强（总经 理、财务负责人）管理，公司股东决策事项通过微信群进行，公司 一直按此安排执行。2024 年 3 月 26 日，公司股东以临时股东会决 议确定公司自2024 年3 月26 日起暂停除办理注册资本减资以外的 一切对外经营业务，公司财务银行 U 盾由曾某强、赵某青分开管理， 公司印章由曾某强管理、用印由张某岩审批，用印文件在公司微信群 公示。曾某强已根据股东会

图 3.44 判决书

提示词思路如下。

角色：你是原告的代理律师。你是资深律师，专业知识技能过硬，代理过很多民事纠纷官司。

任务：原告不服从一审判决，请在阅读上传的判决书后，撰写一份上诉状。

背景：纠纷细节在一审判决书中有详细介绍。

要求：按照法律文书规范书写。

DeepSeek生成的结果如图 3.45 所示。

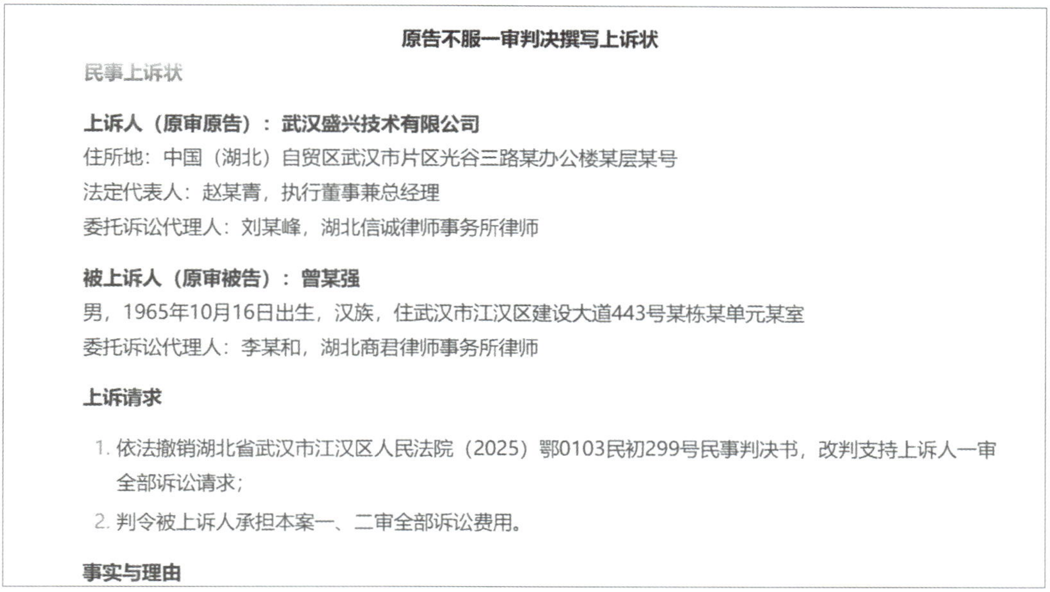

原告不服一审判决撰写上诉状

民事上诉状

上诉人（原审原告）：武汉盛兴技术有限公司

住所地：中国（湖北）自贸区武汉市片区光谷三路某办公楼某层某号

法定代表人：赵某青，执行董事兼总经理

委托诉讼代理人：刘某峰，湖北信诚律师事务所律师

被上诉人（原审被告）：曾某强

男，1965年10月16日出生，汉族，住武汉市江汉区建设大道443号某栋某单元某室

委托诉讼代理人：李某和，湖北商君律师事务所律师

上诉请求

1. 依法撤销湖北省武汉市江汉区人民法院（2025）鄂0103民初299号民事判决书，改判支持上诉人一审全部诉讼请求；
2. 判令被上诉人承担本案一、二审全部诉讼费用。

事实与理由

图 3.45 生成的结果（部分）

案例 2 合同审查

操作步骤

（1）如图 3.46 所示，进入Kimi官网，网址为https://kimi.com，定义AI为法律行业的专家，以劳动合同为例，让其设计一份留出填写部分的合同草案，可以输入以下提示词：

你是一名法律行业的专家，曾在多所知名律所担任高级职位，专长于合同的起草和修改，请帮我为刚毕业的大学生拟一份劳动合同。留出部分请用下画线，并根据类别设计下画线长度。

生成结果如图 3.47 所示。

KIMI
你是一名法律行业的专家，曾在多所知名律所担任高级职位，专长于合同的起草和修改，请帮我为刚毕业的大学生拟一份劳动合同。留出部分请用下画线，并根据类别设计下画线长度。
长思考 (k1.5)
PPT轻松搞定，秘诀在这！
教案设计助手
什么是Markdown？AI写作都在用
简历里的"空窗期"怎么包装？
大模型MoE，当模型们的老板

图 3.46 输入提示词

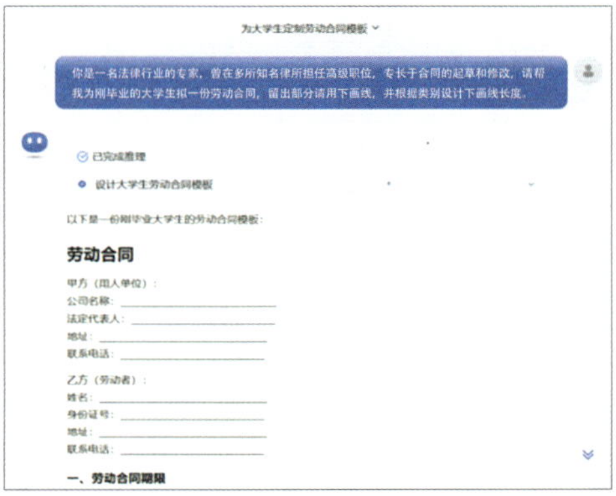
为大学生定制劳动合同模板
你是一名法律行业的专家，曾在多所知名律所担任高级职位，专长于合同的起草和修改，请帮我为刚毕业的大学生拟一份劳动合同，留出部分请用下画线，并根据类别设计下画线长度。
已完成推理
设计大学生劳动合同模板
以下是一份刚毕业大学生的劳动合同模板：
劳动合同
甲方（用人单位）：
公司名称：
法定代表人：
地址：
联系电话：
乙方（劳动者）：
姓名：
身份证号：
地址：
联系电话：
一、劳动合同期限

图 3.47 生成结果（部分）

（2）增加如加班费用和计算公式等的相关条例，合并文档，结果如图 3.48 所示，再复制文档。

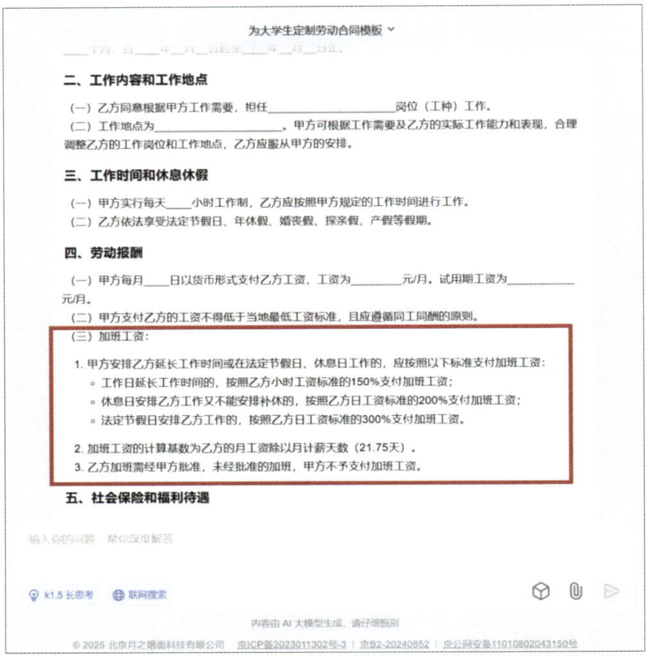
为大学生定制劳动合同模板

二、工作内容和工作地点

（一）乙方同意根据甲方工作需要，担任__________岗位（工种）工作。
（二）工作地点为__________。甲方可根据工作需要及乙方的实际工作能力和表现，合理调整乙方的工作岗位和工作地点，乙方应服从甲方的安排。

三、工作时间和休息休假

（一）甲方实行每天____小时工作制，乙方应按照甲方规定的工作时间进行工作。
（二）乙方依法享受法定节假日、年休假、婚丧假、探亲假、产假等假期。

四、劳动报酬

（一）甲方每月____日以货币形式支付乙方工资，工资为________元/月。试用期工资为__________元/月。
（二）甲方支付乙方的工资不得低于当地最低工资标准，且应遵循同工同酬的原则。
（三）加班工资：

1. 甲方安排乙方延长工作时间或在法定节假日、休息日工作的，应按照以下标准支付加班工资：
   - 工作日延长工作时间的，按照乙方小时工资标准的150%支付加班工资；
   - 休息日安排乙方工作又不能安排补休的，按照乙方日工资标准的200%支付加班工资；
   - 法定节假日安排乙方工作的，按照乙方日工资标准的300%支付加班工资。
2. 加班工资的计算基数为乙方的月工资除以月计薪天数（21.75天）。
3. 乙方加班需经甲方批准，未经批准的加班，甲方不予支付加班工资。

五、社会保险和福利待遇

图 3.48　合并结果

（3）打开WPS，新建空白文档粘贴合同原文，以便后续进行修改。全选文档，设置文字字体为仿宋，字号为小三号，另外小标题部分设置为黑体，大标题“劳动合同”黑体、小初、居中，如图3.49所示。修改完成后保存文档。

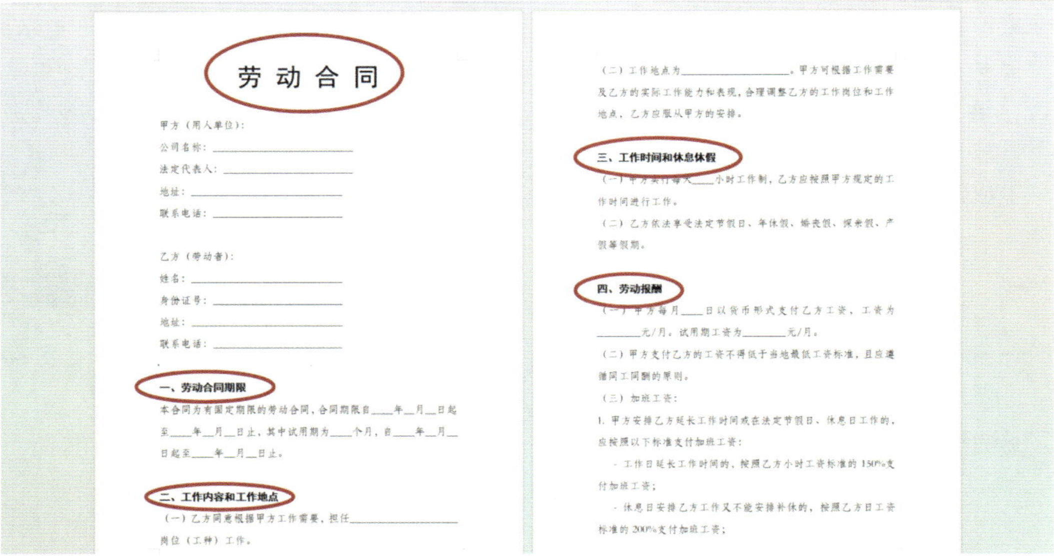
劳 动 合 同

甲方（用人单位）：
公司名称：
法定代表人：
地址：
联系电话：

乙方（劳动者）：
姓名：
身份证号：
地址：
联系电话：

一、劳动合同期限

本合同为有固定期限的劳动合同，合同期限自____年__月__日起至____年__月__日止，其中试用期为____个月，自____年__月__日起至____年__月__日止。

二、工作内容和工作地点

（一）乙方同意根据甲方工作需要，担任__________岗位（工种）工作。
（二）工作地点为__________。甲方可根据工作需要及乙方的实际工作能力和表现，合理调整乙方的工作岗位和工作地点，乙方应服从甲方的安排。

三、工作时间和休息休假

（一）甲方实行每天____小时工作制，乙方应按照甲方规定的工作时间进行工作。
（二）乙方依法享受法定节假日、年休假、婚丧假、探亲假、产假等假期。

四、劳动报酬

（一）甲方每月____日以货币形式支付乙方工资，工资为______元/月。试用期工资为______元/月。
（二）甲方支付乙方的工资不得低于当地最低工资标准，且应遵循同工同酬的原则。
（三）加班工资：
1. 甲方安排乙方延长工作时间或在法定节假日、休息日工作的，应按照以下标准支付加班工资：
- 工作日延长工作时间的，按照乙方小时工资标准的150%支付加班工资；
- 休息日安排乙方工作又不能安排补休的，按照乙方日工资标准的200%支付加班工资；

图 3.49　劳动合同

（4）如图3.50所示，进入通义法睿官网，网址为https://tongyi.aliyun.com/farui/home，注册并登录后，选择体验版可以免费试用。

图 3.50 通义法睿官网

（5）如图 3.51 所示，进入通义法睿后需先进行个人认证才可继续使用，认证完成后返回通义法睿主页面刷新处理即可。

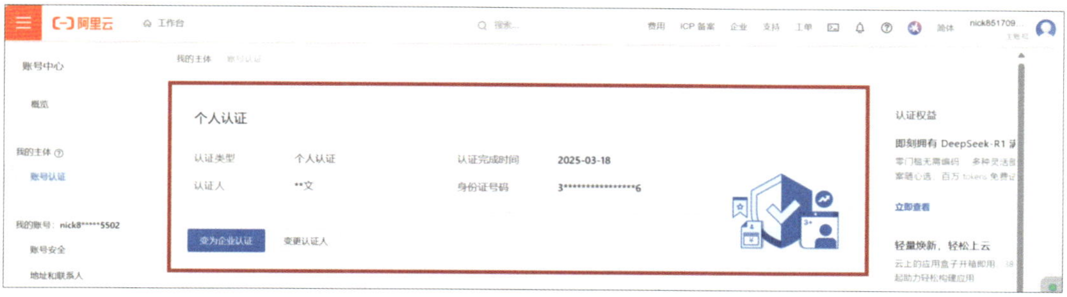

图 3.51 个人认证

（6）选择“合同审查”栏目，如图 3.52 所示。

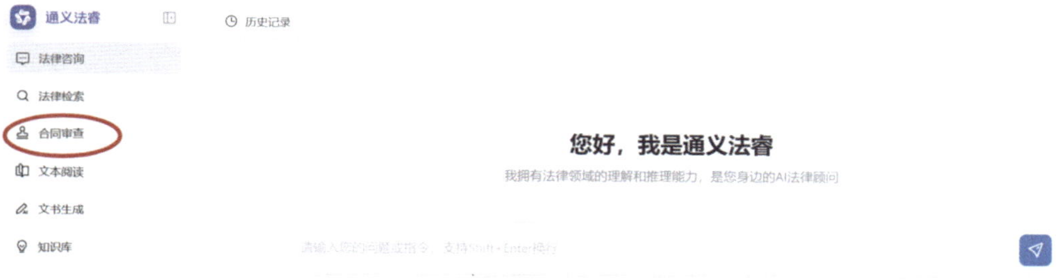

图 3.52 合同审查

（7）如图 3.53 所示，将修改后的劳动合同上传进行审查。

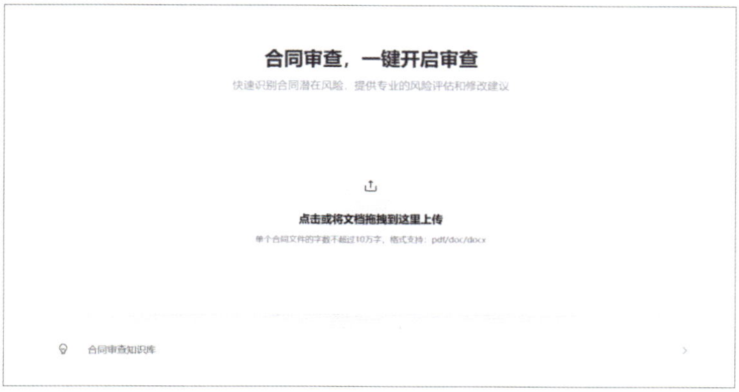

图 3.53 上传劳动合同

（8）选择合同类型、审查立场等所需的信息，如图 3.54 所示，最后生成审查清单。

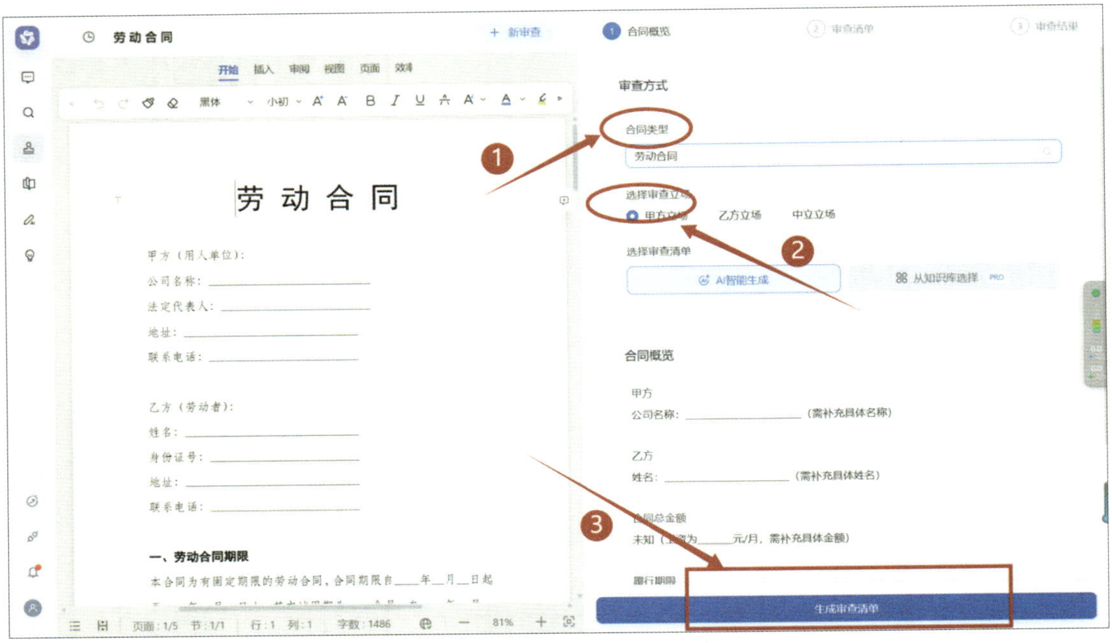

图 3.54　生成审查清单

（9）如图 3.55 所示，生成审查清单后，勾选要修改审查的选项，单击“发起审查”按钮，生成审查结果，如图 3.56 所示。

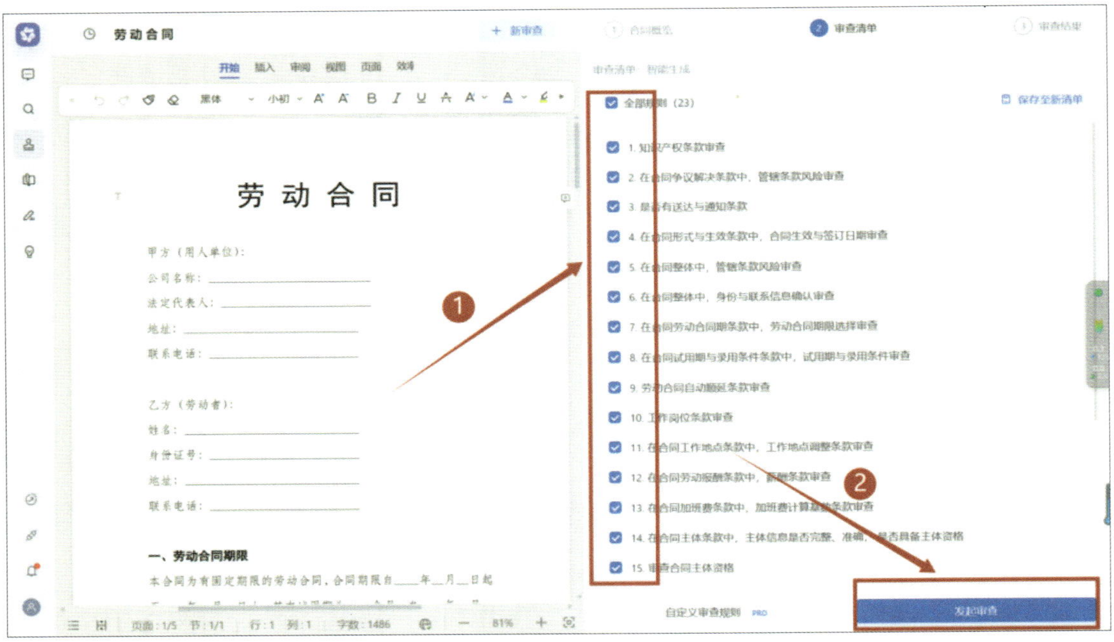

图 3.55　发起审查

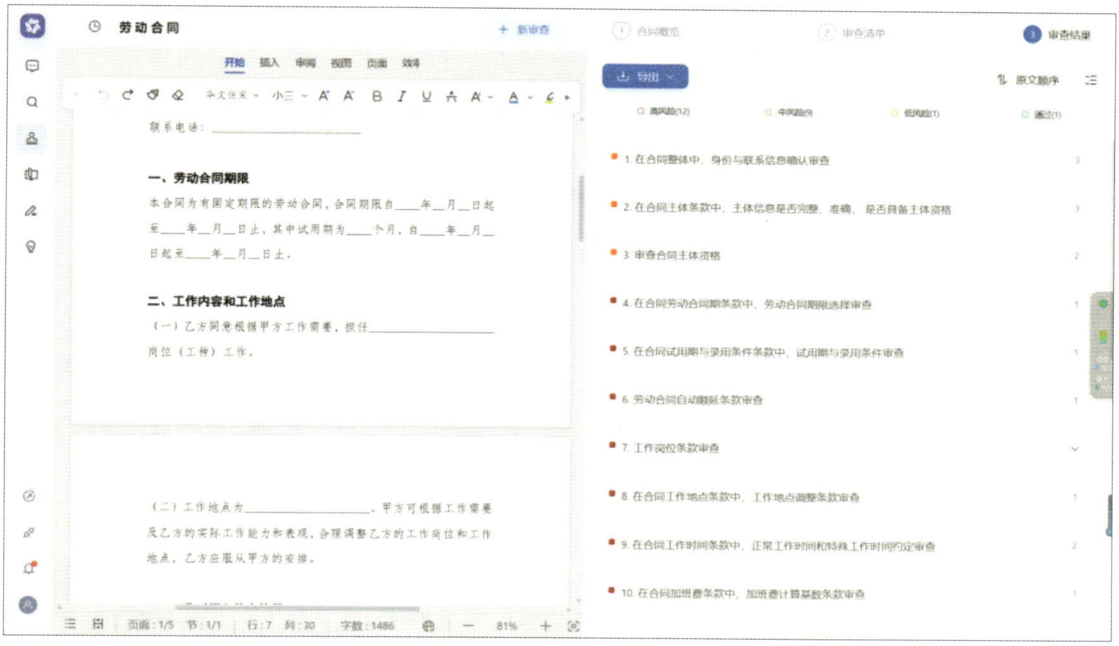
劳动合同
+ 新审查
合同概览
审查清单
审查结果
开始 插入 审阅 视图 页面 效率
导出
原文顺序
高风险(12)
中风险(9)
低风险(1)
通过(1)
联系电话：
一、劳动合同期限
本合同为有固定期限的劳动合同，合同期限自＿＿年＿月＿日起至＿＿年＿月＿日止，其中试用期为＿＿个月，自＿＿年＿月＿日起至＿＿年＿月＿日止。
二、工作内容和工作地点
（一）乙方同意根据甲方工作需要，担任＿＿＿＿岗位（工种）工作。
（二）工作地点为＿＿＿＿＿＿。甲方可根据工作需要及乙方的实际工作能力和表现，合理调整乙方的工作岗位和工作地点，乙方应服从甲方的安排。
1. 在合同整体中，身份与联系信息确认审查
2. 在合同主体条款中，主体信息是否完整、准确，是否具备主体资格
3. 审查合同主体资格
4. 在合同劳动合同期条款中，劳动合同期限选择审查
5. 在合同试用期与录用条件条款中，试用期与录用条件审查
6. 劳动合同自动顺延条款审查
7. 工作岗位条款审查
8. 在合同工作地点条款中，工作地点调整条款审查
9. 在合同工作时间条款中，正常工作时间和特殊工作时间约定审查
10. 在合同加班费条款中，加班费计算基数条款审查
页面：1/5 节：1/1 行：7 列：30 字数：1486 81%

图 3.56　审查结果

（10）如图 3.57 和图 3.58 所示，根据所生成的审查结果选择需要修改的选项，先将风险部分定位至原文，查看全部修改建议，选择一种合适的修改方案并添加修订。也可以直接复制需要的修改建议在原文档中进行修改，若采用这种修改方式，后续无须导出修改后的文档。修改结果如图 3.59 所示。

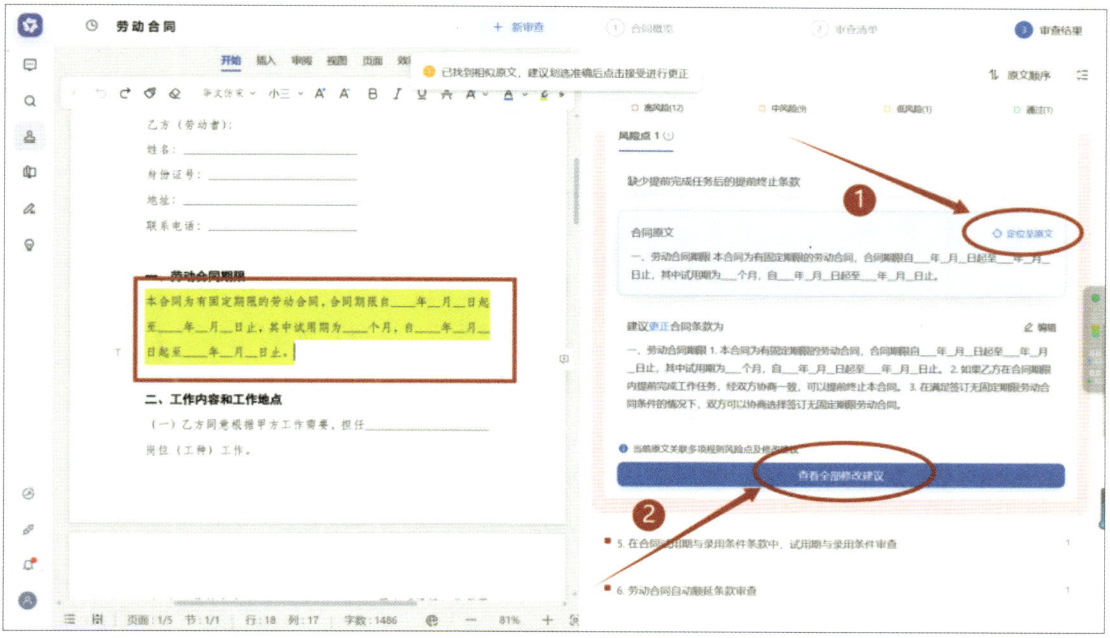
劳动合同
+ 新审查
合同概览
审查清单
审查结果
已找到相似原文，建议划选准确后点击接受进行更正
原文顺序
高风险(12)
中风险(9)
低风险(1)
通过(1)
乙方（劳动者）：
姓名：
身份证号：
地址：
联系电话：
一、劳动合同期限
本合同为有固定期限的劳动合同，合同期限自＿＿年＿月＿日起至＿＿年＿月＿日止，其中试用期为＿＿个月，自＿＿年＿月＿日起至＿＿年＿月＿日止。
二、工作内容和工作地点
（一）乙方同意根据甲方工作需要，担任＿＿＿＿岗位（工种）工作。
风险点 1
缺少提前完成任务后的提前终止条款
1
合同原文
定位至原文
建议更正合同条款为
编辑
查看全部修改建议
2
5. 在合同试用期与录用条件条款中，试用期与录用条件审查
6. 劳动合同自动顺延条款审查
页面：1/5 节：1/1 行：18 列：17 字数：1486 81%

图 3.57　修改操作 1

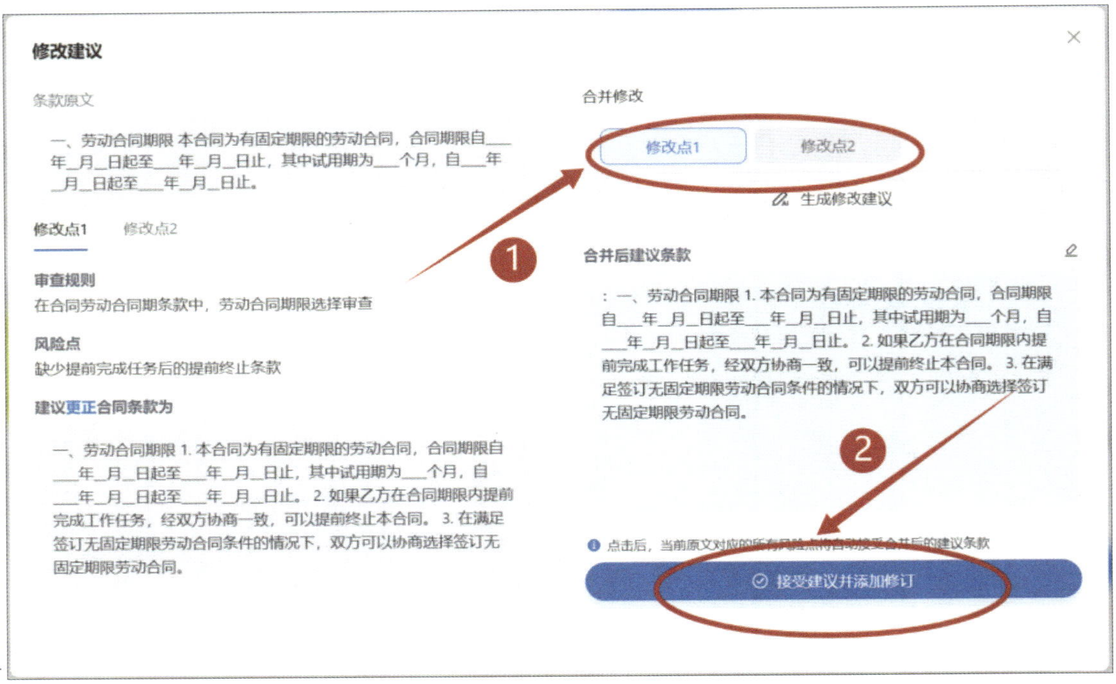

图 3.58　修改操作 2

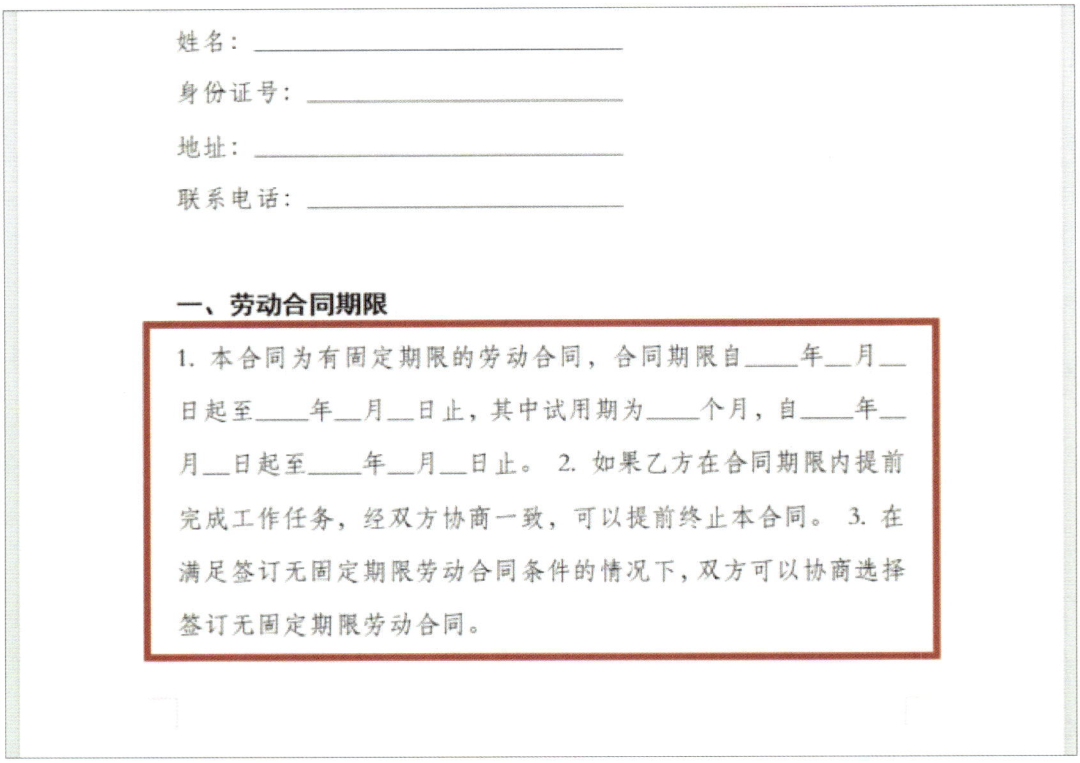
姓名：________________

身份证号：________________

地址：________________

联系电话：________________

一、劳动合同期限

1. 本合同为有固定期限的劳动合同，合同期限自____年__月__日起至____年__月__日止，其中试用期为____个月，自____年__月__日起至____年__月__日止。 2. 如果乙方在合同期限内提前完成工作任务，经双方协商一致，可以提前终止本合同。 3. 在满足签订无固定期限劳动合同条件的情况下，双方可以协商选择签订无固定期限劳动合同。

图 3.59　修改结果

（11）如图 3.60 所示，根据自身需求修改风险项，全部完成修改后导出合同原文并保存即可。

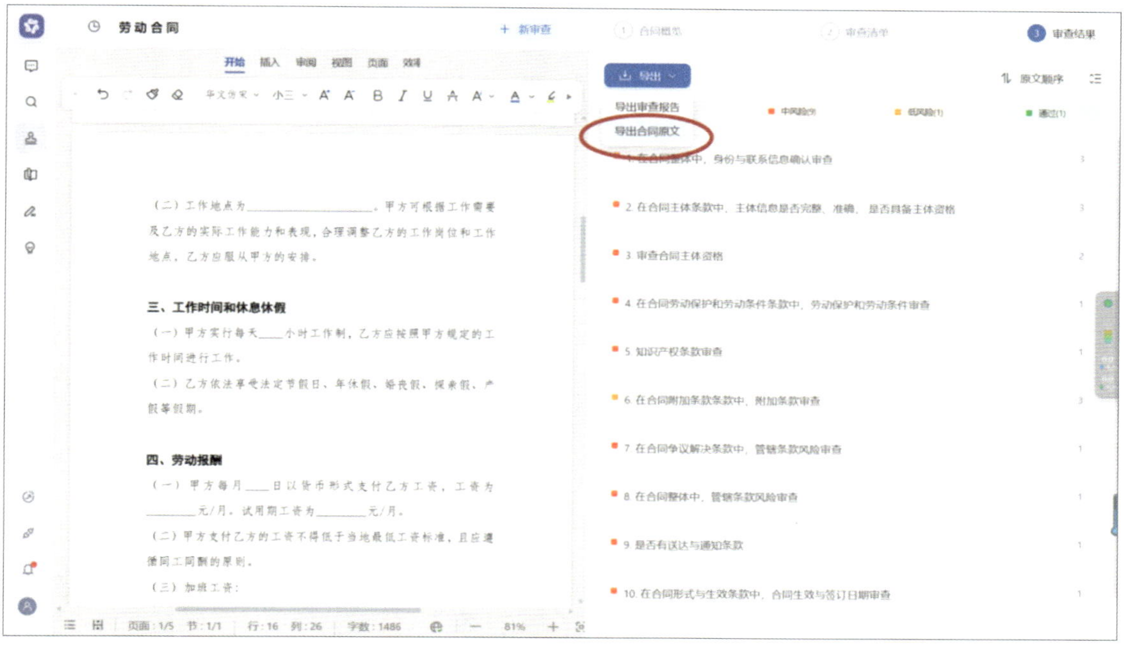

图 3.60　导出合同原文

项目 6　视 频 记 录

实验目的

（1）掌握飞书智能会议工具的基本使用方法，熟悉 AI 记录功能的操作流程。

（2）学习如何通过 AI 生成会议记录，实现高效、准确的内容整理。

（3）对比人工与 AI 记录的效果，培养高效协作与信息处理能力。

（4）提升会议效率，体会智能办公工具在信息管理中的实用价值。

案例　生成会议纪要

召开视频会议，在会议中开启录制并使用智能伙伴功能，会议结束后自动生成会议纪要，查看妙记文件中的智能纪要内容，对其进行编辑，如增添、删除、修改文字记录等，并将编辑后的纪要保存和导出。也可以上传一段视频，提取视频的文字内容。

▲飞书会议记录视频

操作步骤

（1）进入飞书官网（https://dcn0lrmqaliv.feishu.cn/drive/home），如图 3.61 所示，登

录个人账号。

图 3.61　飞书官网

（2）如图 3.62 所示，单击右上角红圈①中的按钮，在弹出的界面中选择“妙记”，进入飞书妙记界面。

图 3.62　飞书妙记

（3）单击右上角的“上传”按钮，如图 3.63 所示，上传本地文件“国潮文化.mp4”。如图 3.64 所示，若音频包含两种及以上语言，勾选“自动识别语言”后单击“提交”按钮上传，如图 3.65 所示，等待识别成文字。

图 3.63　上传本地文件

上传音视频文件
国潮文化.mp4
普通话
自动识别语言
普通话
英语
日语
自动识别语言
取消
提交

图 3.64　自动识别语音

暂无妙记文件
上传中... 0/1
速度：621.03 kB/s
全部暂停
国潮文化.mp4
101.08 MB
0%

图 3.65　等待上传

（4）上传完成后，查看“我的内容”，可以看到上传的视频。如图 3.66 所示，查看“智能纪要”或“文字记录”，选择需要的内容复制即可。

国潮文化
2025年5月15日 下午8:46　2 分 21 秒
源语言
分享
智能纪要
文字记录
会议纪要
编辑
总结
会议讨论了国潮文化的崛起以及其背后的原因和影响。具体如下：
北京冬奥会吉祥物冰墩墩：圆滚滚、憨态可掬，设计富含中华神韵并展现现代中国形象，深受世界各国宾客喜爱
国潮的定义：国风复兴潮，十年间国潮搜索热度上涨 528%，国货品牌焕发生机，200 余个老字号销售额翻番，更多产品从传统文化中寻找灵感，融入非遗技法
国潮兴起的原因：
经济腾飞：中国人消费能力提升
国力攀升：引发对传统文化的广泛认同感，博物馆数量增加唤醒文化基因
中国制造创新：实现从贴牌到创牌的跨越，为国货兴起提供土壤
国潮的文化影响：文化消费刮起国长风，如《国家宝藏》等节目以穿越千年的魅力拨动观众心弦
消费者对国产品牌的态度：关注度从 38%提升到 75%，中国品牌在
奋进中国
00:23 / 02:21
1x
发言人 (1)
会议信息
会议片段
说话人 1

图 3.66　文本查看

（5）进入 DeepSeek 官网，开启新对话后将复制的内容进行粘贴发送，要求总结发言稿内容，如图 3.67 所示。

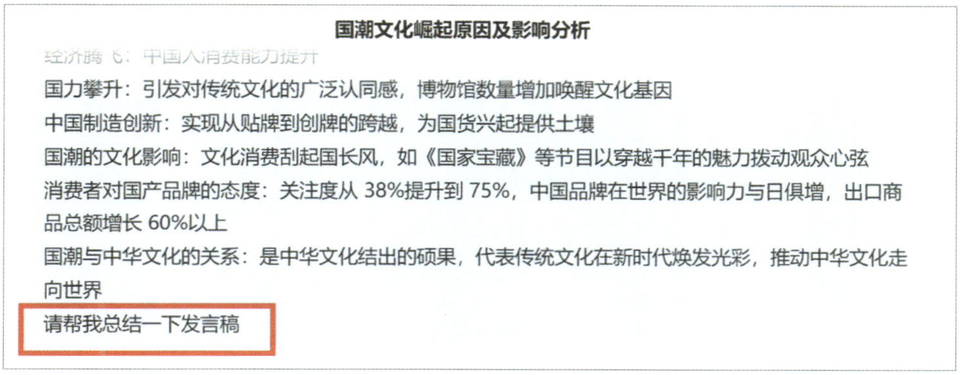
国潮文化崛起原因及影响分析
经济腾飞：中国人消费能力提升
国力攀升：引发对传统文化的广泛认同感，博物馆数量增加唤醒文化基因
中国制造创新：实现从贴牌到创牌的跨越，为国货兴起提供土壤
国潮的文化影响：文化消费刮起国长风，如《国家宝藏》等节目以穿越千年的魅力拨动观众心弦
消费者对国产品牌的态度：关注度从 38%提升到 75%，中国品牌在世界的影响力与日俱增，出口商品总额增长 60%以上
国潮与中华文化的关系：是中华文化结出的硕果，代表传统文化在新时代焕发光彩，推动中华文化走向世界
请帮我总结一下发言稿

图 3.67　文本总结

（6）如图 3.68 所示，根据自身需求要求 DeepSeek 进行总结，把发言稿转化成会议纪要。如图 3.69 所示，整理成 Mermaid 格式用于画出流程图，将结果切换到代码显示，如图 3.70 所示。

请把发言稿总结为会议纪要
会议纪要：国潮文化崛起专题讨论
时间：[填写具体时间]
地点：[填写会议地点]
参会人员：[填写相关人员]

图 3.68　总结为会议纪要

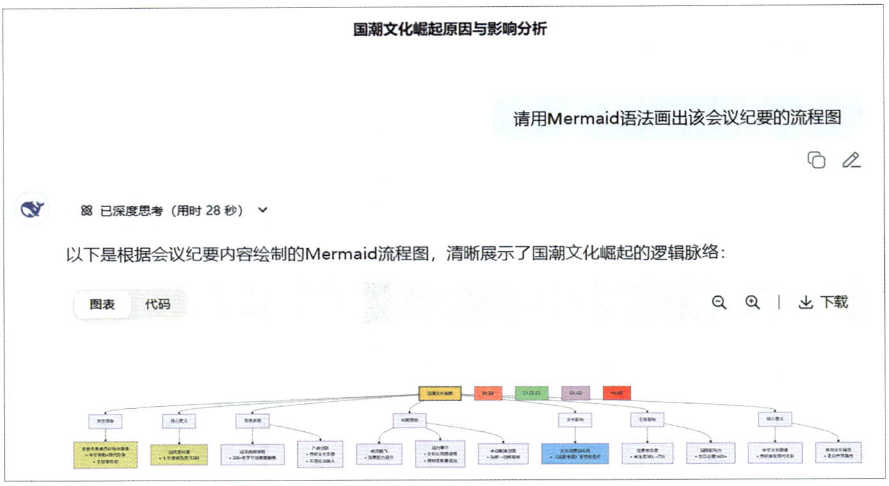
国潮文化崛起原因与影响分析
请用Mermaid语法画出该会议纪要的流程图
已深度思考（用时 28 秒）
以下是根据会议纪要内容绘制的Mermaid流程图，清晰展示了国潮文化崛起的逻辑脉络：
图表
代码
下载

图 3.69　流程图

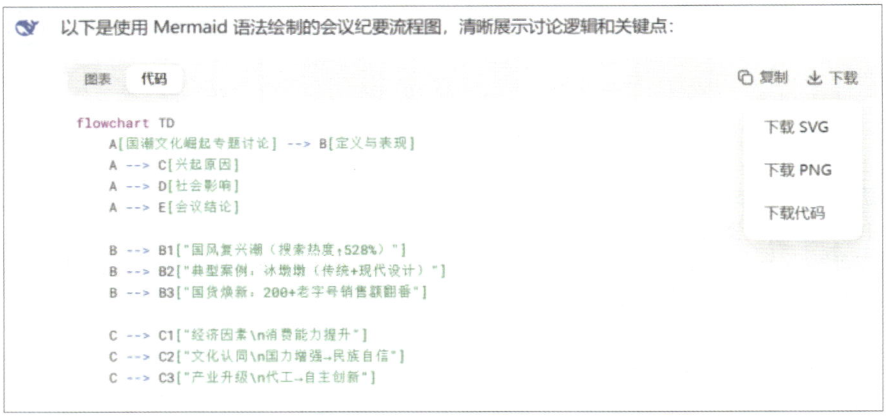
以下是使用 Mermaid 语法绘制的会议纪要流程图，清晰展示讨论逻辑和关键点：
图表
代码
复制
下载
下载 SVG
下载 PNG
下载代码
flowchart TD
A[国潮文化崛起专题讨论] --> B[定义与表现]
A --> C[兴起原因]
A --> D[社会影响]
A --> E[会议结论]
B --> B1["国风复兴潮（搜索热度↑528%）"]
B --> B2["典型案例：冰墩墩（传统+现代设计）"]
B --> B3["国货焕新：200+老字号销售额翻番"]
C --> C1["经济因素\n消费能力提升"]
C --> C2["文化认同\n国力增强→民族自信"]
C --> C3["产业升级\n代工→自主创新"]

图 3.70　代码显示

（7）如图 3.71 所示，进入 draw.io 官网（https://www.drawio.com），将 Mermaid 图表

或代码复制到该网站继续修改，如图 3.72 所示，单击“+”按钮插入 Mermaid 文件。

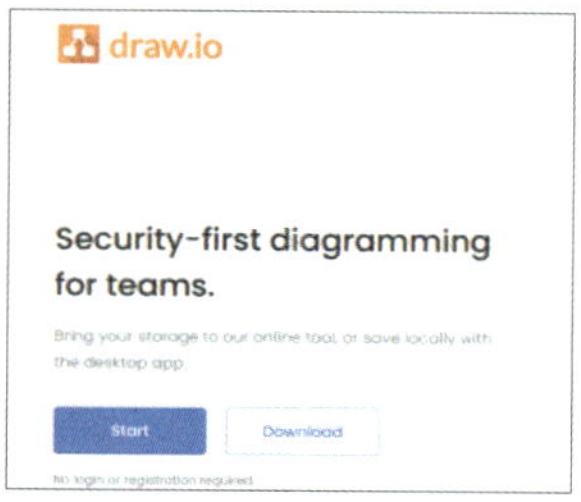
draw.io
Security-first diagramming for teams.
Start
Download

图 3.71　draw.io 官网

未命名绘图
文件　编辑　查看　调整图形　其它　帮助
修改未保存。点击此处保存。
100%

图 3.72　插入

（8）如图 3.73 所示，插入图 3.70 中的代码，系统自动将其转换为如图 3.74 所示的流程图，对图像内容进行修改后保存。

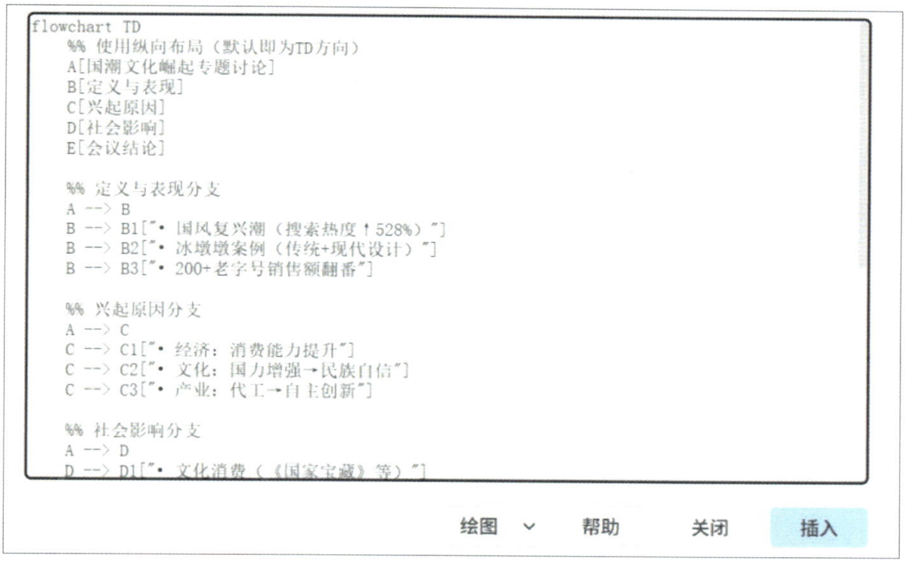
flowchart TD
%% 使用纵向布局（默认即为TD方向）
A[国潮文化崛起专题讨论]
B[定义与表现]
C[兴起原因]
D[社会影响]
E[会议结论]
%% 定义与表现分支
A --> B
B --> B1["• 国风复兴潮（搜索热度↑528%）"]
B --> B2["• 冰墩墩案例（传统+现代设计）"]
B --> B3["• 200+老字号销售额翻番"]
%% 兴起原因分支
A --> C
C --> C1["• 经济：消费能力提升"]
C --> C2["• 文化：国力增强→民族自信"]
C --> C3["• 产业：代工→自主创新"]
%% 社会影响分支
A --> D
D --> D1["• 文化消费（《国家宝藏》等）"]
绘图
帮助
关闭
插入

图 3.73　插入代码

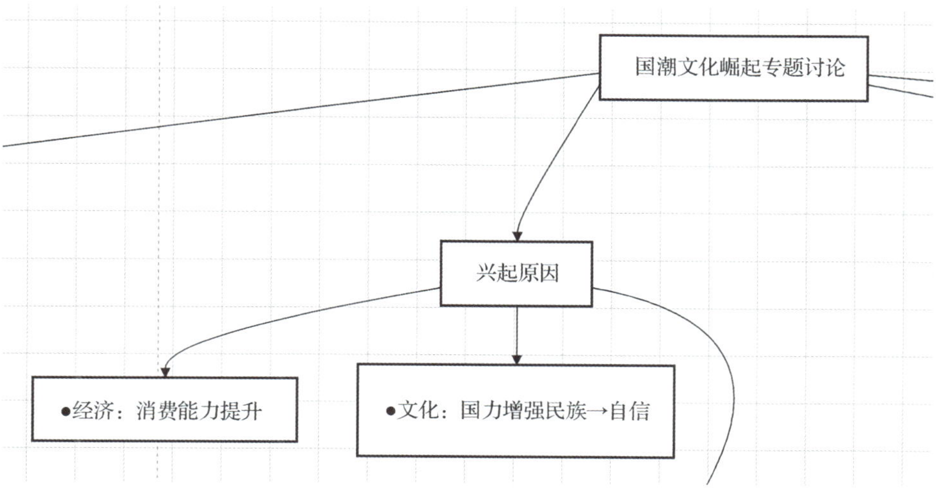
国潮文化崛起专题讨论
兴起原因
•经济：消费能力提升
•文化：国力增强民族→自信

图 3.74　转换为流程图

（9）选择菜单文件中的“导出为”，对图像内容进行修改后将其保存为JPEG格式文件。

思考与练习

1. 制作一份针对学校食堂的问卷调查，用调查结果生成PPT做汇报，并且记录汇报的视频，制作会议记录。

2. 利用录频软件记录腾讯会议的内容，制作会议记录。

第 4 章　智能数据分析基础

当今时代，数字化浪潮席卷全球，数据已成为驱动各行业发展的核心资源，数据分析能力无疑是解锁数据价值的关键密钥。大模型的横空出世，为数据分析注入了前所未有的活力。以DeepSeek为代表的AI大模型，依托海量参数与复杂神经网络架构，深度挖掘数据潜能，精准洞察数据本质，精准理解海量数据中复杂隐匿的模式与特征，赋能数据分析全链路，助力各行业突破传统数据分析瓶颈，实现智能化蜕变。

数据分析基础主要包含数据清洗、提取、统计、筛选、可视化及自动化等核心环节，这些环节是数据分析流程中不可或缺的部分。熟练掌握并运用数据分析技能，可以有效地从原始数据中提取有价值的信息。利用Excel、DeepSeek等工具，能够显著提高数据处理的效率和准确性。Excel作为一款广泛使用的电子表格软件，其强大的数据处理和分析功能，使它成为数据分析师的得力助手；而DeepSeek这类专业的数据分析工具，则提供了更为深入和复杂的数据分析功能。搭建系统化的数据分析思维框架，意味着将数据分析工具和技能整合起来，形成一套完整的分析流程。这样的框架不仅有助于系统地理解数据，还能指导人们有效地利用数据进行决策。数据驱动的决策魅力在于，它能够基于客观的数据分析结果，而非仅仅依赖于直觉或经验，从而做出更加精准和有说服力的决策。

项目 1　数据分析基础

实验目的

（1）掌握AI工具在基础数据分析中的高效应用方法。
（2）培养数据思维，理解公式在数据分析中的核心作用。
（3）提升数据处理与分析能力，理解AI赋能的创新价值。

案例 1　数据清洗

在实际的数据分析工作中，常常会遇到原始数据存在重复项、格式不规范等问题。例如，在一份包含省份和城市信息的数据表中，可能会出现同一省份被重复记录多次、城市名称的格式不统一等情况。在这种情况下，需要对数据进行清洗，以确保数据的准确性和可用性。

1. 数据去重（使用DeepSeek直接生成表格进行整理）

省份和城市数据处理表的B列中有多个重复项省份（如多个辽宁、江苏、广东等），如图4.1所示，请去除重复项省份，保留唯一的省份。

操作步骤

（1）打开DeepSeek，上传数据表，然后在对话框中输入提示词，如图4.2所示：

这是一份省份和城市数据处理表，其中B列中有多个重复项省份（如多个辽宁、江苏、广东等），你现在要作为一名数据处理助手，去除重复项省份，保留唯一的省份，生成新的数据表。

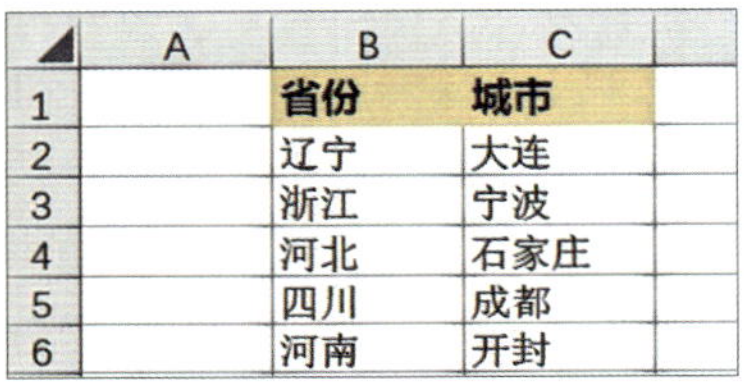

图4.1 原始数据

图4.2 输入提示词

（2）对生成的新的表格（见图4.3）进行复制，使用选择性粘贴功能将表格导入Excel进行处理（在“粘贴选项”中选择“匹配目标格式”，见图4.4），去重后的最终数据效果如图4.5所示。

图4.3 生成的新的表格

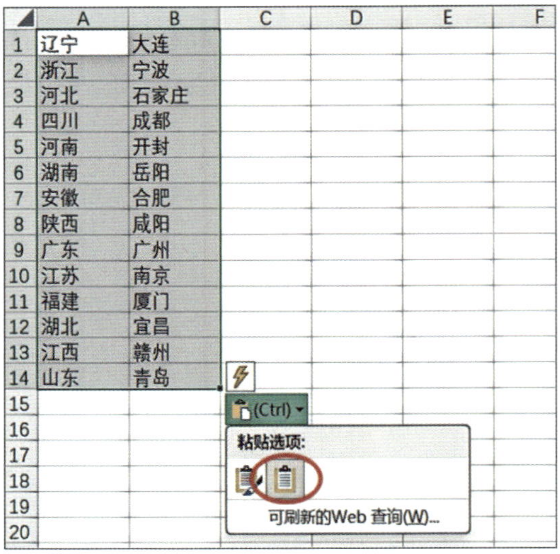

图4.4 选择“匹配目标格式”

	A	B	C	D
1	省份	城市		
2	辽宁	大连		
3	浙江	宁波		
4	河北	石家庄		
5	四川	成都		
6	河南	开封		
7	湖南	岳阳		
8	安徽	合肥		
9	陕西	咸阳		
10	广东	广州		
11	江苏	南京		
12	福建	厦门		
13	湖北	宜昌		
14	江西	赣州		
15	山东	青岛		

图 4.5　去重后的最终数据效果

2. 添加前后缀（自此以下均使用 DeepSeek 生成公式 + Excel）

给省份和城市数据处理表 B 列城市名添加前缀“中国”与后缀“市”。

操作步骤

（1）打开 DeepSeek 上传去重后的数据表，然后在对话框中输入提示词，如图 4.6 所示：

你是一名数据分析助手，这是一份省份和城市的数据表，现在要给 B 列城市名添加前缀“中国”、后缀“市”。请生成一个公式，要求通过 CONCAT 函数为 B2 单元格添加前缀“中国”、后缀“市”。

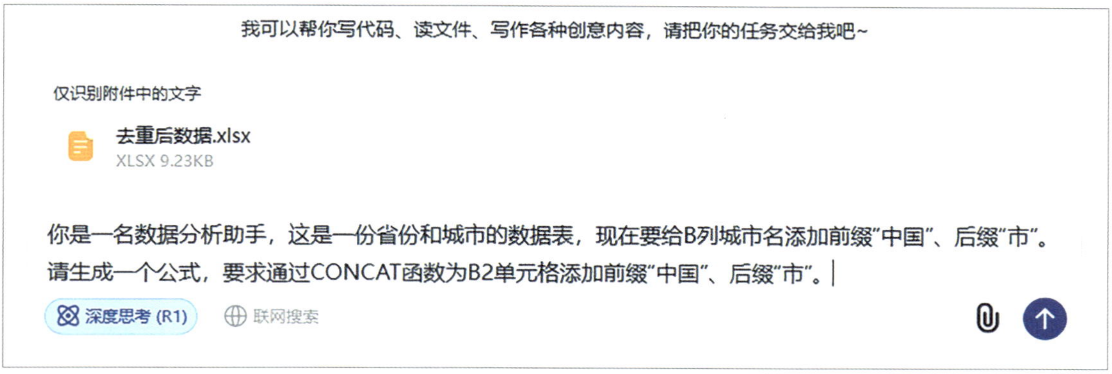
我可以帮你写代码、读文件、写作各种创意内容，请把你的任务交给我吧~
仅识别附件中的文字
去重后数据.xlsx
XLSX 9.23KB
你是一名数据分析助手，这是一份省份和城市的数据表，现在要给B列城市名添加前缀"中国"、后缀"市"。
请生成一个公式，要求通过CONCAT函数为B2单元格添加前缀"中国"、后缀"市"。
深度思考 (R1)
联网搜索

图 4.6　输入提示词

（2）使用 DeepSeek 生成公式，如图 4.7 所示，然后复制公式。

（3）打开去重后的数据表，将光标定位在 C2 单元格，粘贴生成的公式 **=CONCAT(“中国”,B2,“市”)**，也可以通过“插入函数”按钮完成，如图 4.8 所示。

（4）拖动填充柄将公式应用到 C 列其他单元格（C3 单元格、C4 单元格等），得到添加前后缀的完整结果，如图 4.9 所示。

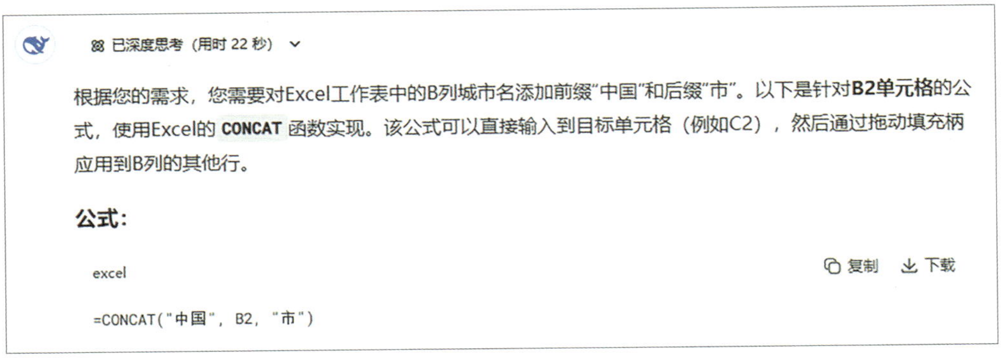
已深度思考（用时 22 秒）
根据您的需求，您需要对Excel工作表中的B列城市名添加前缀"中国"和后缀"市"。以下是针对B2单元格的公式，使用Excel的 CONCAT 函数实现。该公式可以直接输入到目标单元格（例如C2），然后通过拖动填充柄应用到B列的其他行。
公式:
excel
复制
下载
=CONCAT("中国", B2, "市")

图 4.7　CONCAT 函数公式生成示例

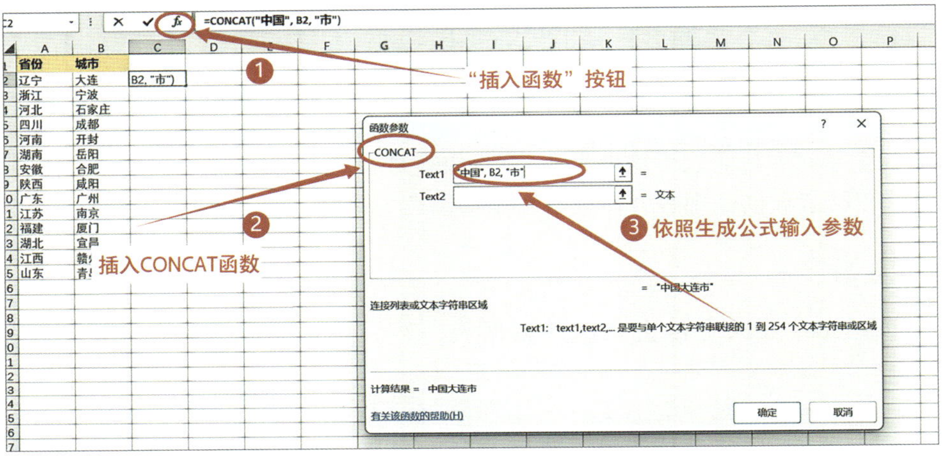
=CONCAT("中国", B2, "市")
①
"插入函数"按钮
②
插入CONCAT函数
③ 依照生成公式输入参数
函数参数
CONCAT
Text1
Text2
= 文本
= "中国大连市"
连接列表或文本字符串区域
Text1: text1,text2,... 是要与单个文本字符串联接的 1 到 254 个文本字符串或区域
计算结果 = 中国大连市
有关该函数的帮助(H)
确定
取消

图 4.8　粘贴输入公式并填充其他行

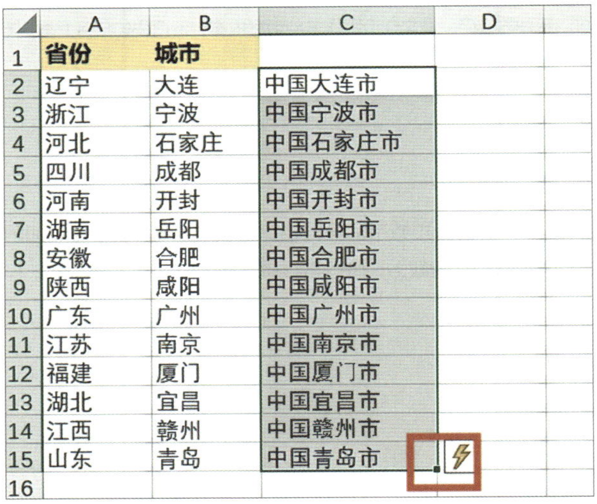

	A	B	C	D
1	省份	城市		
2	辽宁	大连	中国大连市	
3	浙江	宁波	中国宁波市	
4	河北	石家庄	中国石家庄市	
5	四川	成都	中国成都市	
6	河南	开封	中国开封市	
7	湖南	岳阳	中国岳阳市	
8	安徽	合肥	中国合肥市	
9	陕西	咸阳	中国咸阳市	
10	广东	广州	中国广州市	
11	江苏	南京	中国南京市	
12	福建	厦门	中国厦门市	
13	湖北	宜昌	中国宜昌市	
14	江西	赣州	中国赣州市	
15	山东	青岛	中国青岛市	
16				

图 4.9　添加前后缀的完整结果

3. 字符串连接

在如图 4.10 所示的省份和城市数据处理表中，将B、C、D列的数据合并成一列。

操作步骤

（1）打开 DeepSeek 上传如图 4.10 所示的数据，在对话框中输入提示词，如图 4.11 所示：

你是一名数据分析助手，这是一份包括省份、城市和产值的数据表，要求把 B、C、D 列的数据合并成一列。现在生成一个公式，用 TEXTJOIN 函数把 B2:D2 单元格区域的内容通过“–”连接起来。

A	B	C	D
	省份	城市	产值
	辽宁	大连	4500
	浙江	宁波	7200
	河北	石家庄	3800
	四川	成都	10000
	河南	开封	1500
	湖南	岳阳	2300
	安徽	合肥	6000
	陕西	咸阳	3200
	广东	广州	15000

图 4.10　原始数据（需合并 B、C、D 列）

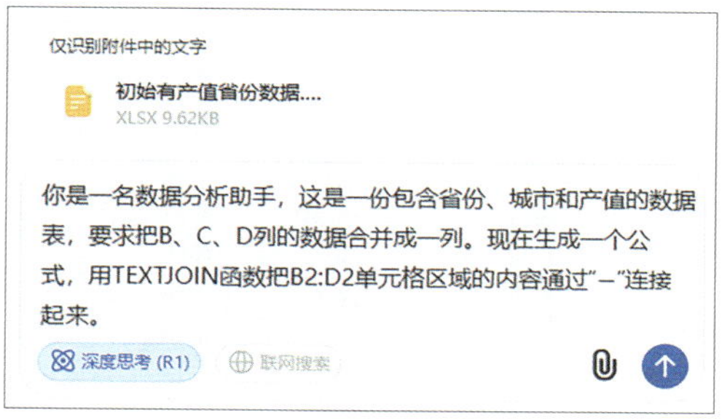

仅识别附件中的文字
初始有产值省份数据....
XLSX 9.62KB
你是一名数据分析助手，这是一份包含省份、城市和产值的数据表，要求把B、C、D列的数据合并成一列。现在生成一个公式，用TEXTJOIN函数把B2:D2单元格区域的内容通过"–"连接起来。
深度思考 (R1)
联网搜索

图 4.11　输入提示词

（2）使用 DeepSeek 生成公式，如图 4.12 所示。复制此公式，打开要操作的数据表，将光标定位在 E2 单元格中，粘贴生成的公式 **=TEXTJOIN(“–”, TRUE, B2: D2)**，如图 4.13 所示，按 Enter 键得到结果。

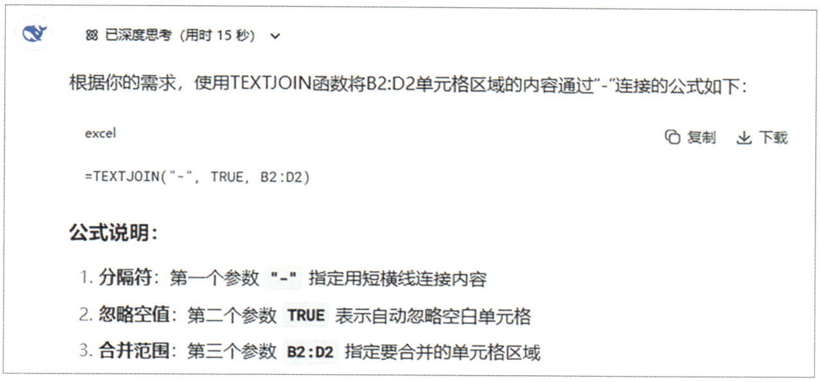

已深度思考（用时 15 秒）
根据你的需求，使用TEXTJOIN函数将B2:D2单元格区域的内容通过"-"连接的公式如下：
excel
复制
下载
=TEXTJOIN("-", TRUE, B2:D2)
公式说明：
1. 分隔符：第一个参数 "-" 指定用短横线连接内容
2. 忽略空值：第二个参数 TRUE 表示自动忽略空白单元格
3. 合并范围：第三个参数 B2:D2 指定要合并的单元格区域

图 4.12　TEXTJOIN 函数公式生成示例

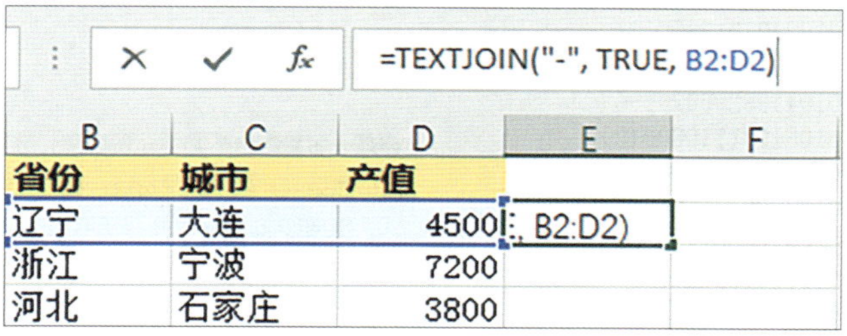

=TEXTJOIN("-", TRUE, B2:D2)
B
C
D
E
F
省份
城市
产值
辽宁
大连
4500
B2:D2)
浙江
宁波
7200
河北
石家庄
3800

图 4.13　粘贴生成的公式

（3）拖动填充柄将公式应用到 E 列其他单元格（E3 单元格、E4 单元格等），并适当调整列宽，最终合并结果如图 4.14 所示。

	A	B	C	D	E	F
1		省份	城市	产值		
2		辽宁	大连	4500	辽宁-大连-4500	
3		浙江	宁波	7200	浙江-宁波-7200	
4		河北	石家庄	3800	河北-石家庄-3800	
5		四川	成都	10000	四川-成都-10000	
6		河南	开封	1500	河南-开封-1500	
7		湖南	岳阳	2300	湖南-岳阳-2300	
8		安徽	合肥	6000	安徽-合肥-6000	
9		陕西	咸阳	3200	陕西-咸阳-3200	
10		广东	广州	15000	广东-广州-15000	
11		江苏	南京	9000	江苏-南京-9000	
12		福建	厦门	3500	福建-厦门-3500	
13		湖北	宜昌	2800	湖北-宜昌-2800	
14		江西	赣州	2200	江西-赣州-2200	
15		浙江	杭州	8500	浙江-杭州-8500	
16		山东	青岛	8800	山东-青岛-8800	
17		四川	绵阳	2600	四川-绵阳-2600	
18		河南	郑州	7500	河南-郑州-7500	
19		河北	唐山	4000	河北-唐山-4000	
20		湖南	长沙	5000	湖南-长沙-5000	
21		江苏	苏州	12000	江苏-苏州-12000	
22		广东	深圳	18000	广东-深圳-18000	

图 4.14　最终合并结果

案例 2　数据提取与匹配填充

在数据分析过程中，经常需要从复杂的数据中提取关键信息，或者将数据从一个表格匹配填充到另一个表格。例如，在一份包含身份证号码的数据表（见图 4.15）中，需要提取出生日期信息；在多个相关的表格中，需要根据某个关键字段进行数据的匹配填充。

操作步骤

（1）打开 DeepSeek，上传包含身份证号码的数据表（见图 4.15），然后在对话框中输入提示词，如图 4.16 所示：

你是一名数据分析助手，现在有一份包含序号、姓名、身份证号码的数据表，要求从身份证号码中提取出生日期。请生成一个公式，根据E列的身份证号码获取出生年、月、日。

C	D	E
序号	姓名	身份证号码
1	张军	110101198001010000
2	赵刚	110102197912300123
3	李娜	110103199005040567
4	王磊	110104198209070890
5	陈晨	110105199111080012
6	刘洋	110106198401100234
7	郭静	110107198701120345
8	马云	110108199001130456
9	何瑞	110109198305140567
10	郑强	110110199209160678

图 4.15　原始数据示例

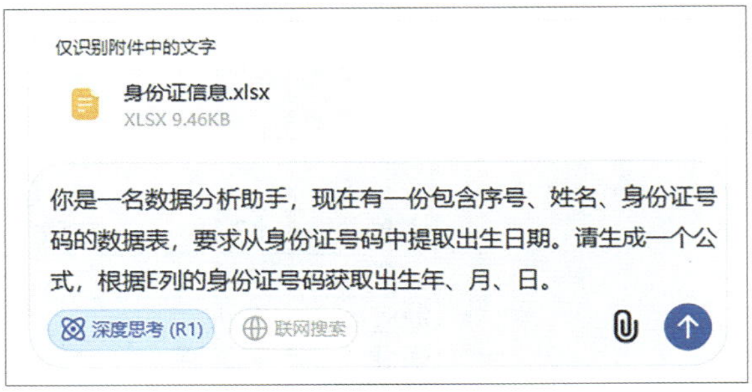
仅识别附件中的文字
身份证信息.xlsx
XLSX 9.46KB
你是一名数据分析助手，现在有一份包含序号、姓名、身份证号码的数据表，要求从身份证号码中提取出生日期。请生成一个公式，根据E列的身份证号码获取出生年、月、日。
深度思考 (R1)
联网搜索

图 4.16　输入提示词

（2）使用 DeepSeek 生成公式，如图 4.17 所示，复制公式。

推荐公式

在Excel中，您可以使用以下公式提取出生日期。该公式基于 **DATE** 函数构建，它会从身份证号码字符串中提取年、月、日部分，并转换为Excel日期值。公式假设身份证号码是有效的18位字符串（如果数据可能无效，请添加错误处理，如 **IFERROR**，但根据您的数据，所有身份证号码都是完整的）。

公式:

excel　　复制　下载

```
=DATE(VALUE(MID(E2, 7, 4)), VALUE(MID(E2, 11, 2)), VALUE(MID(E2, 13, 2)))
```

图 4.17　MID 函数公式生成示例

（3）打开要操作的数据表，将光标定位在F2单元格中，粘贴生成的公式 **=DATE(VALUE(MID(E2,7,4)), VALUE(MID(E2,11,2)), VALUE(MID(E2,13,2)))**，按Enter键得到结果（见图 4.18）。拖动填充柄将公式应用到E列其他单元格，填充公式后的完整出生日期列如图 4.19 所示。

F2　fx　=DATE(VALUE(MID(E2, 7, 4)), VALUE(MID(E2, 11, 2)), VALUE(MID(E2, 13, 2)))

	A	B	C	D	E	F	G	H
1			序号	姓名	身份证号码	出生日期		
2			1	张军	110101198001010000	1980/1/1		
3			2	赵刚	110102197912300123			
4			3	李娜	110103199005040567			
5			4	王磊	110104198209070890			
6			5	陈晨	110105199111080012			
7			6	刘洋	110106198401100234			
8			7	郭静	110107198701120345			
9			8	马云	110108199001130456			
10			9	何瑞	110109198305140567			
11			10	郑强	110110199209160678			

图 4.18　粘贴生成的公式

C	D	E	F	G
序号	姓名	身份证号码	出生日期	
1	张军	110101198001010000	1980/1/1	
2	赵刚	110102197912300123	1979/12/30	
3	李娜	110103199005040567	1990/5/4	
4	王磊	110104198209070890	1982/9/7	
5	陈晨	110105199111080012	1991/11/8	
6	刘洋	110106198401100234	1984/1/10	
7	郭静	110107198701120345	1987/1/12	
8	马云	110108199001130456	1990/1/13	
9	何瑞	110109198305140567	1983/5/14	
10	郑强	110110199209160678	1992/9/16	

图 4.19　填充公式后的完整出生日期列

（4）在多个相关的表格（见图 4.20 和图 4.21）中，需要根据某个关键字段进行数据匹配。打开 DeepSeek，上传数据表，在对话框中输入提示词，如图 4.22 所示：

你是一名数据分析助手，这是一个数据表，包含两个表格，地区表和跨表匹配数据表，跨表匹配数据表中经理的名称需要从地区表中查找对应经理的名称来填充。请生成一个公式，在地区表查找跨表匹配数据表中E2单元格所示地区对应的经理，地区表数据区域位于D2:F16单元格区域。

D	E	F
地区	经理	年龄
北京	张伟	34
上海	李娜	29
广州	周杰	42
深圳	吴芳	31
成都	陈强	38
杭州	赵敏	32
南京	马云	45
武汉	刘洋	28
西安	孙丽	36
重庆	王磊	40
长沙	黄蓉	30
郑州	郭靖	33
沈阳	韩梅梅	41
哈尔滨	李雷	27
昆明	陈浩南	39

图 4.20　地区表

E	F
地区	经理
上海	
南京	
广州	

图 4.21　跨表匹配数据表

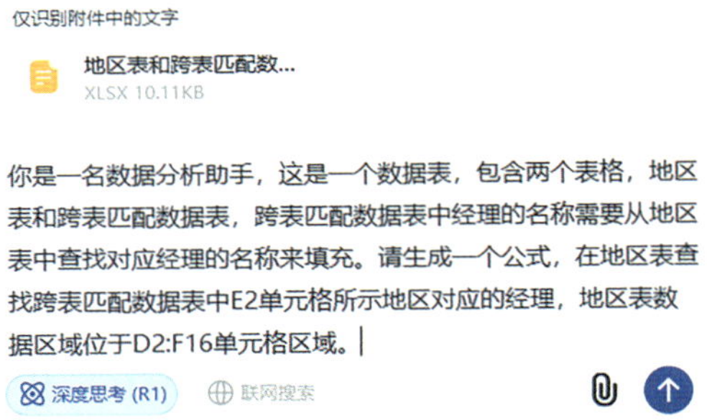
仅识别附件中的文字
地区表和跨表匹配数...
XLSX 10.11KB
你是一名数据分析助手，这是一个数据表，包含两个表格，地区表和跨表匹配数据表，跨表匹配数据表中经理的名称需要从地区表中查找对应经理的名称来填充。请生成一个公式，在地区表查找跨表匹配数据表中E2单元格所示地区对应的经理，地区表数据区域位于D2:F16单元格区域。
深度思考 (R1)
联网搜索

图 4.22　输入提示词

（5）使用DeepSeek生成公式，如图 4.23 所示，复制公式。

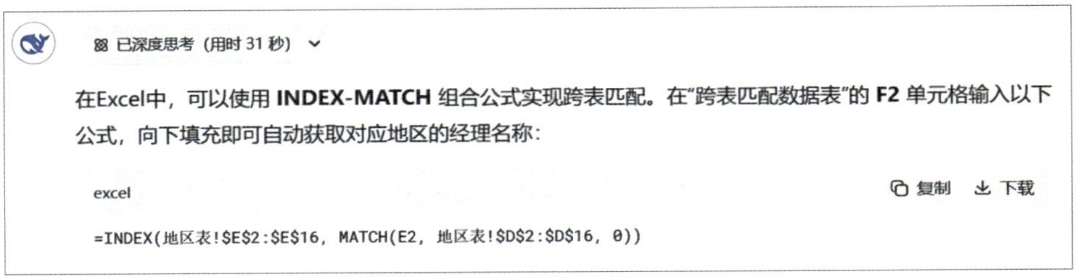
已深度思考（用时 31 秒）
在Excel中，可以使用 INDEX-MATCH 组合公式实现跨表匹配。在"跨表匹配数据表"的 F2 单元格输入以下公式，向下填充即可自动获取对应地区的经理名称：
excel
复制
下载
=INDEX(地区表!$E$2:$E$16, MATCH(E2, 地区表!$D$2:$D$16, 0))

图 4.23　INDEX-MATCH函数公式生成示例

（6）打开要操作的数据表，将光标定位在F2单元格中，粘贴生成的公式**=INDEX(地区表!$E$2:$E$16, MATCH(E2,地区表!$D$2:$D$16, 0))**，按Enter键得到结果，再拖动填充柄将公式应用到F列其他单元格，得到完整表格，如图 4.24 和图 4.25 所示。

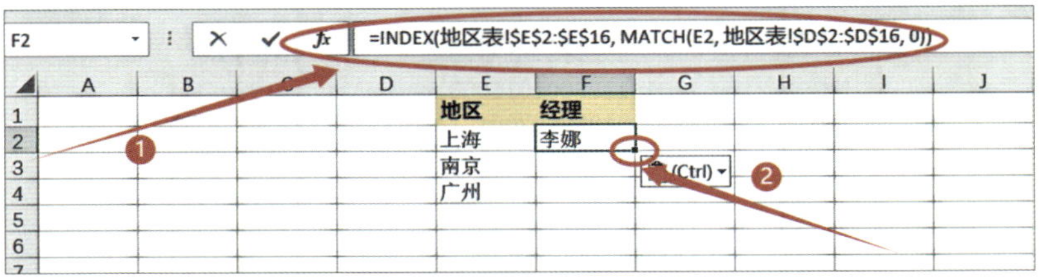
F2
=INDEX(地区表!$E$2:$E$16, MATCH(E2, 地区表!$D$2:$D$16, 0))
地区
经理
上海
李娜
南京
广州
(Ctrl)
1
2

图 4.24　粘贴生成的公式并下拉填充

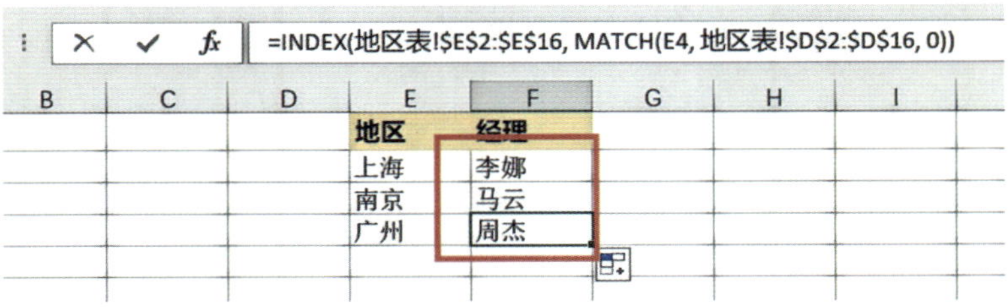
=INDEX(地区表!$E$2:$E$16, MATCH(E4, 地区表!$D$2:$D$16, 0))
地区
经理
上海
李娜
南京
马云
广州
周杰

图 4.25　完整跨表匹配数据表

案例 3 数据统计与分析

数据分析的一个重要目的是通过对数据的统计与分析，得出有意义的结论。例如，在一份学生成绩数据表（见图 4.26）中，需要对学生的成绩进行排名、计算总分，还要统计各科成绩的分布情况等，如图 4.27 所示；或在一份包含省份、城市和产值的数据表中，需要计算各省份的总产值、统计各省份的城市数量等。

操作步骤

（1）数据排序：打开 DeepSeek，上传学生成绩表（见图 4.26），在对话框中输入提示词：

你是一名数据分析助手，这是一份学生成绩表，现在要求在排名（G）列根据总成绩生成各人排名。请生成一个公式，计算 F2 单元格所示总成绩在总成绩（F）列里面的名次。

B	C	D	E	F	G
姓名	文字	表格	演示	总成绩	排名
王磊	88	96	9	279	
陈晨	92	95	9	282	
李娜	92	95	9	277	
张军	95	90	8	273	
郭静	90	90	9	275	
刘洋	82	87	9	264	
何瑞	83	88	9	261	
赵刚	92	85	8	257	
马云	97	84	8	268	
郑强	90	80	8	252	

图 4.26 学生成绩表原始数据

B	C	D	E	F	G
姓名	文字	表格	演示	总成绩	排名
王磊	88	96	95	279	2
陈晨	92	95	95	282	1
李娜	92	95	90	277	3
张军	95	90	88	273	5
郭静	90	90	95	275	4
刘洋	82	87	95	264	7
何瑞	83	88	90	261	8
赵刚	92	85	80	257	9
马云	97	84	87	268	6
郑强	90	80	82	252	10

图 4.27 填充排名后的数据表

使用 DeepSeek 生成一个公式，复制公式 **=RANK(F2, F$2:F$11, 0)**，打开学生成绩表，将公式粘贴到 G2 单元格中，按 Enter 键得到结果，如图 4.28 所示，再拖动填充柄将公式应用到 G 列其他单元格，完成排名填充。

G2 | fx =RANK(F2, F$2:F$11, 0)

	A	B	C	D	E	F	G	H
1		姓名	文字	表格	演示	总成绩	排名	
2		王磊	88	96	95	279	2	
3		陈晨	92	95	95	282		
4		李娜	92	95	90	277		
5		张军	95	90	88	273		
6		郭静	90	90	95	275		
7		刘洋	82	87	95	264		
8		何瑞	83	88	90	261		
9		赵刚	92	85	80	257		
10		马云	97	84	87	268		
11		郑强	90	80	82	252		
12								

图 4.28 粘贴生成的公式并下拉填充

（2）条件求和：在一份包含省份、城市和产值的数据表（见图 4.29，虚拟数据，不具有实际意义）中计算各个省份的产值，例如，在表中河北省包含唐山和石家庄这两个城市，计算河北省的总产值时就应该计算这两个城市的产值之和。计算结果如图 4.30 所示。

①打开 DeepSeek，上传包含省份、城市和产值的数据表（见图 4.29）。在对话框中输入提示词：

你是一名数据分析助手，现在有一份数据材料，分析查看该表格，要求计算各个省份的总产值并将其放在 H2:H15 单元格区域。请生成一个公式，从 $B$2:$B$23 单元格区域查找与 G2 单元格内容相同的单元格，返回对应产值的和。

	A	B	C	D	E	F	G
1		省份	城市	产值/亿元			去重省份
2		辽宁	大连	4500			辽宁
3		浙江	宁波	7200			浙江
4		河北	石家庄	3800			河北
5		四川	成都	10000			四川
6		河南	开封	1500			河南
7		湖南	岳阳	2300			湖南
8		安徽	合肥	6000			安徽
9		陕西	咸阳	3200			陕西
10		广东	广州	15000			广东
11		江苏	南京	9000			江苏
12		福建	厦门	3500			福建
13		湖北	宜昌	2800			湖北
14		江西	赣州	2200			江西
15		浙江	杭州	8500			山东
16		山东	青岛	8800			
17		四川	绵阳	2600			
18		河南	郑州	7500			
19		河北	唐山	4000			
20		湖南	长沙	5000			
21		江苏	苏州	12000			
22		广东	深圳	18000			
23		浙江	绍兴	4500			

图 4.29　省份产值计算原始数据

H15　=SUMIF($B$2:$B$23, G15, $D$2:$D$23)

	A	B	C	D	E	F	G	H	
1		省份	城市	产值/亿元			去重省份	产值/亿元	产
2		辽宁	大连	4500			辽宁	4500	
3		浙江	宁波	7200			浙江	20200	
4		河北	石家庄	3800			河北	7800	
5		四川	成都	10000			四川	12600	
6		河南	开封	1500			河南	9000	
7		湖南	岳阳	2300			湖南	7300	
8		安徽	合肥	6000			安徽	6000	
9		陕西	咸阳	3200			陕西	3200	
10		广东	广州	15000			广东	33000	
11		江苏	南京	9000			江苏	21000	
12		福建	厦门	3500			福建	3500	
13		湖北	宜昌	2800			湖北	2800	
14		江西	赣州	2200			江西	2200	
15		浙江	杭州	8500			山东	8800	
16		山东	青岛	8800					
17		四川	绵阳	2600					
18		河南	郑州	7500					
19		河北	唐山	4000					
20		湖南	长沙	5000					
21		江苏	苏州	12000					
22		广东	深圳	18000					
23		浙江	绍兴	4500					

图 4.30　求和后省份产值统计表

②使用 DeepSeek 生成公式，如图 4.31 所示，复制生成的公式 **=SUMIF($B$2:$B$23, G2, $D$2:$D$23)**，打开要操作的数据表，粘贴公式到 H2 单元格中，按 Enter 键获得结果，如图 4.32 所示，再拖动填充柄将公式填充至 H 列其他单元格，计算出每个省份的总产值。

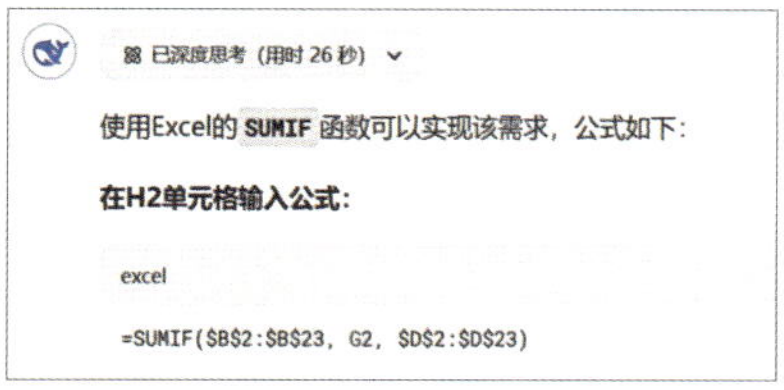
已深度思考（用时 26 秒）
使用Excel的 SUMIF 函数可以实现该需求，公式如下：
在H2单元格输入公式：
excel
=SUMIF($B$2:$B$23, G2, $D$2:$D$23)

图 4.31　SUMIF 函数公式生成示例

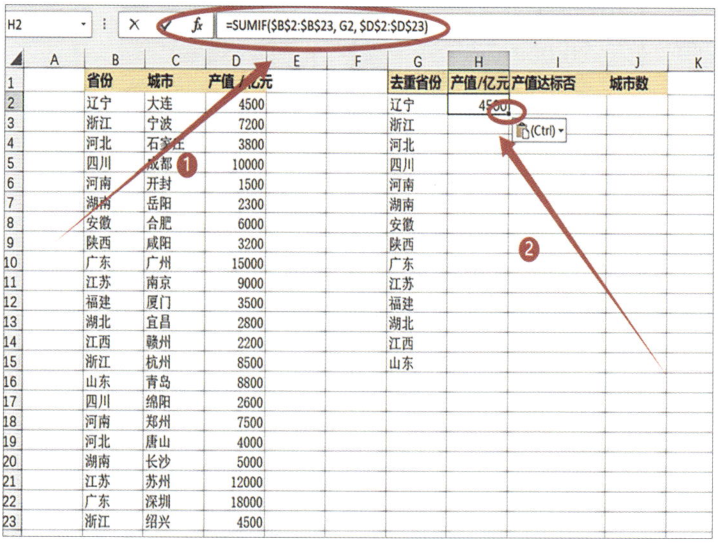
=SUMIF($B$2:$B$23, G2, $D$2:$D$23)

图 4.32　粘贴生成的公式并下拉填充

（3）条件计数：统计表中各省份的城市数量。

①打开 DeepSeek，上传数据表，在对话框中输入提示词：

请生成一个公式统计表中各省份的城市数量，如计算 G2 单元格内容在 $B$2:$B$23 单元格区域中重复的次数。

②使用 DeepSeek 生成公式，复制生成的公式 **=COUNTIF($B$2:$B$23, G2)**，打开要操作的数据表，将光标定位在 J2 单元格中，粘贴生成的公式，按 Enter 键得到结果，如图 4.33 所示，再拖动填充柄将公式应用到 J 列其他单元格，统计出表中各省份的城市数量。

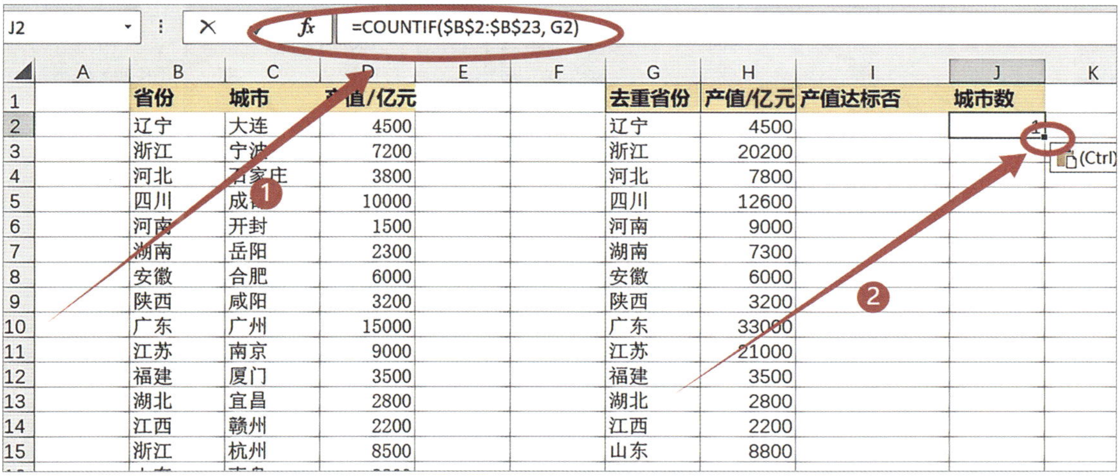
=COUNTIF($B$2:$B$23, G2)

图 4.33　粘贴生成的公式并下拉填充

（4）条件判断：判断各个省份产值是否达标。

①打开 DeepSeek，上传数据表（见图 4.34），在对话框中输入提示词：

你是一名数据分析助手，现有如上数据表，请判断各个省份产值是否达标，其中数值大于 20 000 为达标，否则为不达标。请生成一个公式，根据 H2 单元格内容进行判断，数值大于 20 000 为达标，否则为不达标。

G	H	I	J
去重省份	产值/亿元	产值达标否	城市数
辽宁	4500		1
浙江	20200		3
河北	7800		2
四川	12600		2
河南	9000		2
湖南	7300		2
安徽	6000		1
陕西	3200		1
广东	33000		2
江苏	21000		2
福建	3500		1
湖北	2800		1
江西	2200		1
山东	8800		1

图 4.34　判断省份产值是否达标原始数据

②使用 DeepSeek 生成公式 **=IF(H2>20000,“达标”,“不达标”)**，将其复制并粘贴到本案例数据表的 I2 单元格中，按 Enter 键得到结果，再拖动填充柄将公式应用到 I 列其他单元格，完成对各省份产值达标情况的判断，如图 4.35 和图 4.36 所示。

I2　fx　=IF(H2>20000, "达标", "不达标")

	B	C	D	G	H	I	J
1	省份	城市	产值/亿元	去重省份	产值/亿元	产值达标否	城市数
2	辽宁	大连	4500	辽宁	4500	不达标	1
3	浙江	宁波	7200	浙江	20200		
4	河北	石家庄	3800	河北	7800		2
5	四川	成都	10000	四川	12600		2
6	河南	开封	1500	河南	9000		2
7	湖南	岳阳	2300	湖南	7300		2
8	安徽	合肥	6000	安徽	6000		1
9	陕西	咸阳	3200	陕西	3200		1
10	广东	广州	15000	广东	33000		2
11	江苏	南京	9000	江苏	21000		2
12	福建	厦门	3500	福建	3500		1
13	湖北	宜昌	2800	湖北	2800		1
14	江西	赣州	2200	江西	2200		1
15	浙江	杭州	8500	山东	8800		1
16	山东	青岛	8800				
17	四川	绵阳	2600				

图 4.35　粘贴生成的公式并下拉填充

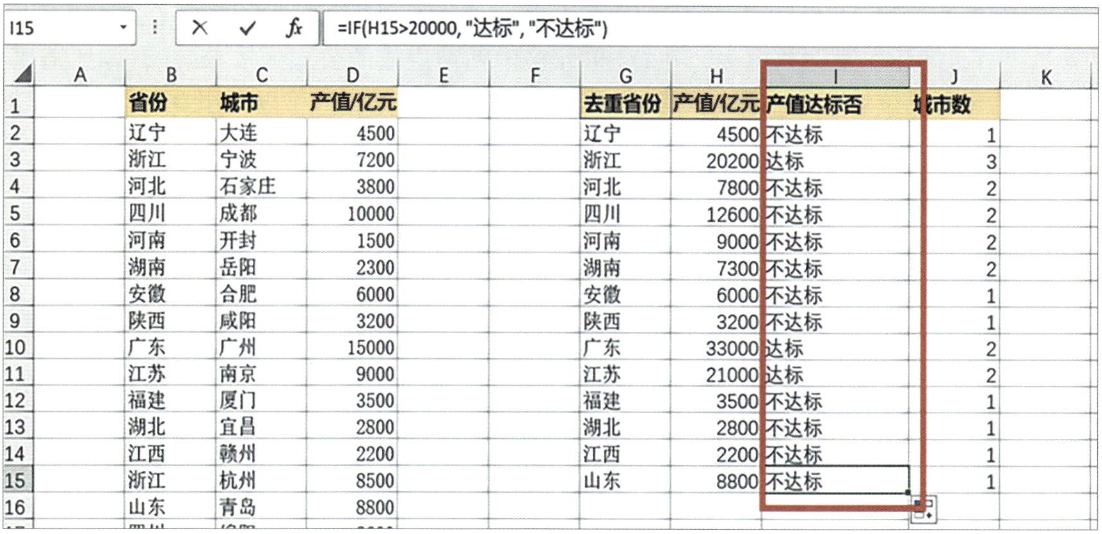

I15 =IF(H15>20000, "达标", "不达标")

	A	B	C	D	E	F	G	H	I	J	K
1		省份	城市	产值/亿元			去重省份	产值/亿元	产值达标否	城市数	
2		辽宁	大连	4500			辽宁	4500	不达标	1	
3		浙江	宁波	7200			浙江	20200	达标	3	
4		河北	石家庄	3800			河北	7800	不达标	2	
5		四川	成都	10000			四川	12600	不达标	2	
6		河南	开封	1500			河南	9000	不达标	2	
7		湖南	岳阳	2300			湖南	7300	不达标	2	
8		安徽	合肥	6000			安徽	6000	不达标	1	
9		陕西	咸阳	3200			陕西	3200	不达标	1	
10		广东	广州	15000			广东	33000	达标	2	
11		江苏	南京	9000			江苏	21000	达标	2	
12		福建	厦门	3500			福建	3500	不达标	1	
13		湖北	宜昌	2800			湖北	2800	不达标	1	
14		江西	赣州	2200			江西	2200	不达标	1	
15		浙江	杭州	8500			山东	8800	不达标	1	
16		山东	青岛	8800							

图 4.36 完整是否达标判断结果

项目 2 数据分析进阶

实验目的

（1）掌握数据筛选与标记的方法，精准提取关键信息。
（2）学习数据可视化技巧，将复杂数据转化为直观图表。
（3）理解条件格式设置原理，突出数据中的重点与趋势。
（4）提升数据分析与呈现能力，为决策提供数据支持。

案例 1 数据筛选与标记

在处理大量数据时，能快速筛选出符合特定条件的数据并进行标记是一项重要技能。例如，在一份包含众多城市数据的表格中，只想关注某些特定城市的数据；或者在一份学生成绩表中，想要快速找出成绩优秀或不及格的学生。

▲数据分析

操作步骤

数据筛选：筛选出表中南京、苏州的省份、城市和产值，并用★做标记。

①打开 DeepSeek，上传数据表（见图 4.37），在对话框中输入提示词：

你是一名数据分析助手，现在有一份数据表，查看并分析表格，要求：筛选出表中南京、苏州的省份、城市和产值。请生成一个公式，在 B1:D23 单元格区域中筛选城市为南京、苏州的数据，并用★做标记。

②使用DeepSeek生成公式，复制生成的公式=**IF(OR(C2="南京", C2="苏州"), "★", "")**。打开本案例数据表，在D2单元格中粘贴生成的公式，按Enter键得到结果，再拖动填充柄下拉填充（见图4.38），结果如图4.39所示，之后可以利用D列标记快速筛选出南京和苏州的数据。

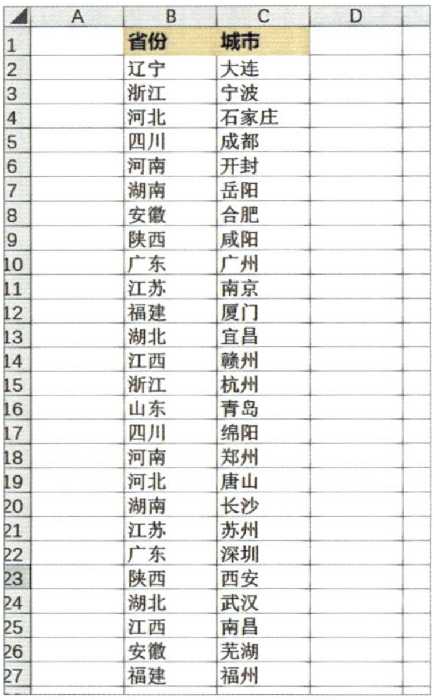

	A	B	C	D
1		省份	城市	
2		辽宁	大连	
3		浙江	宁波	
4		河北	石家庄	
5		四川	成都	
6		河南	开封	
7		湖南	岳阳	
8		安徽	合肥	
9		陕西	咸阳	
10		广东	广州	
11		江苏	南京	
12		福建	厦门	
13		湖北	宜昌	
14		江西	赣州	
15		浙江	杭州	
16		山东	青岛	
17		四川	绵阳	
18		河南	郑州	
19		河北	唐山	
20		湖南	长沙	
21		江苏	苏州	
22		广东	深圳	
23		陕西	西安	
24		湖北	武汉	
25		江西	南昌	
26		安徽	芜湖	
27		福建	福州	

图4.37　原始数据表

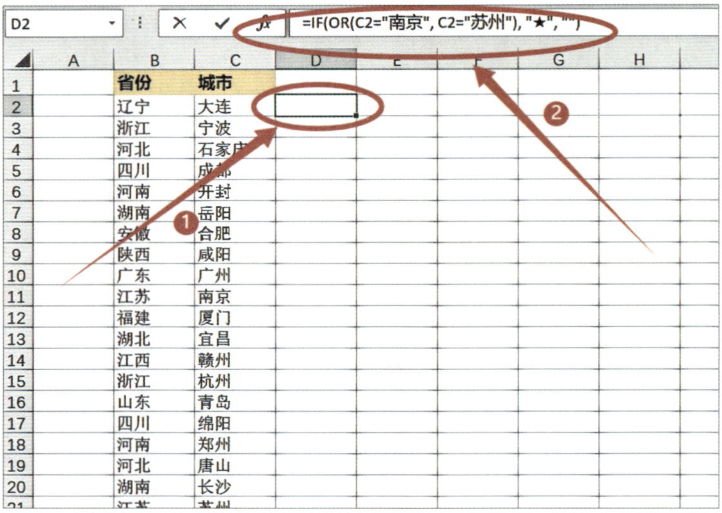
D2
=IF(OR(C2="南京", C2="苏州"), "★", "")
1
2

图4.38　粘贴输入公式并下拉填充

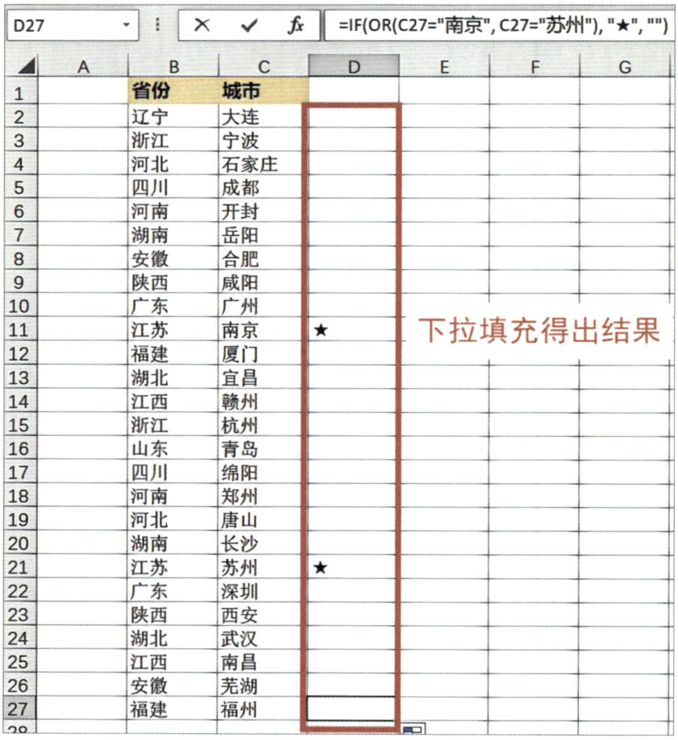
D27
=IF(OR(C27="南京", C27="苏州"), "★", "")
下拉填充得出结果

	A	B	C	D
1		省份	城市	
2		辽宁	大连	
3		浙江	宁波	
4		河北	石家庄	
5		四川	成都	
6		河南	开封	
7		湖南	岳阳	
8		安徽	合肥	
9		陕西	咸阳	
10		广东	广州	
11		江苏	南京	★
12		福建	厦门	
13		湖北	宜昌	
14		江西	赣州	
15		浙江	杭州	
16		山东	青岛	
17		四川	绵阳	
18		河南	郑州	
19		河北	唐山	
20		湖南	长沙	
21		江苏	苏州	★
22		广东	深圳	
23		陕西	西安	
24		湖北	武汉	
25		江西	南昌	
26		安徽	芜湖	
27		福建	福州	

图4.39　标记结果

案例 2 数据可视化与条件格式

数据可视化是将数据以直观的图表或图形形式展示出来，有助于更好地理解和分析数据。条件格式则是一种根据数据特点自动设置单元格格式的方法，能够突出显示关键数据或异常值。

操作步骤

（1）条件格式填充：对学生成绩表（见图 4.40）进行信息分析，将总成绩大于 270 分的行填充为绿色，如图 4.41 所示。

B	C	D	E	F
姓名	文字	表格	演示	总成绩
王磊	88	96	95	279
陈晨	92	95	95	282
李娜	92	95	90	277
张军	95	90	88	273
郭静	90	90	95	275
刘洋	82	87	95	264
何瑞	83	88	90	261
赵刚	92	85	80	257
马云	97	84	87	268
郑强	90	80	82	252

图 4.40　学生成绩表原始数据

B	C	D	E	F
姓名	文字	表格	演示	总成绩
王磊	88	96	95	279
陈晨	92	95	95	282
李娜	92	95	90	277
张军	95	90	88	273
郭静	90	90	95	275
刘洋	82	87	95	264
何瑞	83	88	90	261
赵刚	92	85	80	257
马云	97	84	87	268
郑强	90	80	82	252

图 4.41　总成绩大于 270 分的绿色标记结果

①打开 DeepSeek，上传学生成绩表，在对话框中输入提示词：

你是一名数据分析助手，对以上表格进行信息分析，将总成绩大于 270 分的行填充为绿色。请生成操作步骤，将 F 列总成绩大于 270 分的行标记为绿色。

②使用 DeepSeek 生成具体操作步骤，如图 4.42 所示。

已深度思考（用时 23 秒）
要在Excel中将总成绩（F列）大于270分的行标记为绿色，请按以下步骤操作：
步骤1：选择数据区域
选中需要应用条件格式的区域（例如：A2:G11，假设数据从第2行开始到第11行）。
步骤2：设置条件格式公式
1. 单击 开始 → 条件格式 → 新建规则 → 使用公式确定要设置格式的单元格。
2. 输入公式：

图 4.42　使用 DeepSeek 生成具体操作步骤

③打开学生成绩表，选中需要应用条件格式的区域。

④单击“开始”→“条件格式”→“新建规则”命令，如图 4.43 所示。

⑤设置条件格式公式：在“新建格式规则”对话框中的“选择规则类型”栏中选择“使用公式确定要设置格式的单元格”，在“为符合此公式的值设置格式”文本框中输入公式 **=$F2>270**，如图 4.44 所示。

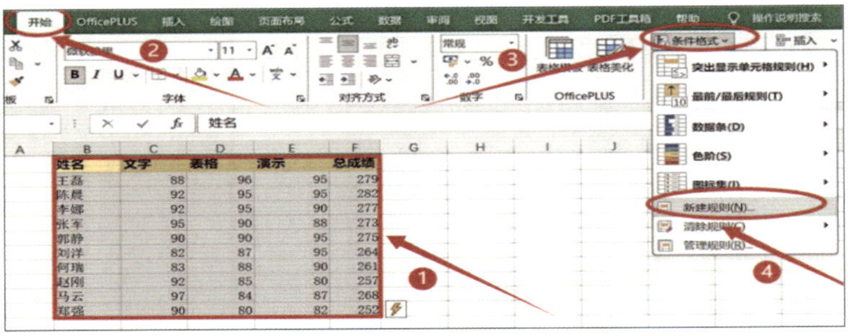

图 4.43　新建条件格式规则

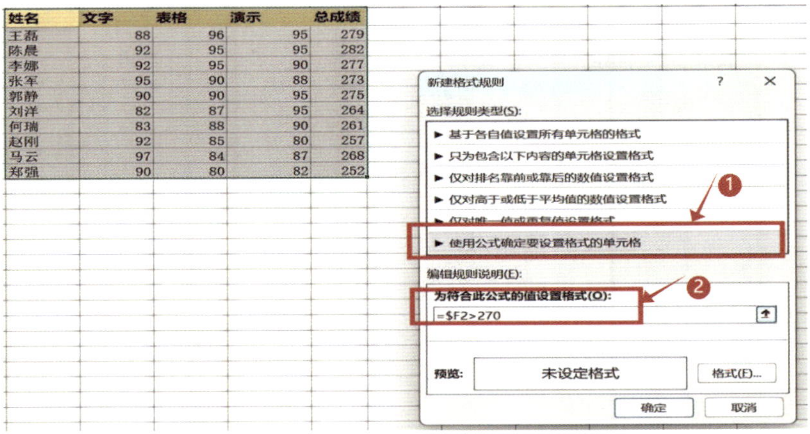

图 4.44　输入条件格式公式

⑥单击“格式”按钮，在打开的对话框的“填充”选项卡中，选择“背景色”为“绿色”，单击“确定”按钮，如图 4.45 所示，即设置好填充颜色。

⑦再次单击“确定”按钮，可见所有总成绩大于 270 分的行被自动填充为绿色，如图 4.41 所示。

（2）将学生成绩表中科目成绩小于 85 分的单元格以红色文字标记，如图 4.46 所示。

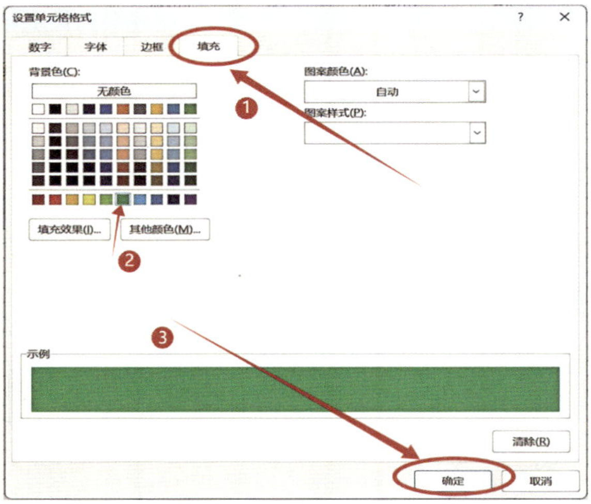

图 4.45　设置绿色填充效果

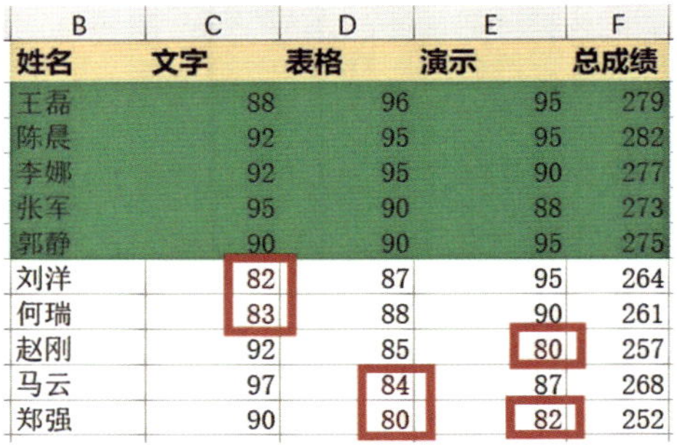

图 4.46　科目成绩小于 85 分的标记结果

①打开 DeepSeek，上传学生成绩表（见图 4.41），在对话框中输入提示词：

将科目成绩小于 85 分的单元格以红色文字标记。请生成操作步骤，将 C 列到 E 列中小于 85 分的单元格设置字体颜色为红色。

②使用 DeepSeek 生成具体操作步骤，如图 4.47 所示。

③打开学生成绩表，选中数据区域，单击“开始”→“条件格式”→“新建规则”命令，如图 4.48 所示。

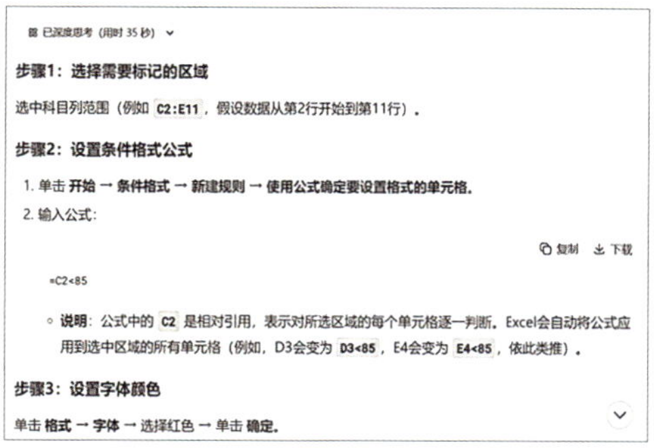

图 4.47 使用 DeepSeek 生成具体操作步骤

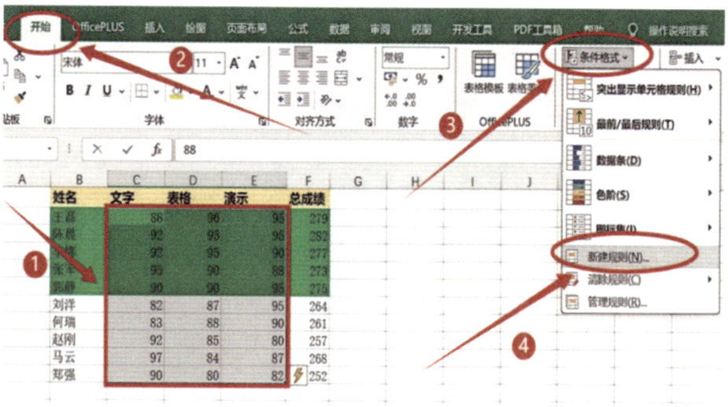

图 4.48 新建条件格式规则

④在“新建格式规则”对话框中的“选择规则类型”栏中，选择“使用公式确定要设置格式的单元格”，在“为符合此公式的设置格式”文本框中输入公式 **=C2<85**，如图 4.49 所示。

⑤单击“格式”按钮，在打开的对话框的“字体”选项卡中，选择“颜色”为“红色”，单击“确定”按钮，如图 4.50 所示，即设置好字体颜色。

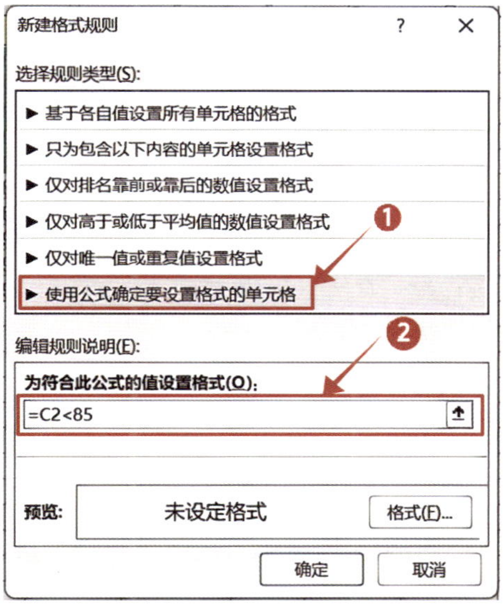

图 4.49 输入条件格式公式

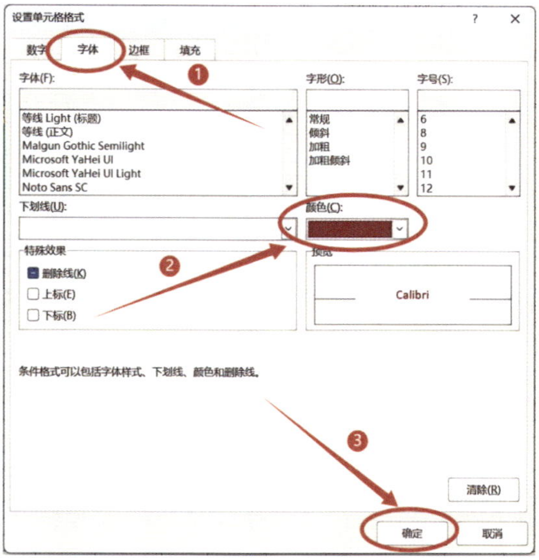

图 4.50 设置红色字体效果

⑥再次单击“确定”按钮，可见 C 列到 E 列中所有小于 85 分的单元格的字体颜色都变为红色，如图 4.46 所示。

（3）异列标记：将演示成绩优秀（大于 90 分）的学生姓名标记出来，如图 4.51 所示。

①打开 DeepSeek，上传学生成绩表（见图 4.41），在对话框中输入提示词：

将演示成绩优秀（大于 90 分）的学生姓名标记出来。请生成具体操作步骤，将 E 列中大于 90 分的成绩对应的 B 列中的姓名标记为橙色填充。

②使用 DeepSeek 生成具体操作步骤，如图 4.52 所示。

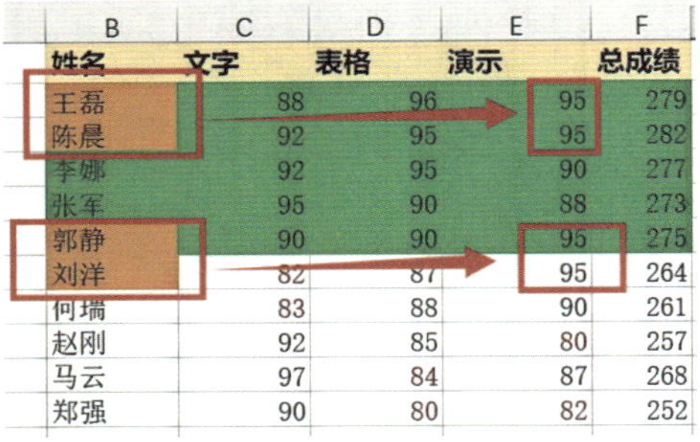

B	C	D	E	F
姓名	文字	表格	演示	总成绩
王磊	88	96	95	279
陈晨	92	95	95	282
李娜	92	95	90	277
张军	95	90	88	273
郭静	90	90	95	275
刘洋	82	87	95	264
何瑞	83	88	90	261
赵刚	92	85	80	257
马云	97	84	87	268
郑强	90	80	82	252

图 4.51 异列标记结果

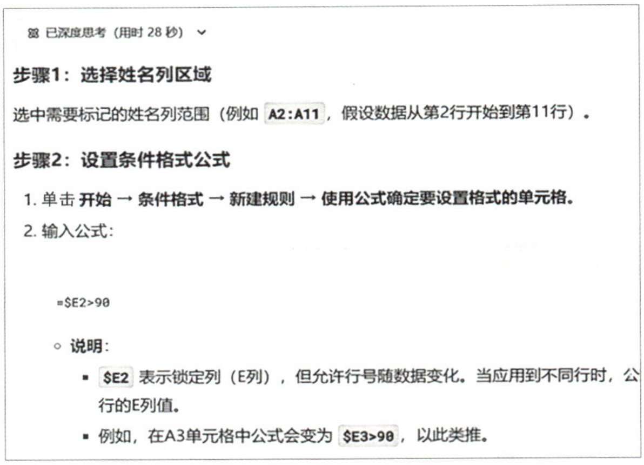

已深度思考（用时 28 秒）

步骤1：选择姓名列区域

选中需要标记的姓名列范围（例如 A2:A11，假设数据从第2行开始到第11行）。

步骤2：设置条件格式公式

1. 单击 **开始 → 条件格式 → 新建规则 → 使用公式确定要设置格式的单元格。**
2. 输入公式：

=$E2>90

- **说明：**
  - $E2 表示锁定列（E列），但允许行号随数据变化。当应用到不同行时，公行的E列值。
  - 例如，在A3单元格中公式会变为 $E3>90，以此类推。

图 4.52 使用 DeepSeek 生成具体操作步骤

③打开学生成绩表，选中需要标记的姓名列范围，即 B2:B11 单元格区域，单击“开始”→“条件格式”→“新建规则”命令，如图 4.53 所示。

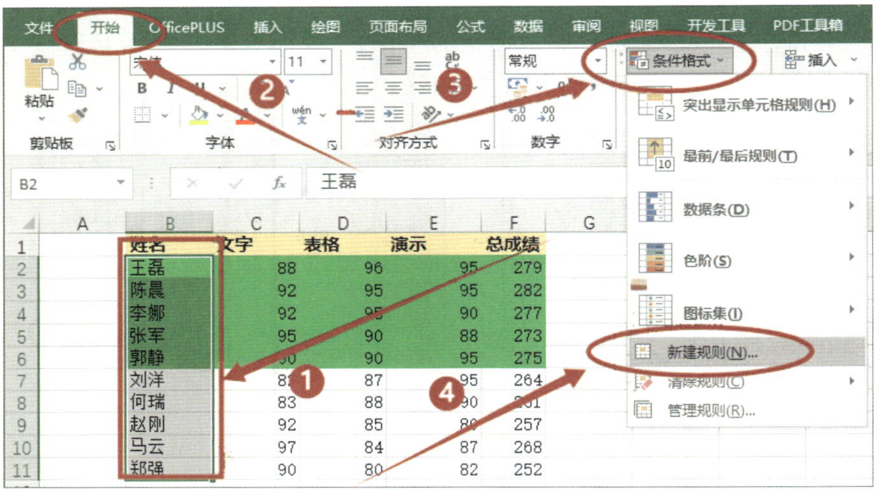

图 4.53 新建条件格式规则

④在“新建格式规则”对话框的“选择规则类型”栏中，选择“使用公式确定要设置格式的单元格”，在“为符合此公式的设置格式”文本框中输入公式 **=$E2>90**，单击“格式”按钮，如图 4.54 所示。

⑤在打开的对话框的“填充”选项卡中选择“背景色”为“橙色”，单击“确定”按钮，如图 4.55 所示。

⑥再次单击“确定”按钮，可见演示成绩优秀（大于 90 分）的学生姓名已经被标记为橙色填充。

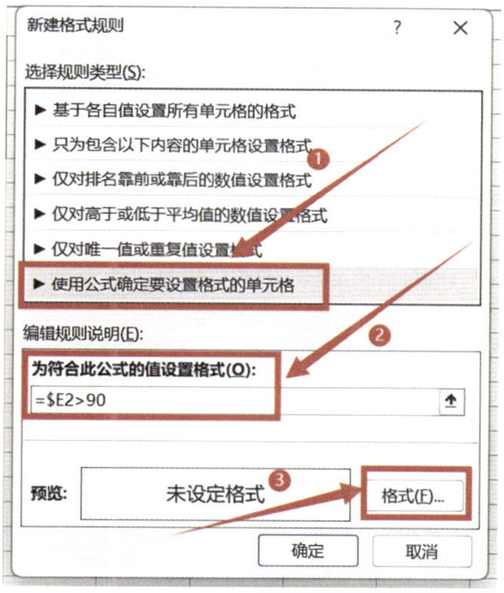

图 4.54 输入条件格式公式

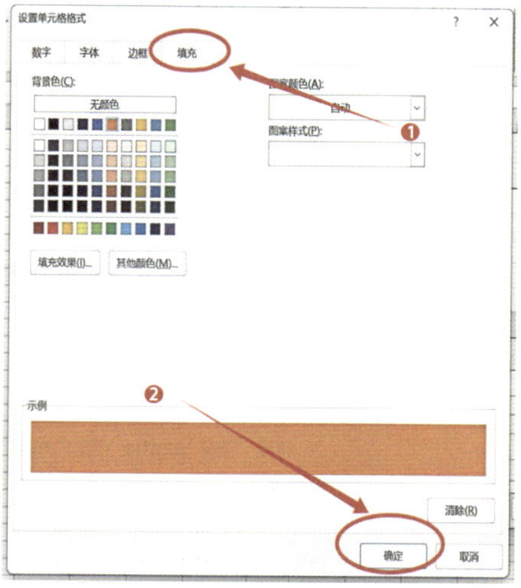

图 4.55 设置填充颜色

（4）标记重复值：将学生成绩表（见图4.56）中重复记录的学生姓名标记为深红色文字、浅红色填充（已知没有同名学生），如图 4.57 所示。

B	C	D	E	F
姓名	文字	表格	演示	总成绩
王磊	88	96	95	279
陈晨	92	95	95	282
李娜	92	95	90	277
张军	95	90	88	273
郭静	90	90	95	275
刘洋	82	87	95	264
何瑞	83	88	90	261
赵刚	92	85	80	257
马云	97	84	87	268
李娜	92	95	90	277
郑强	90	80	82	252

图 4.56 学生成绩表原始数据

B	C	D	E	F
姓名	文字	表格	演示	总成绩
王磊	88	96	95	279
陈晨	92	95	95	282
李娜	92	95	90	277
张军	95	90	88	273
郭静	90	90	95	275
刘洋	82	87	95	264
何瑞	83	88	90	261
赵刚	92	85	80	257
马云	97	84	87	268
郑强	90	80	82	252
李娜	92	95	90	277

图 4.57 最终重复值标记结果展示

①打开 DeepSeek，上传学生成绩表，在对话框中输入提示词：

你是一名数据分析助手，对以上表格信息进行分析，将重复记录的学生姓名标记出来。请生成具体操作步骤，将B列姓名的重复值设置为深红色文字、浅红色填充。

②使用DeepSeek生成具体操作步骤，如图 4.58 所示。

③打开学生成绩表，选中姓名列，单击“开始”→“条件格式”→“新建规则”命令，如图 4.59 所示。

④在“新建格式规则”对话框的“选项规则类型”栏中选择“使用公式确定要设置格式的单元格”，在“为符合此公式的值设置格式”文本框中输入公式 **=COUNTIF($B$2:$B$12, B2)>1**，单击“格式”按钮，如图 4.60 所示。

⑤在打开的对话框的“字体”选项卡中，选择“颜色”为“深红色”；切换到“填充”选项卡，选择“背景色”为“浅红色”，单击“确定”按钮，如图 4.61 所示。

⑥再次单击“确定”按钮，可见所有重复记录的姓名（如李娜）会被标记为深红色文字和浅红色填充。

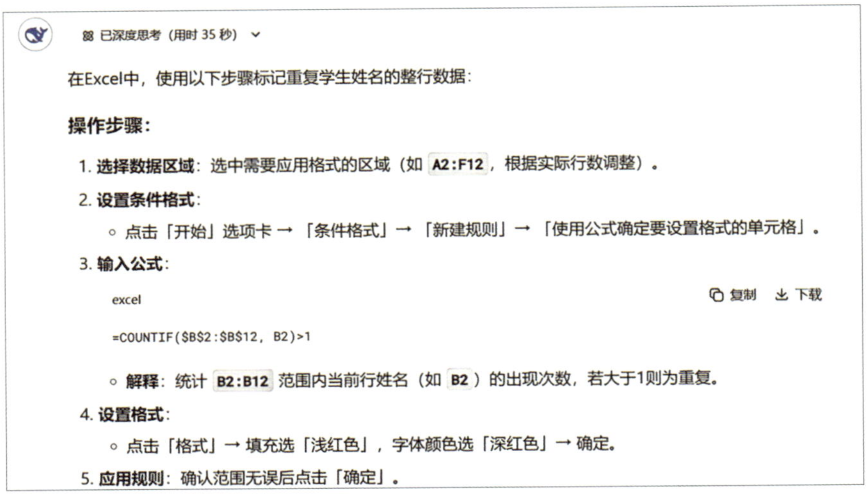
已深度思考（用时 35 秒）

在Excel中，使用以下步骤标记重复学生姓名的整行数据：

操作步骤：

1. **选择数据区域**：选中需要应用格式的区域（如 `A2:F12`，根据实际行数调整）。
2. **设置条件格式**：
   - 点击「开始」选项卡 → 「条件格式」→ 「新建规则」→ 「使用公式确定要设置格式的单元格」。
3. **输入公式**：

excel　　复制　下载

```
=COUNTIF($B$2:$B$12, B2)>1
```

   - **解释**：统计 `B2:B12` 范围内当前行姓名（如 `B2`）的出现次数，若大于1则为重复。
4. **设置格式**：
   - 点击「格式」→ 填充选「浅红色」，字体颜色选「深红色」→ 确定。
5. **应用规则**：确认范围无误后点击「确定」。

图 4.58　使用 DeepSeek 生成具体操作步骤

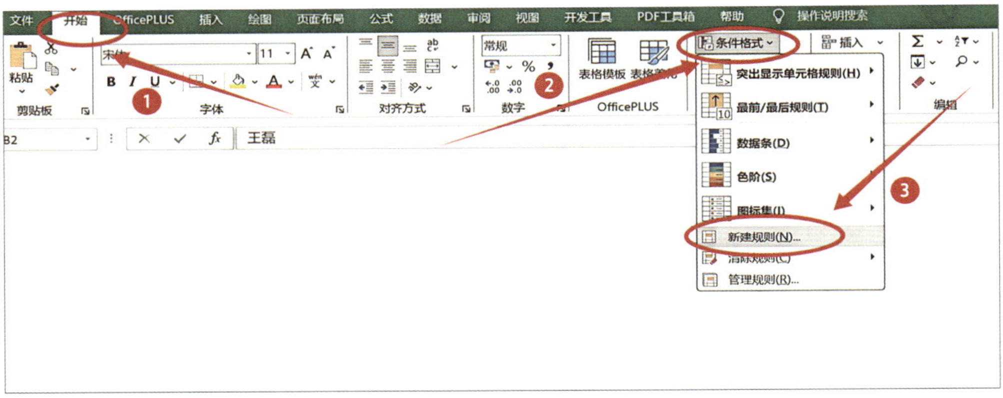

图 4.59　新建条件格式规则

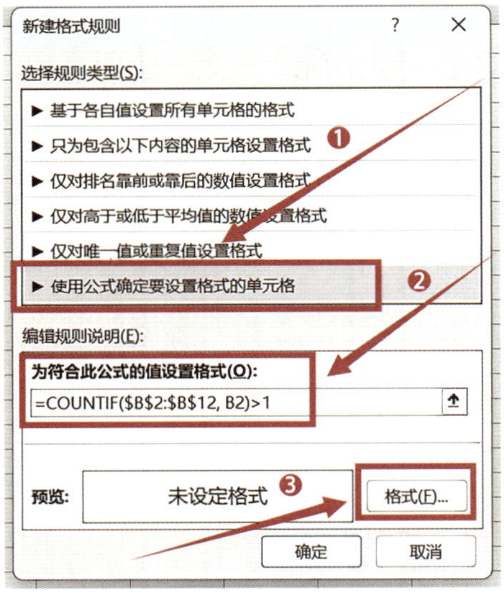

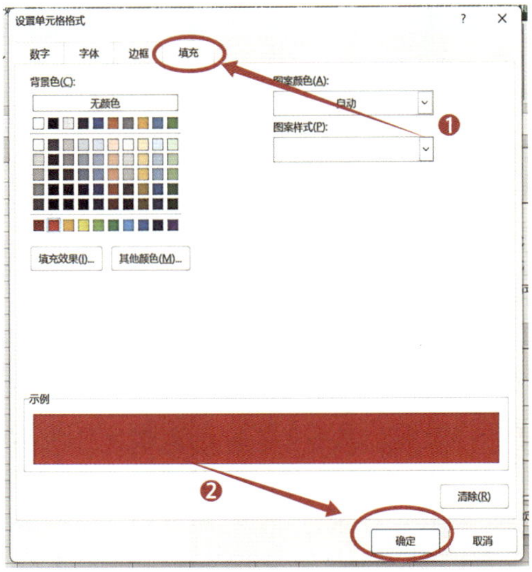

图 4.60　输入条件格式公式　　　　图 4.61　设置填充颜色

项目 3 VBA 自动化基础

实验目的

（1）掌握 VBA 编程环境的使用方法，熟悉基本语法结构。
（2）学习编写简单 VBA 程序实现 Excel 自动化操作的方法。
（3）培养办公自动化思维，提高工作效率。

案例 Excel 数据自动化整合

在处理大量重复性数据任务时，手动操作不仅耗时耗力，而且容易出错。VBA（visual basic for applications）作为一种自动化编程语言，可以帮助用户实现数据处理的自动化，提高工作效率。

现有三张学生信息表，如图 4.62 ～图 4.64 所示，要求将它们合并为一张包括姓名、学号、性别、联系电话、住址、语文成绩、数学成绩、英语成绩、总分信息在内的整合信息表。

姓名	学号	性别	语文成绩	数学成绩	英语成绩	总分	平均分
张三	2023001	男	85	92	88	265	88.3
李四	2023002	女	78	85	90	253	84.3
王五	2023003	男	92	89	93	274	91.3
陈六	2023004	女	80	75	82	237	79.0
赵七	2023005	男	88	95	86	269	89.7

图 4.62 学生成绩表

姓名	学号	性别	联系电话	住址
	2023001	男	15536856522	山西省太原市
李四	2023002	女	15536856523	陕西省西安市
	2023003	男	15536856524	江苏省南京市
陈六	2023004	女	15536856525	湖北省武汉市
	2023005	男	15536856526	湖北省武汉市

图 4.63 学生信息表

姓名	学号	性别	联系电话	意向高中
	2023001	男	15536856522	第五中学
李四	2023002	女	15536856523	第六中学
	2023003	男	15536856524	第五中学
陈六	2023004	女	15536856525	第五中学
	2023005	男	15536856526	第六中学

图 4.64 学生高中意向表

操作步骤

（1）打开通义官网，网址为 https://www.tongyi.com，登录后新建对话，输入提示词，如图 4.65 所示：

▲ Excel 数据自动化演示视频

现在有三张 Excel 表，分别为学生成绩表、学生信息表、学生高中意向表，以三张表中的学生学号为主键，进行信息整合，信息中包括姓名、学号、性别、联系电话、住址、语文成绩、数学成绩、英语成绩、总分，请生成 VBA 代码。

得到的结果如图 4.66 所示。

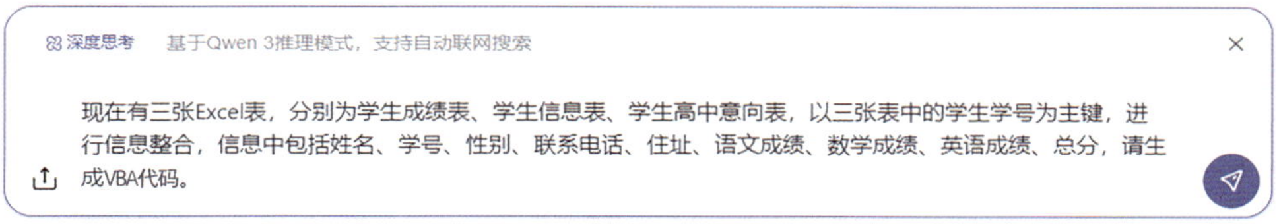

深度思考
基于Qwen 3推理模式，支持自动联网搜索
现在有三张Excel表，分别为学生成绩表、学生信息表、学生高中意向表，以三张表中的学生学号为主键，进行信息整合，信息中包括姓名、学号、性别、联系电话、住址、语文成绩、数学成绩、英语成绩、总分，请生成VBA代码。

图 4.65 输入提示词

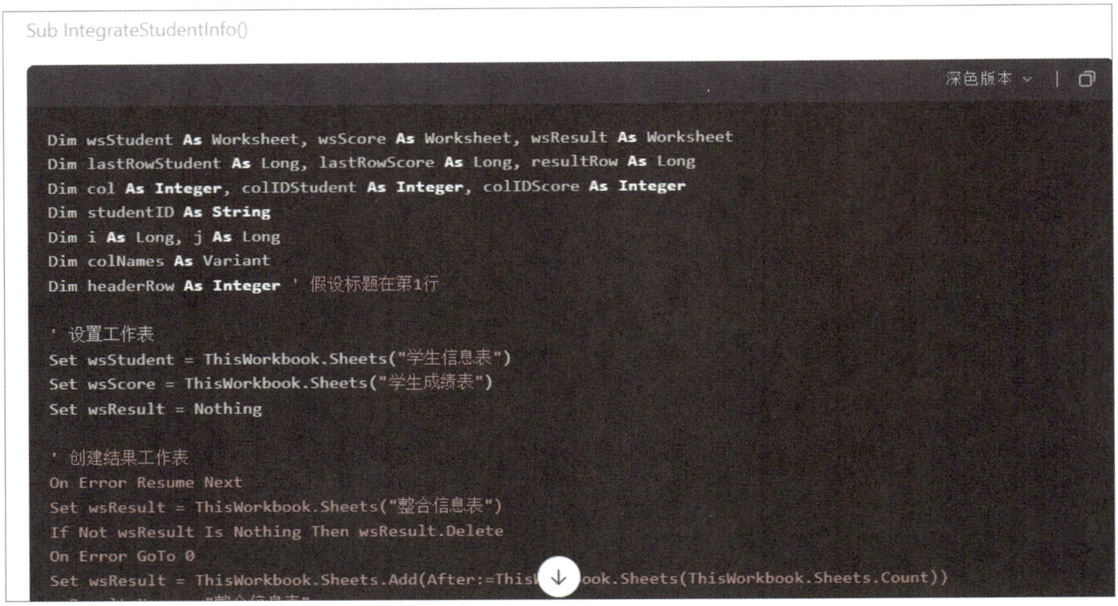

```
Sub IntegrateStudentInfo()

Dim wsStudent As Worksheet, wsScore As Worksheet, wsResult As Worksheet
Dim lastRowStudent As Long, lastRowScore As Long, resultRow As Long
Dim col As Integer, colIDStudent As Integer, colIDScore As Integer
Dim studentID As String
Dim i As Long, j As Long
Dim colNames As Variant
Dim headerRow As Integer ' 假设标题在第1行

' 设置工作表
Set wsStudent = ThisWorkbook.Sheets("学生信息表")
Set wsScore = ThisWorkbook.Sheets("学生成绩表")
Set wsResult = Nothing

' 创建结果工作表
On Error Resume Next
Set wsResult = ThisWorkbook.Sheets("整合信息表")
If Not wsResult Is Nothing Then wsResult.Delete
On Error GoTo 0
Set wsResult = ThisWorkbook.Sheets.Add(After:=ThisWorkbook.Sheets(ThisWorkbook.Sheets.Count))
```

图 4.66　VB宏代码

（2）在 WPS Office 中打开本案例数据表，并进入 VB 环境，如图 4.67 所示。

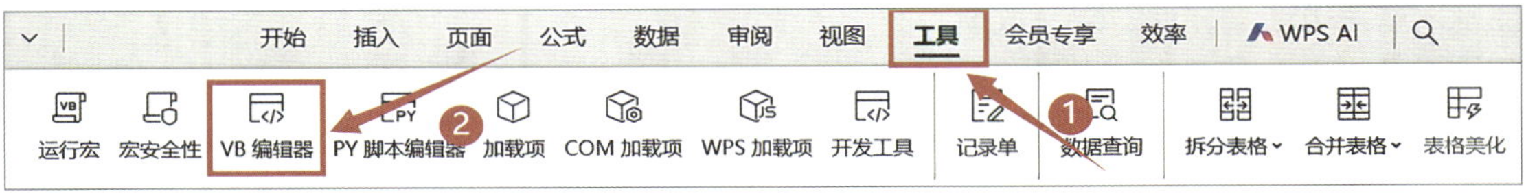

图 4.67　进入 VB 环境

（3）进入 VB 环境后将生成的 VBA 代码粘贴至白色区域，如图 4.68 所示，并保存宏。

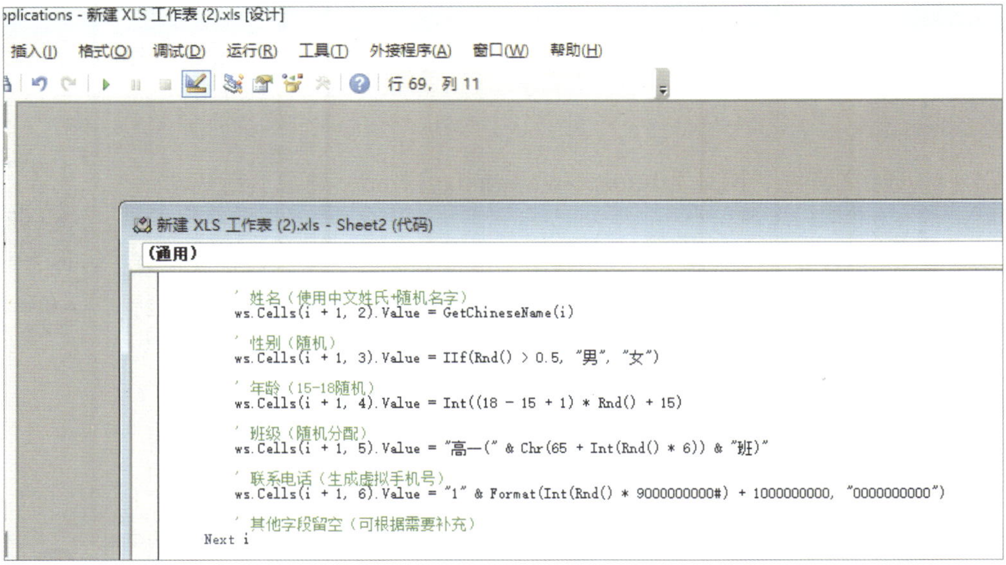

图 4.68　粘贴代码

（4）回到工作表界面，单击“运行宏”按钮，如图 4.69 所示。在“VB 宏”对话框中，选择刚才建立的宏，单击“运行”按钮。

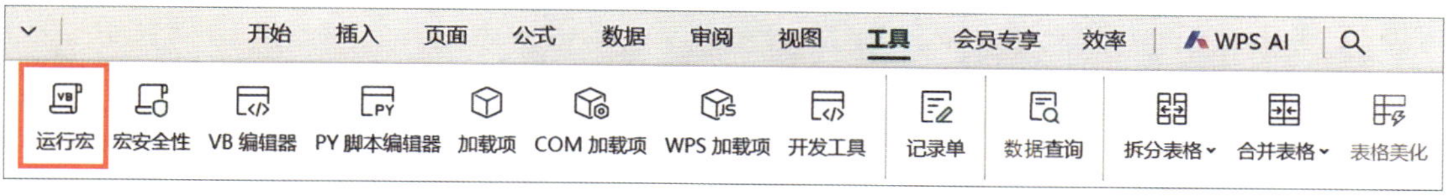

图 4.69 “运行宏”按钮

（5）得到的最终整合结果如图 4.70 所示。

	A	B	C	D	E	F	G	H	I
1	姓名	学号	性别	联系电话	住址	语文成绩	数学成绩	英语成绩	总分
2	张三	2023001	男	15536856522	山西省太	85	92	88	265
3	李四	2023002	女	15536856523	陕西省西	78	85	90	253
4	王五	2023003	男	15536856524	江苏省南	92	89	93	274
5	陈六	2023004	女	15536856525	湖北省武	80	75	82	237
6	赵七	2023005	男	15536856526	湖北省武	88	95	86	269

图 4.70 最终整合结果

思考与练习

1. 某公司销售数据表包含“产品名称”“销售额”“地区”“客户类型”等字段。使用 Excel 筛选功能，提取“华东地区”且“销售额>50 万”的记录；对筛选结果中的“客户类型”列，用条件格式将“VIP 客户”标记为绿色背景；添加数据条，直观比较各产品销售额差异。

2. 某部门需定期汇总员工考勤数据（含工号、姓名、出勤天数、迟到次数），编写 VBA 代码，自动筛选“出勤天数<20 天”的员工记录，将筛选结果复制到新工作表，并按迟到次数降序排列，在汇总表首行添加当前日期和时间（格式：YYYY-MM-DD HH:MM）。

第 5 章 数据分析工具入门

在当今数字化时代，数据分析已成为推动各行业发展的关键力量。从企业的销售预测到医疗健康领域的数据分析，从金融风险的精细化管控到智能交通系统中车流量的优化调度，数据分析的踪迹无处不在，持续创造着显著的经济效益与社会效益。

本章将深入浅出地剖析数据分析工具的入门知识，紧密围绕多表格数据分析、数据可视化以及自动化报告生成等核心环节，详细介绍如何利用DeepSeek、WPS灵犀、飞书多维表格、小浣熊、镝数聚等主流工具，搭建系统化数据分析的思维框架。通过本章的学习，读者可以熟练掌握实用操作技能，为数据分析进阶之旅筑牢根基，轻松应对纷繁复杂的数据挑战，畅享数据驱动的决策魅力。

项目 1　多表格数据分析与可视化

实验目的

（1）掌握DeepSeek与WPS灵犀以及飞书多维表格协同分析多源数据的方法。

（2）掌握运用智能工具实现多表格关联查询和高效数据处理的方法。

（3）熟悉数据可视化技巧，将复杂数据分析结果直观呈现。

（4）培养基于AI的多表格数据整合与分析思维，提升决策支持能力。

案例 1　多表格数据分析与可视化

在企业数据分析中，通常需要整合多个表格的数据进行综合分析，以全面了解业务状况并为决策提供支持。

本案例将通过具体的实验步骤，展示如何利用DeepSeek与WPS灵犀完成多表格数据的分析与可视化。

准备某公司近三年的销售表、成本表和客户反馈表，确保数据格式规范且无缺失值或异常值。

1. 使用 DeepSeek 进行数据分析

操作步骤

（1）上传数据至 DeepSeek，如图 5.1 所示，并输入提示词：

这是一个公司近几年的数据总结，包括金额统计、百分比统计、数量统计，你现在作为一名数据分析助手，通过表格中的数据概括一下这 6 年该公司的发展情况，做出总结。

DeepSeek 给出的相应分析结果如图 5.2 所示。

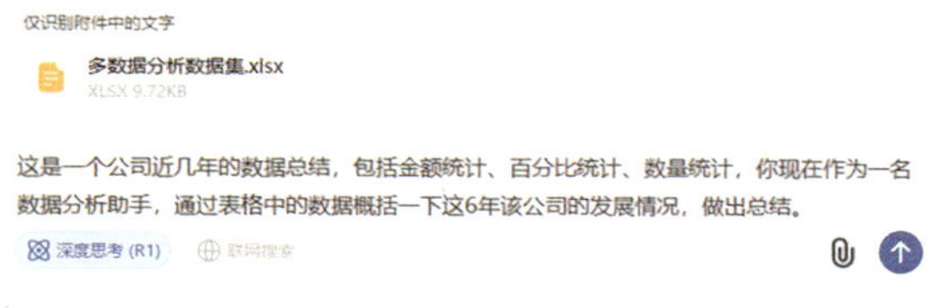
仅识别附件中的文字
多数据分析数据集.xlsx
XLSX 9.72KB
这是一个公司近几年的数据总结，包括金额统计、百分比统计、数量统计，你现在作为一名数据分析助手，通过表格中的数据概括一下这6年该公司的发展情况，做出总结。
深度思考 (R1)
联网搜索

图 5.1　上传数据并输入提示词

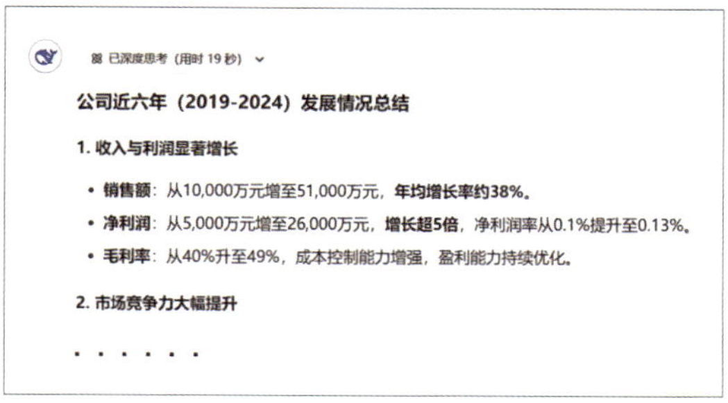
已深度思考（用时 19 秒）
公司近六年（2019-2024）发展情况总结
1. 收入与利润显著增长
销售额：从10,000万元增至51,000万元，年均增长率约38%。
净利润：从5,000万元增至26,000万元，增长超5倍，净利润率从0.1%提升至0.13%。
毛利率：从40%升至49%，成本控制能力增强，盈利能力持续优化。
2. 市场竞争力大幅提升
……

图 5.2　DeepSeek 分析结果（部分）

（2）如果对分析结果不满意，可以进一步追加指令，如输入提示词：

你作为一名数据分析师，请根据表格中的数据作简要分析，并对该公司后续的发展做出规划，给出专业性的建议。

结果如图 5.3 所示。也可以要求 DeepSeek 根据分析结果生成 2025 年的预测报告，输入提示词：

请你根据上述表格信息以及分析结果预测一下 2025 年该公司的发展情况，各项数据用表格形式呈现。

DeepSeek 给出的相应预测分析结果如图 5.4 所示。

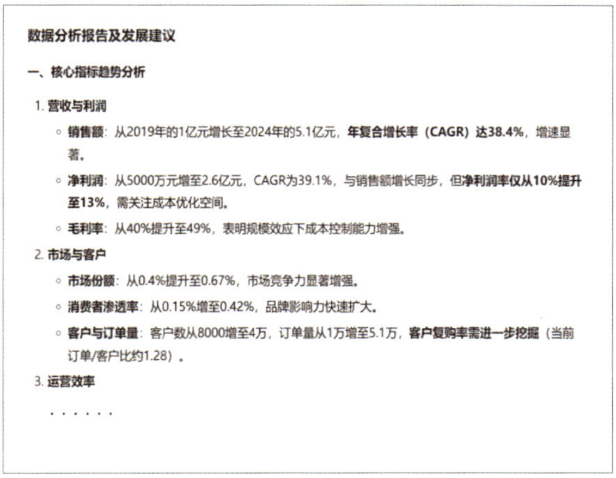
数据分析报告及发展建议
一、核心指标趋势分析
1. 营收与利润
销售额：从2019年的1亿元增长至2024年的5.1亿元，年复合增长率（CAGR）达38.4%，增速显著。
净利润：从5000万元增至2.6亿元，CAGR为39.1%，与销售额增长同步，但净利润率仅从10%提升至13%，需关注成本优化空间。
毛利率：从40%提升至49%，表明规模效应下成本控制能力增强。
2. 市场与客户
市场份额：从0.4%提升至0.67%，市场竞争力显著增强。
消费者渗透率：从0.15%增至0.42%，品牌影响力快速扩大。
客户与订单量：客户数从8000增至4万，订单量从1万增至5.1万，客户复购率需进一步挖掘（当前订单/客户比约1.28）。
3. 运营效率
……

图 5.3　追加指令

请你根据上述表格信息以及分析结果预测一下2025年该公司的发展情况，各项数据用表格形式呈现
已深度思考（用时 32 秒）
2025年数据预测（基于年均增长率及趋势分析）
指标分类 | 指标名称 | 2024年数据 | 2025年预测值 | 预测逻辑
金额统计 | 销售额（万元） | 51,000 | 70,600 | 按年均增长率38%计算（2019-2024年复合增长率），考虑市场扩张潜力保持高速增长。
收入（万元） | 200,000 | 260,000 | 收入增速与销售额同步（年均30%），反映规模化效应。
成本（万元） | 102,000 | 122,400 | 成本增速放缓至20%（优化供应链），保障毛利率提升。
毛利润（万元） | 98,000 | 137,600 | 毛利率预测升至50%（2024年49%），成本控制持续优化。
净利润（万元） | 26,000 | 36,400 | 净利润率提升至0.14%（2024年0.13%），受益规模效应与运营效率。

图 5.4　DeepSeek 预测分析结果（部分）

2. 使用 WPS 进行可视化分析

使用 WPS 进行可视化分析具体是指在 WPS 365 教育版中，通过 WPS 灵犀上传数据，输入指令生成具有业务价值的图表。

操作步骤

（1）打开 WPS 365 教育版，单击左侧的“灵犀”图标，准备对数据进行可视化分析，如图 5.5 所示。

（2）打开“深度思考”模式，单击左侧“+”按钮上传该公司近 6 年的相关统计数据，共 3 份文件，如图 5.6 所示。

图 5.5 “灵犀”图标

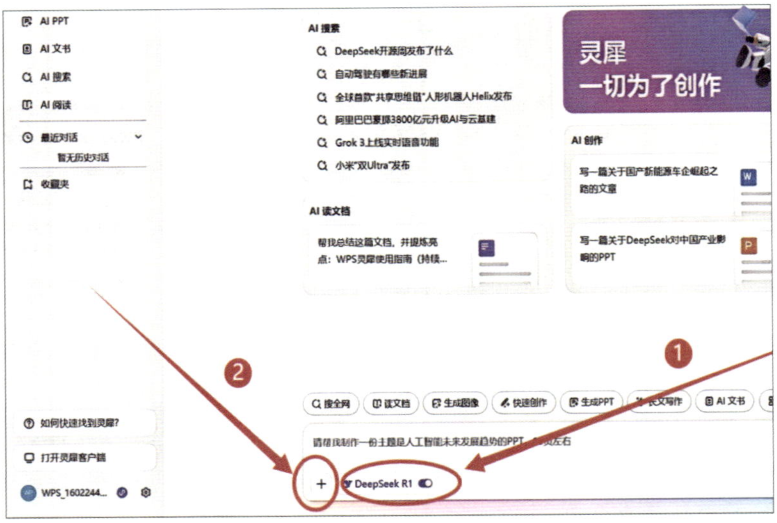

图 5.6 上传数据界面

（3）如图 5.7 所示，单击“帮我生成一些有业务价值的图表”按钮，AI进行自动分析，生成不同类型的图表，如图 5.8 所示。

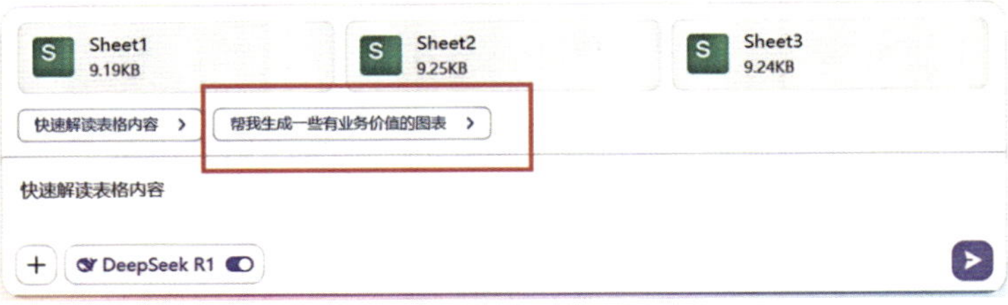

图 5.7 单击“帮我生成一些有业务价值的图表”按钮

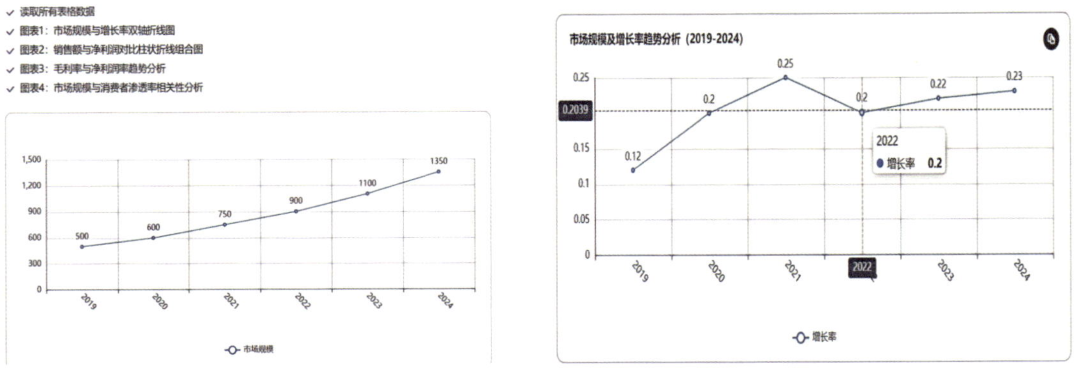

图 5.8 生成不同类型的图表

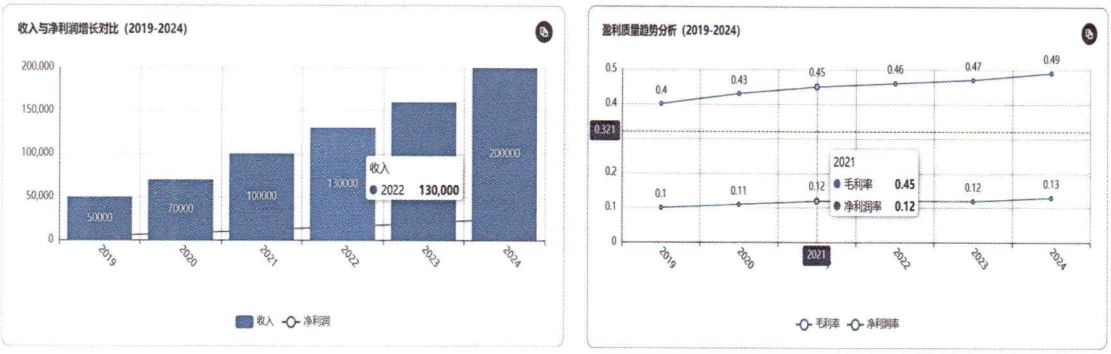

图 5.8 不同业务类型的图表（续）

3. 使用 AlgForce AI 生成高级分析报告

操作步骤

（1）登录 AlgForce AI 官网，网址为 https://app.algforce.com，如图 5.9 所示。

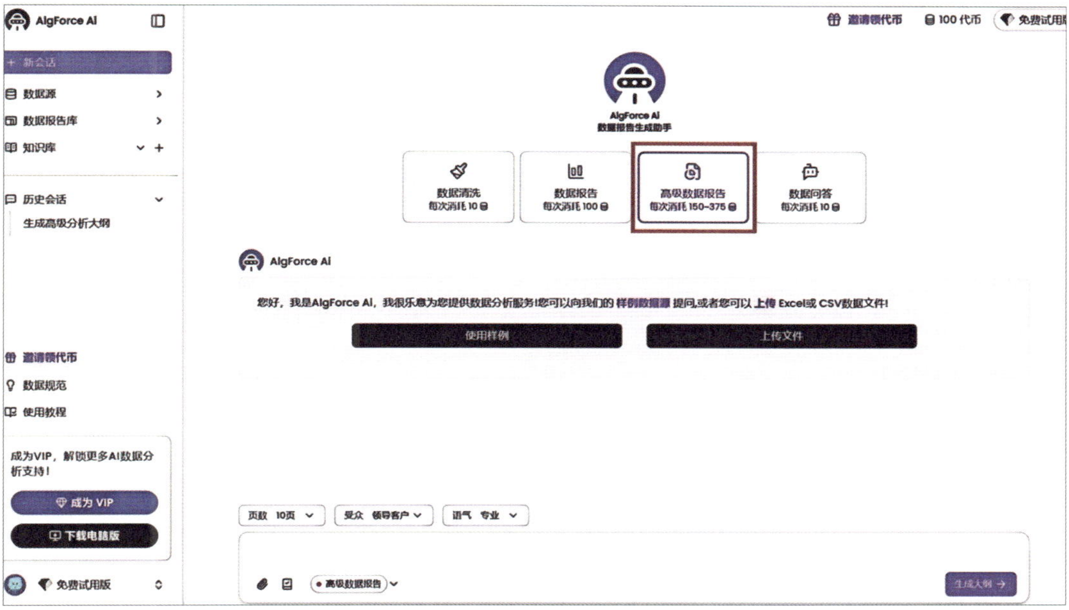

图 5.9 AlgForce AI 官网

（2）上传 Excel 文件，根据需求选择生成报告的类型（如高级分析大纲、可视化分析报告等），单击“生成大纲”按钮，如图 5.10 所示，查看生成的报告大纲。

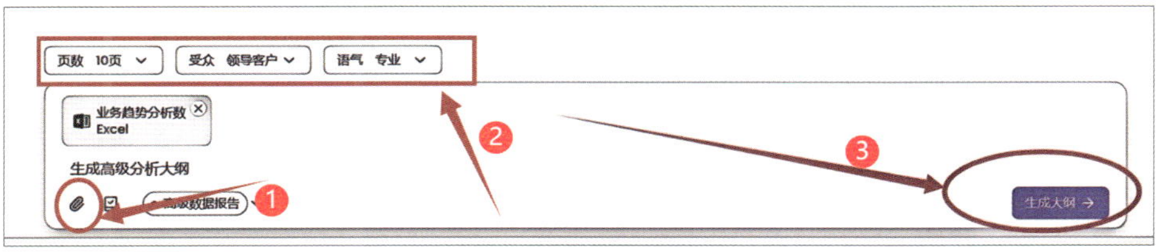

图 5.10 生成大纲

（3）单击“下一步”按钮生成可视化分析报告，如图 5.11、图 5.12、图 5.13 和图 5.14 所示的内容是已生成的可视化分析报告，包含可视化图表、AI 解读及建议、AI 报告总结，将鼠标指针放置在生成的图表上可以显示某点的详细数据信息，每一类分析都会添加某种业务的发展趋势，最终以 PPT 形式保存。

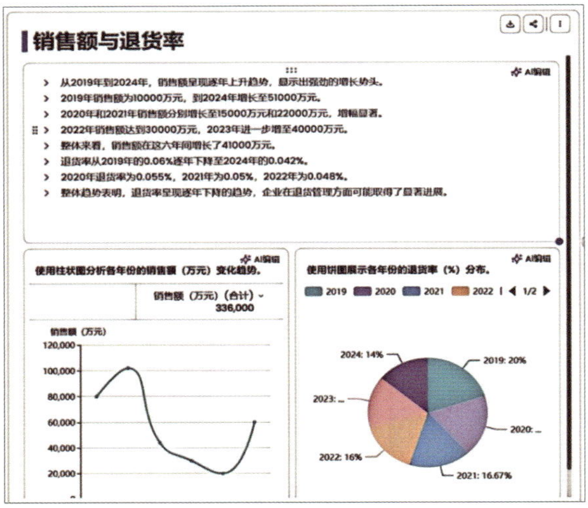
销售额与退货率
AI编辑
从2019年到2024年，销售额呈现逐年上升趋势，显示出强劲的增长势头。
2019年销售额为10000万元，到2024年增长至51000万元。
2020年和2021年销售额分别增长至15000万元和22000万元，增幅显著。
2022年销售额达到30000万元，2023年进一步增至40000万元。
整体来看，销售额在这六年间增长了41000万元。
退货率从2019年的0.06%逐年下降至2024年的0.042%。
2020年退货率为0.055%，2021年为0.05%，2022年为0.048%。
整体趋势表明，退货率呈现逐年下降的趋势，企业在退货管理方面可能取得了显著进展。
使用柱状图分析各年份的销售额（万元）变化趋势。
销售额（万元）（合计）
336,000
销售额（万元）
120,000
100,000
80,000
60,000
40,000
20,000
使用饼图展示各年份的退货率（%）分布。
2019
2020
2021
2022
1/2
2024: 14%
2019: 20%
2023: ...
2020: ...
2022: 16%
2021: 16.67%

图 5.11　可视化分析图表 1

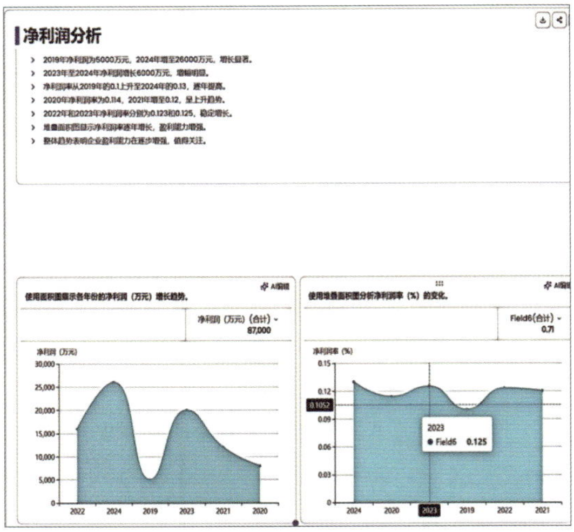
净利润分析
2019年净利润为5000万元，2024年增至26000万元，增长显著。
2023年至2024年净利润增长6000万元，增幅明显。
净利润率从2019年的0.1上升至2024年的0.13，逐年提高。
2020年净利润率为0.114，2021年增至0.12，呈上升趋势。
2022年和2023年净利润率分别为0.123和0.125，稳定增长。
堆叠面积图显示净利润率逐年增长，盈利能力增强。
整体趋势表明企业盈利能力在逐步增强，值得关注。
使用面积图展示各年份的净利润（万元）增长趋势。
AI编辑
净利润（万元）（合计）
87,000
净利润（万元）
30,000
25,000
20,000
15,000
10,000
5,000
0
2022
2024
2019
2023
2021
2020
使用堆叠面积图分析净利润率（%）的变化。
Field6(合计)
0.71
净利润率（%）
0.15
0.12
0.1052
0.09
0.06
0.03
0
2023
Field6 0.125
2024
2020
2023
2019
2022
2021

图 5.12　可视化分析图表 2

AI解读及建议
01 数据总结
从2019年到2024年，销售额从10000万元增长至51000万元，显示出强劲的增长势头。
2020年和2021年销售额分别增长至15000万元和22000万元，增幅显著。
2022年销售额达到30000万元，2023年进一步增至40000万元。
退货率从2019年的0.06%逐年下降至2024年的0.042%，表明退货管理取得进展。
2019年成本为30000万元，毛利润为20000万元，2024年成本达到102000万元，毛利润为98000万元。
毛利率从2019年的0.4增长到2024年的0.49，显示盈利能力增强。
每年成本和毛利润的增长幅度逐渐增大，表明企业在扩大规模。
整体趋势表明企业在成本控制和盈利能力方面取得了显著进展。
02 数据建议
继续关注未来几年毛利率的变化，以确保持续的盈利增长。
加强销售策略以维持销售额的增长势头。
优化退货管理流程，进一步降低退货率。
在扩大规模的同时，保持对成本的有效控制。
利用数据分析进一步提升盈利能力。
关注市场变化，及时调整经营策略。
加强客户关系管理，提高客户满意度。
探索新市场和产品线以增加收入来源。

图 5.13　AI 解读及建议

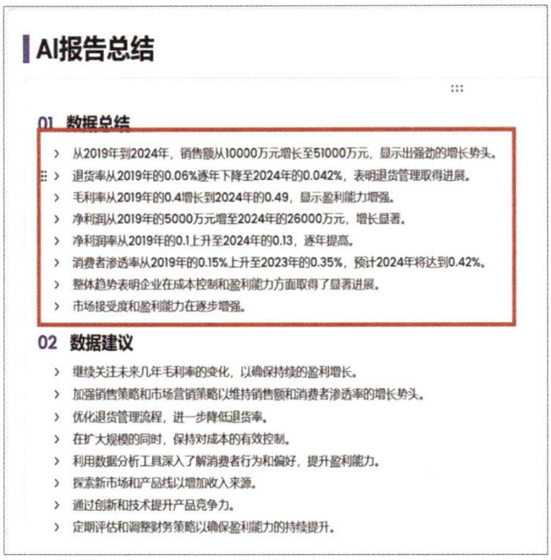
AI报告总结
01 数据总结
从2019年到2024年，销售额从10000万元增长至51000万元，显示出强劲的增长势头。
退货率从2019年的0.06%逐年下降至2024年的0.042%，表明退货管理取得进展。
毛利率从2019年的0.4增长到2024年的0.49，显示盈利能力增强。
净利润从2019年的5000万元增至2024年的26000万元，增长显著。
净利润率从2019年的0.1上升至2024年的0.13，逐年提高。
消费者渗透率从2019年的0.15%上升至2023年的0.35%，预计2024年将达到0.42%。
整体趋势表明企业在成本控制和盈利能力方面取得了显著进展。
市场接受度和盈利能力在逐步增强。
02 数据建议
继续关注未来几年毛利率的变化，以确保持续的盈利增长。
加强销售策略和市场营销策略以维持销售额和消费者渗透率的增长势头。
优化退货管理流程，进一步降低退货率。
在扩大规模的同时，保持对成本的有效控制。
利用数据分析工具深入了解消费者行为和偏好，提升盈利能力。
探索新市场和产品线以增加收入来源。
通过创新和技术提升产品竞争力。
定期评估和调整财务策略以确保盈利能力的持续提升。

图 5.14　AI 报告总结

案例 2　多维表格数据查询与分析

在企业数据分析中，经常需要整合多个数据源进行综合分析，以全面了解业务状况并为决策提供支持。本案例将展示如何利用飞书多维表格和 DeepSeek 的自然语言分析能力，高效地完成数据查询与分析任务。本案例中我们将通过飞书多维表格和 DeepSeek 的结合，从社交媒体平台（小红书）获取数据，并进行分析。

▲多维表格分析

操作步骤

（1）在飞书首页，进入“工作台”界面，单击“多维表格”按钮，如图5.15所示。

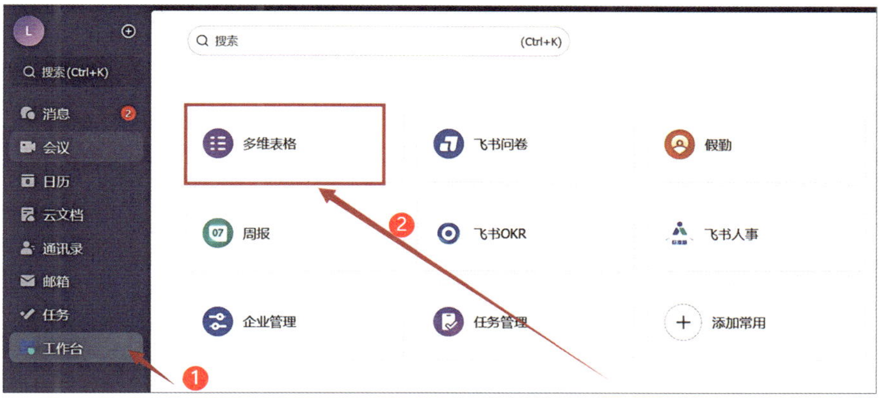

图5.15　单击“多维表格”按钮

（2）新建多维表格后，根据案例背景提取分析内容，修改文本。

①依次单击“新建多维表格”按钮，如图5.16和图5.17所示，新生成的多维表格如图5.18所示。

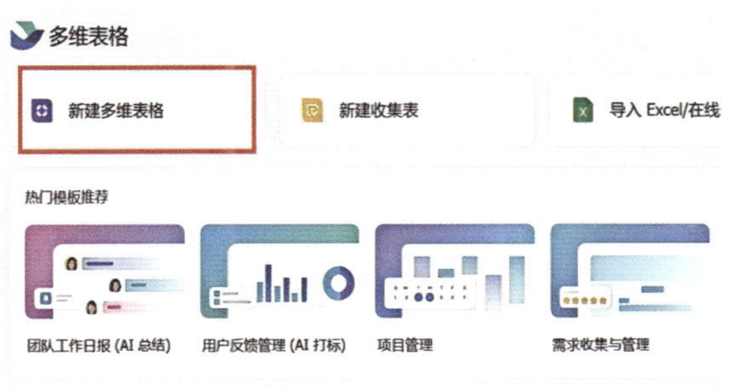

图5.16　“多维表格”界面

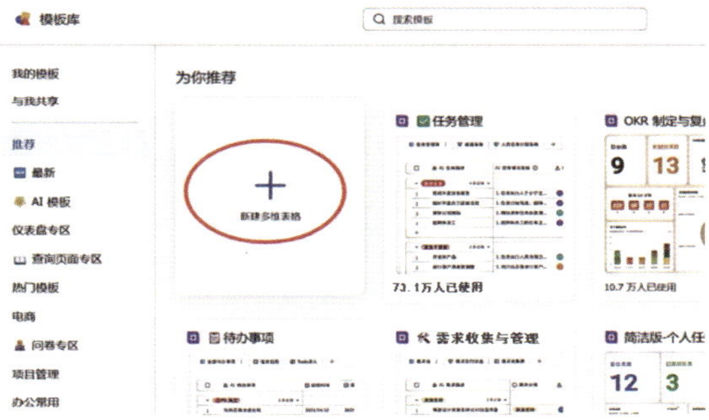

图5.17　多维表格模板

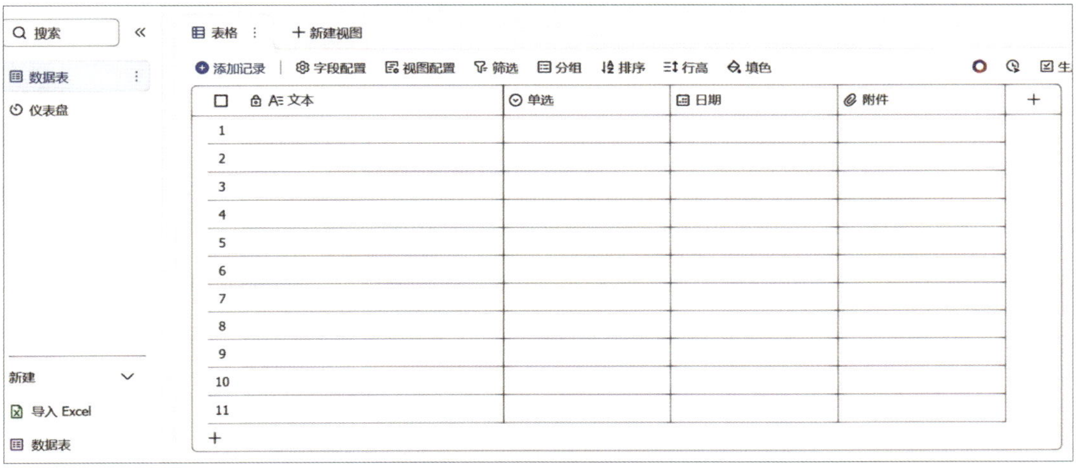

图5.18　新生成的多维表格

②根据案例背景，对小红书链接中的内容进行提取分析，修改文本标题为“笔记链接”，如图 5.19 所示。

③只保留“笔记链接”列，删除其他列，如图 5.20 所示。

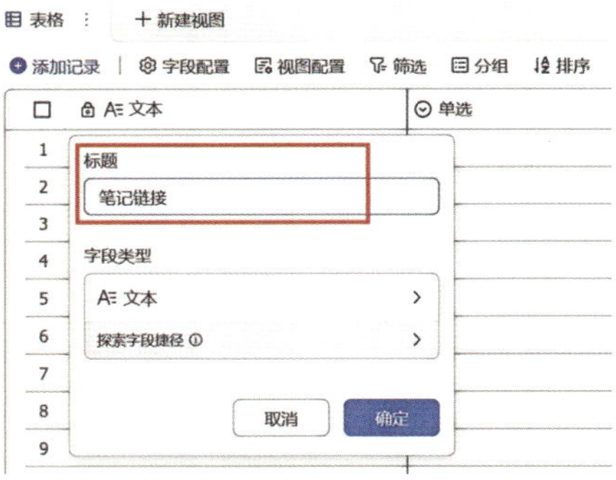

图 5.19　修改文本标题

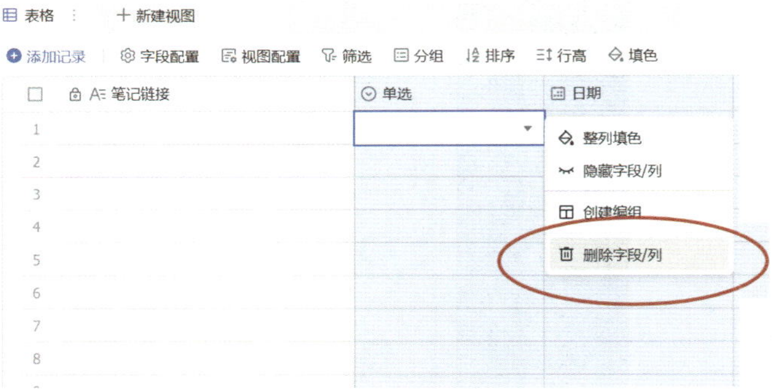

图 5.20　删除其他列

（3）复制小红书笔记链接并粘贴到表格中，如图 5.21 所示。

（4）单击右上角的“多维表格插件”按钮，如图 5.22 所示。

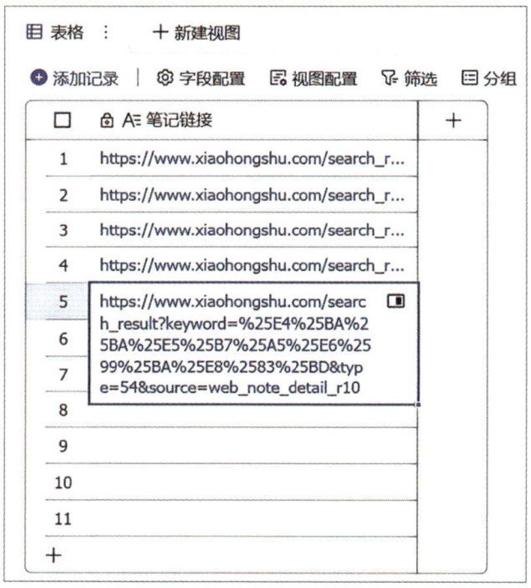

图 5.21　添加链接

图 5.22　添加多维表格插件

（5）单击下方的“探索插件市场”按钮，如图 5.23 所示，搜索、添加“小红书助手”插件，如图 5.24 所示。

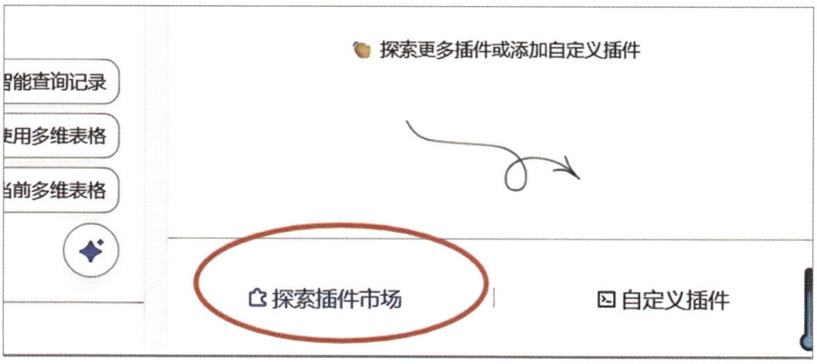

图 5.23　“探索插件市场”按钮

图 5.24　添加“小红书助手”插件

（6）配置插件参数并获取数据。

①选择“笔记链接”列，在下方选择需要提取的内容标题，如图 5.25 所示。

图 5.25　配置参数

②不同浏览器获取Cookie的方法不一样，以Microsoft Edge浏览器为例，在浏览器页面打开小红书并登录，在空白处右击，在弹出的快捷菜单中选择“检查”命令以获取Cookie，如图 5.26 所示。

③在“检查”工具中，单击上方的“网络”按钮，再在界面中单击“Fetch/XHR”按钮，然后单击左侧主页面中的“推荐”按钮，在右侧找到“homefeed”并单击，如图 5.27 所示。在“标头”选项卡中全选并复制Cookie内容，如图 5.28 所示。

④将复制的Cookie内容粘贴到飞书多维表格中，单击“获取数据”按钮，如图 5.29 所示。

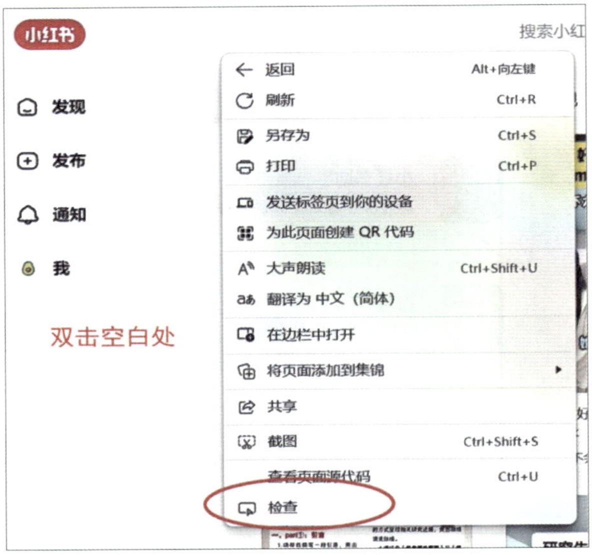

图 5.26　选择“检查”命令

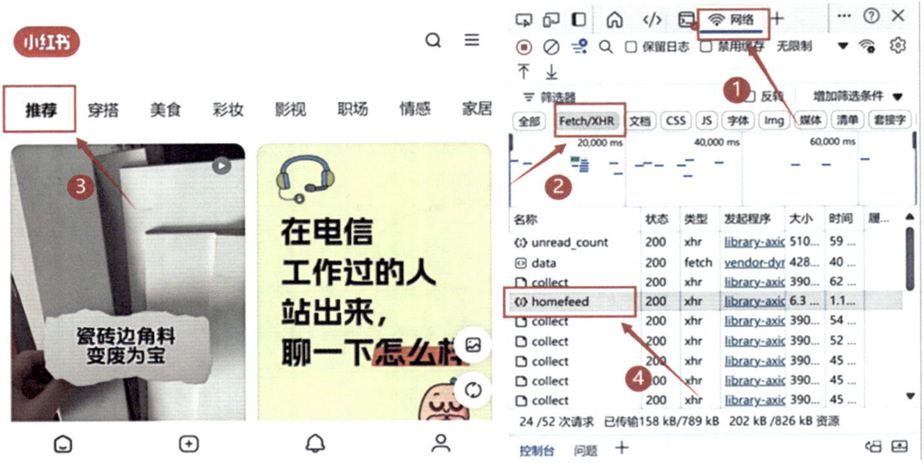

图 5.27　查找 Cookie 的过程

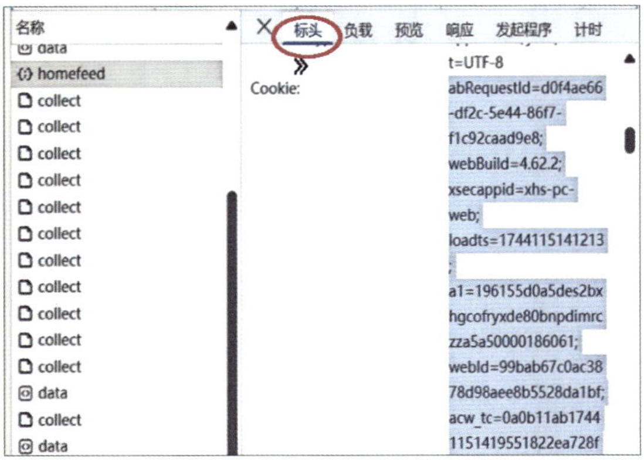

图 5.28　复制 Cookie 内容

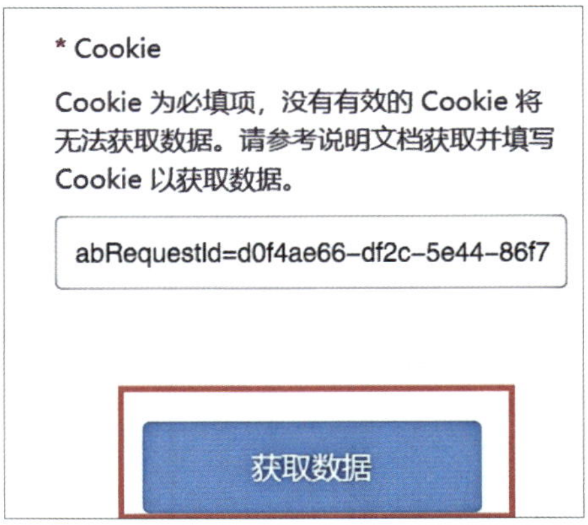

图 5.29　粘贴 Cookie 并获取数据

⑤选择需要获取数据的笔记链接，单击“确认”按钮，如图 5.30 所示。

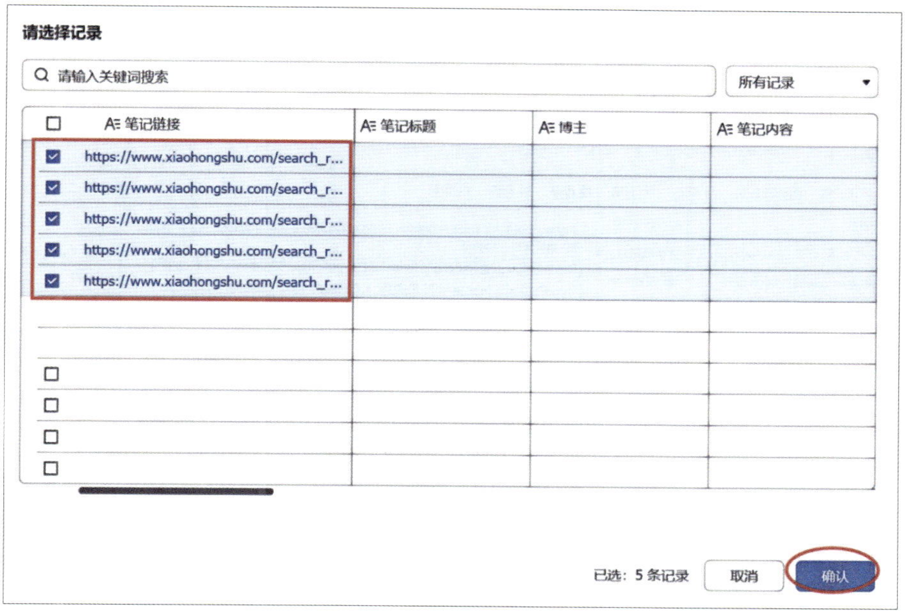

图 5.30 选择笔记链接并确认

⑥查看笔记链接中相关内容被分析提取出来的结果，如图 5.31 所示。

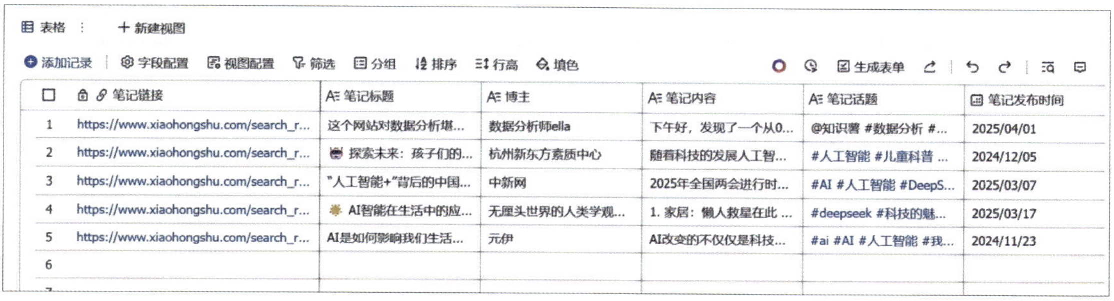

图 5.31 查看提取结果

⑦单击右上角的“搜索”图标，输入关键词，可快速查找并提取相关信息，如图 5.32 所示。

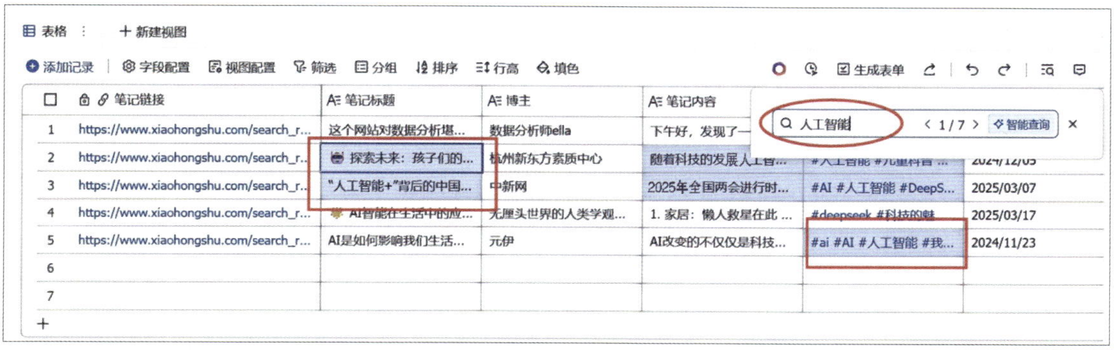

图 5.32 搜索功能的使用

（7）单击右上角的“AI”图标，输入提示词：

我想做一个关于人工智能在生活中的应用的相关文档，能不能根据这些数据给我提供一些思路？请具体举一个例子。

得到的分析结果如图 5.33 所示。

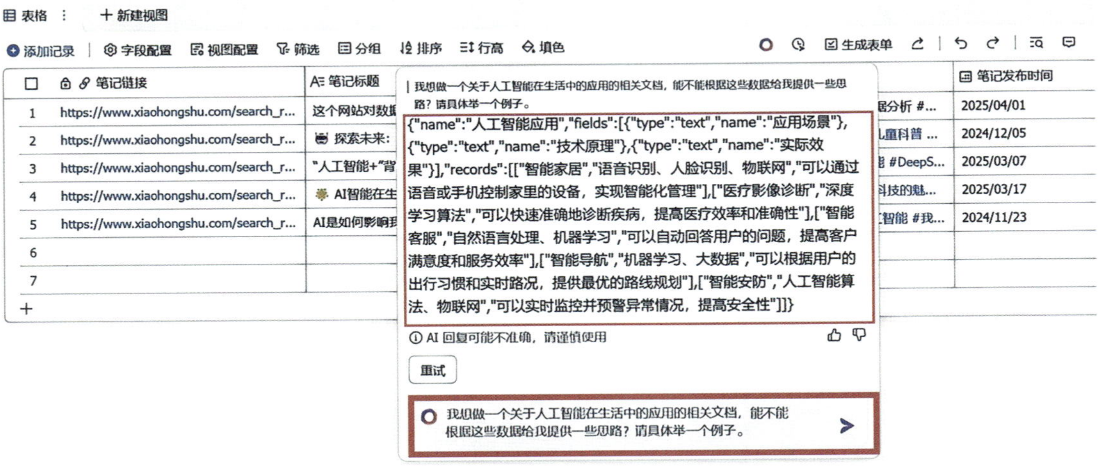
表格
+ 新建视图
添加记录
字段配置
视图配置
筛选
分组
排序
行高
填色
生成表单
笔记链接
笔记标题
笔记发布时间
https://www.xiaohongshu.com/search_r...
2025/04/01
2024/12/05
2025/03/07
2025/03/17
2024/11/23
我想做一个关于人工智能在生活中的应用的相关文档，能不能根据这些数据给我提供一些思路？请具体举一个例子。
{"name":"人工智能应用","fields":[{"type":"text","name":"应用场景"},{"type":"text","name":"技术原理"},{"type":"text","name":"实际效果"}],"records":[["智能家居","语音识别、人脸识别、物联网","可以通过语音或手机控制家里的设备，实现智能化管理"],["医疗影像诊断","深度学习算法","可以快速准确地诊断疾病，提高医疗效率和准确性"],["智能客服","自然语言处理、机器学习","可以自动回答用户的问题，提高客户满意度和服务效率"],["智能导航","机器学习、大数据","可以根据用户的出行习惯和实时路况，提供最优的路线规划"],["智能安防","人工智能算法、物联网","可以实时监控并预警异常情况，提高安全性"]]}
AI 回复可能不准确，请谨慎使用
重试
我想做一个关于人工智能在生活中的应用的相关文档，能不能根据这些数据给我提供一些思路？请具体举一个例子。

图 5.33 DeepSeek 分析结果

项目 2 数据分析工具可视化应用

实验目的

（1）掌握 Excel 和 DeepSeek 等多元工具的数据可视化基础操作。

（2）学习镝数聚平台的数据获取与可视化呈现方法。

（3）对比不同工具在数据可视化中的特点与应用场景。

（4）培养数据可视化思维，提升数据分析结果的呈现能力。

案例 1 数据可视化综合应用

数据可视化能够直观地展示数据中的规律和趋势，为决策提供有力支持。选择一个实际的数据分析项目，如校园生活满意度调查、课程成绩分析等，收集相关数据并整理成表格形式，使用 DeepSeek 进行数据导入、清洗、分析和可视化，最后根据可视化结果撰写分析报告，展示数据中的规律和趋势，并提出相应的建议和决策支持。

本案例中是对三个班级的成绩进行汇总分析。要求效果直观并给出教学调整策略，将三个班级的成绩汇总到一个表格中，并给出可视化图表展示和分析数据。

操作步骤

（1）数据准备。

准备某高校三个班级的成绩表，三个班级的成绩信息分别显示在三个不同的工作表中，如图 5.34 所示。

姓名	班级	大学体育	高等数学	大学语文	中国近现代	大学物理	大学英语
段智超	2020物联网工程03班	90	66	83	79	50	64
喻奇	2020物联网工程03班	99	60	80	60	79	62
谭思琪	2020物联网工程03班	84	75	85	68	55	73
鲁启航	2020物联网工程03班	91	79	86	55	60	61
陈柯棚	2020物联网工程03班	97	52	84	82	60	78
夏英豪	2020物联网工程03班	90	60	78	55	55	61
戴喆	2020物联网工程03班	90	41	88	74	60	77
陈龙	2020物联网工程03班	91	36	80	60	60	61
叶向俊	2020物联网工程03班	84	64	87	68	66	77
陶昊	2020物联网工程03班	97	68	72	70	71	62
刘洋	2020物联网工程03班	85	64	70	73	83	60
龚雨洁	2020物联网工程03班	86	62	86	73	50	63
李连策	2020物联网工程03班	99	56	92	73	69	74
李一凡	2020物联网工程03班	94	51	89	67	60	67
刘晓曦	2020物联网工程03班	90	55	73	71	53	76
姜亚哲	2020物联网工程03班	90	55	64	74	65	60
唐晓欢	2020物联网工程03班	94	47	89	72	53	69

2020物联网工程01班　2020物联网工程02班　2020物联网工程03班

就绪　辅助功能：一切就绪

图 5.34　数据准备

（2）创建数据透视表。

①在 Excel 中打开“2020 物联网工程 01 班”工作表。

②使用 Alt+D+P 组合键打开“数据透视表和数据透视图向导”对话框，选择“多重合并计算数据区域”单选按钮，单击“下一步”按钮，如图 5.35 所示。

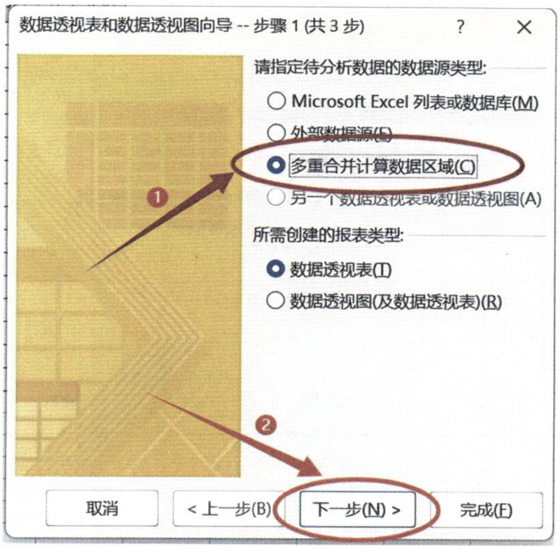

图 5.35　多重合并计算数据区域配置

③选择“自定义页字段”单选按钮，单击“下一步”按钮，如图 5.36 所示。

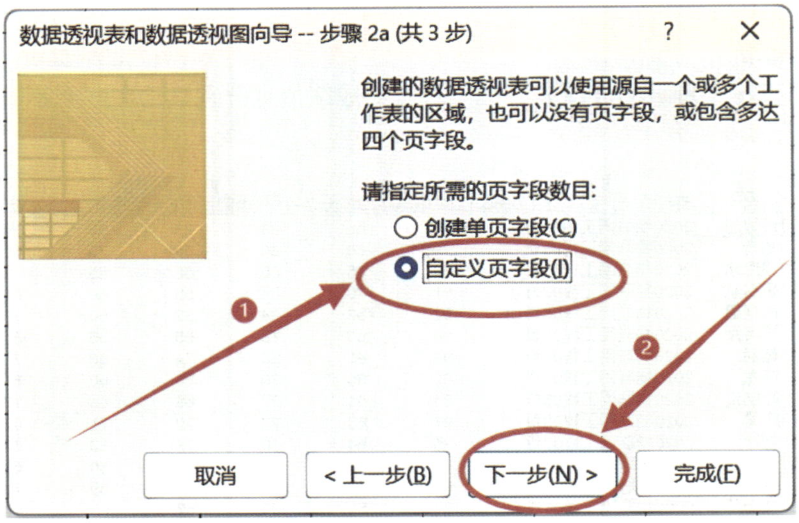

图 5.36　自定义页字段配置

④单击“选定区域”输入框，将数据信息全选，输入框中会出现所选择的数据区域地址，如图 5.37 所示。

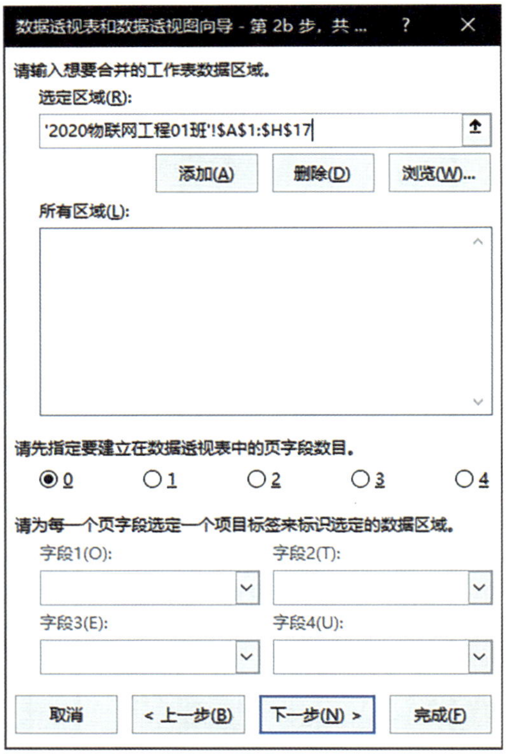

图 5.37　选定区域

⑤单击“添加”按钮，所选区域地址出现在“所有区域”栏内。此后依次添加另外两个班级的数据，如图 5.38 和图 5.39 所示。

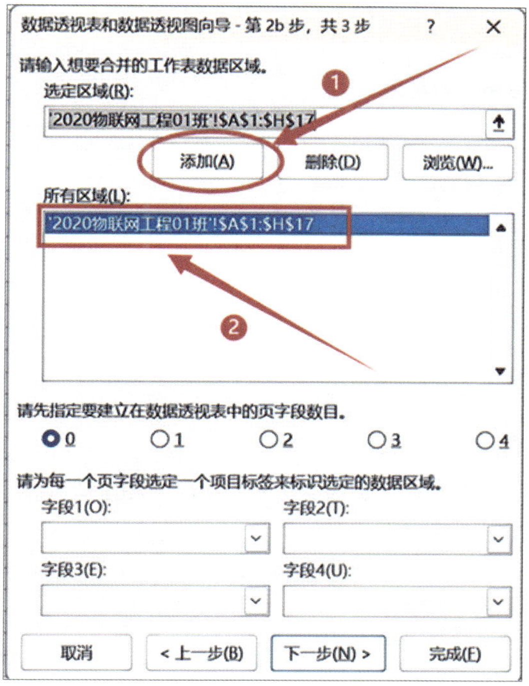

图 5.38　添加数据

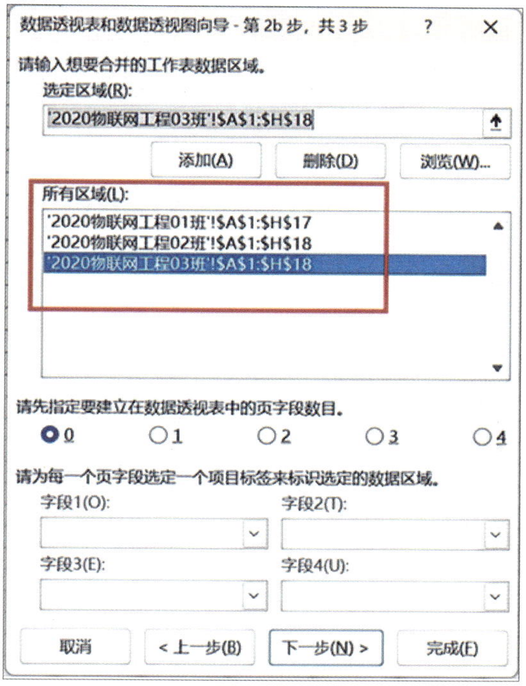

图 5.39　三个班级数据添加完成

⑥在“所有区域”栏中选择“'2020 物联网工程 01 班'!$A$1：$H$17”，选择“1”单选按钮，设置“字段 1”为“01 班”（也可自定义为其他名字），如图 5.40 所示，之后依次为其他班级设置字段名称，单击“下一步”按钮。

（3）创建数据透视图。

①选择“新工作表”单选按钮，单击“完成”按钮，如图 5.41 所示，生成数据透视表，如图 5.42 所示。

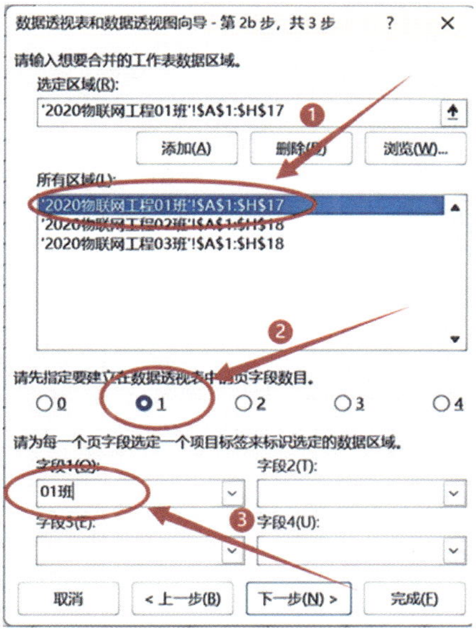

图 5.40　字段配置

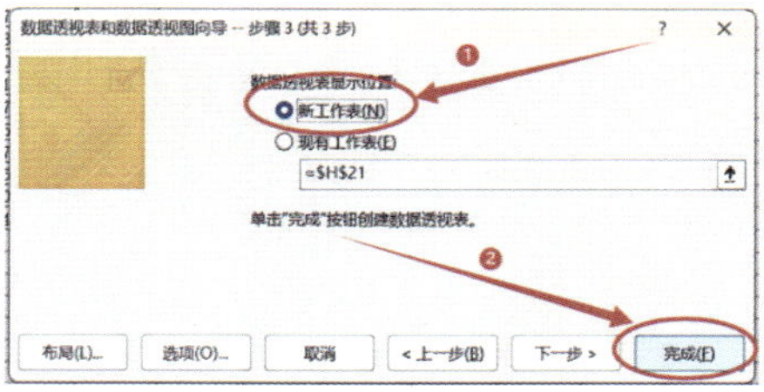

图 5.41　数据透视表显示位置配置

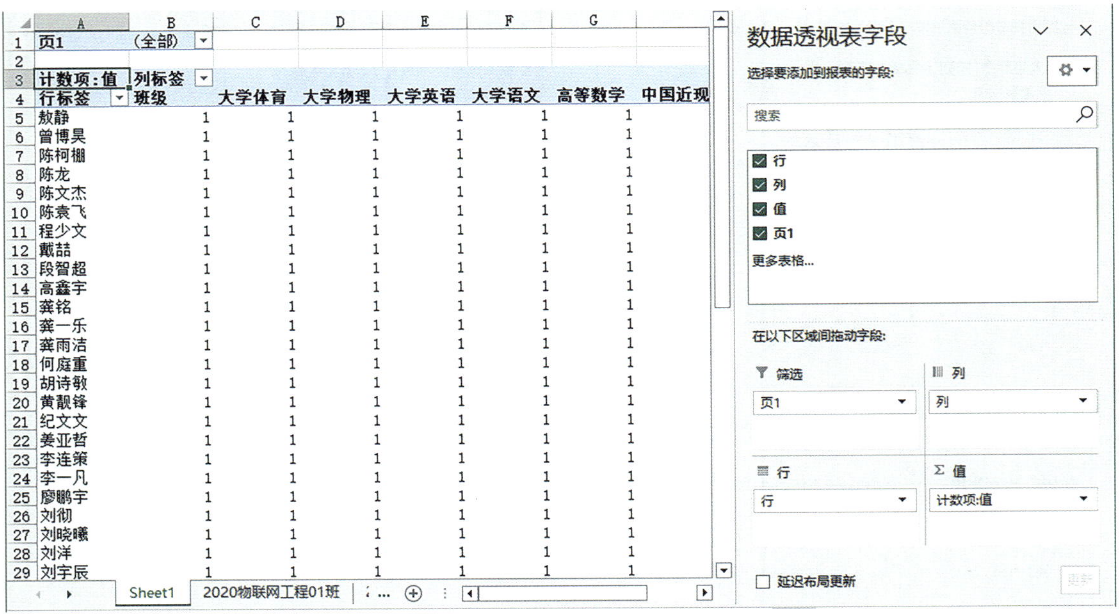

图 5.42　生成数据透视表

②在“数据透视表字段”窗格中右击“计数项：值”，在弹出的快捷菜单中选择“值字段设置”，如图5.43所示。在弹出的“值字段设置”对话框中，设置“计算类型”为“求和”，单击“确定”按钮，如图5.44所示。值字段设置结果如图5.45所示。

③单击“数据透视表分析”→“数据透视图”按钮，如图5.46所示。

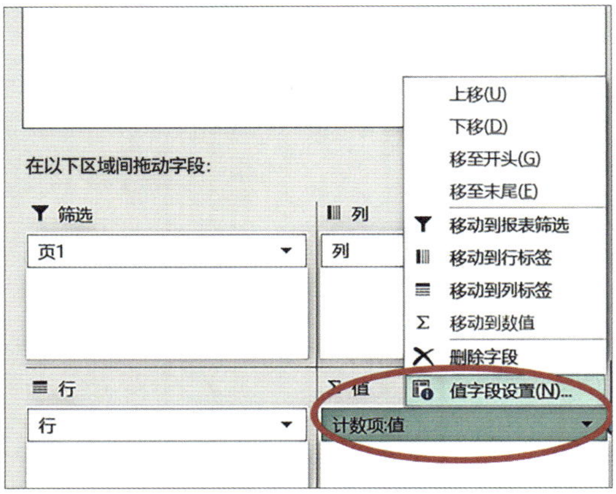

图 5.43　选择“值字段设置”

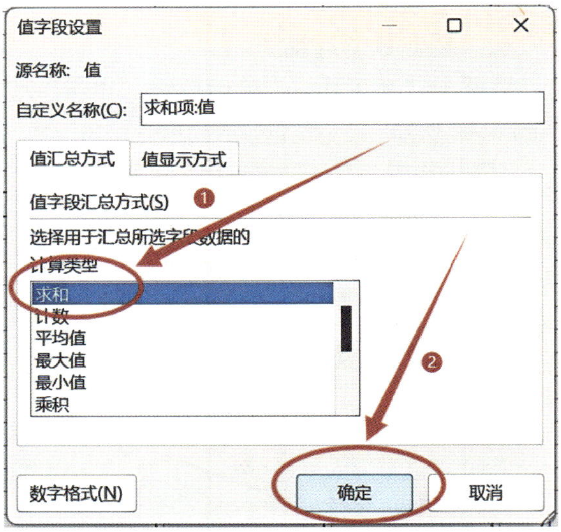

图 5.44　设置计算方式

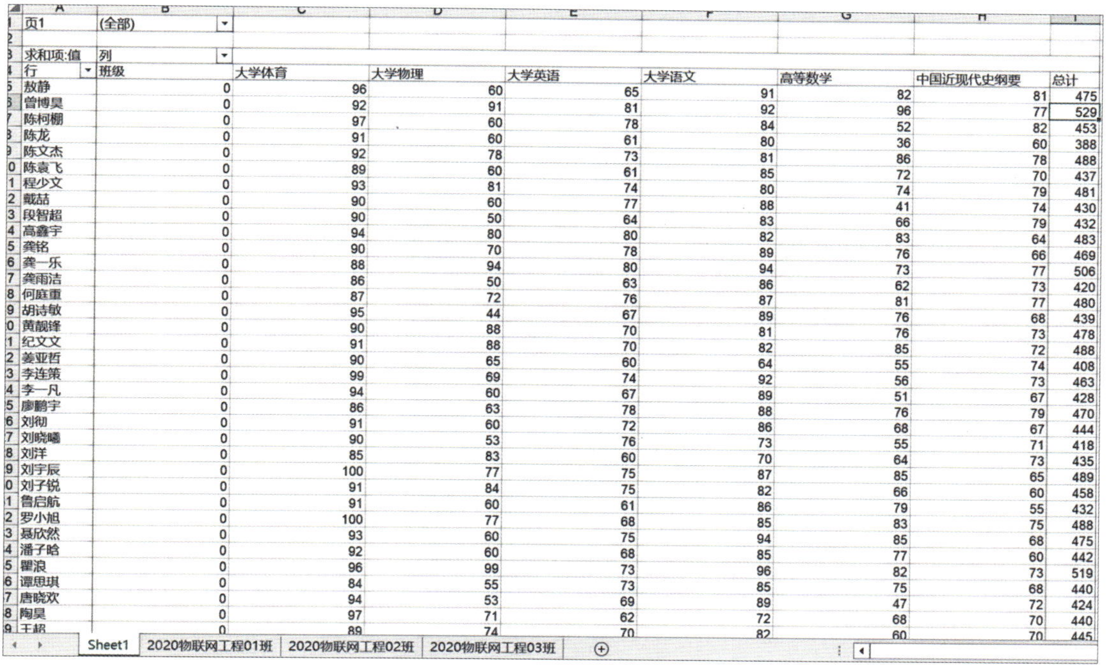

页1	(全部)							
求和项:值	列							
行	班级	大学体育	大学物理	大学英语	大学语文	高等数学	中国近现代史纲要	总计
敖静	0	96	60	65	91	82	81	475
曾博昊	0	92	91	81	92	96	77	529
陈柯棚	0	97	60	78	84	52	82	453
陈龙	0	91	60	61	80	36	60	388
陈文杰	0	92	78	73	81	86	78	488
陈袁飞	0	89	60	61	85	72	70	437
程少文	0	93	81	74	80	74	79	481
戴喆	0	90	60	77	88	41	74	430
段智超	0	90	50	64	83	66	79	432
高鑫宇	0	94	80	80	82	83	64	483
龚铭	0	90	70	78	89	76	66	469
龚一乐	0	88	94	80	94	73	77	506
龚雨洁	0	86	50	63	86	62	73	420
何庭重	0	87	72	76	87	81	77	480
胡诗敏	0	95	44	67	89	76	68	439
黄靓锋	0	90	88	70	81	76	73	478
纪文文	0	91	88	70	82	85	72	488
姜亚哲	0	90	65	60	64	55	74	408
李连策	0	99	69	74	92	56	73	463
李一凡	0	94	60	67	89	51	67	428
廖鹏宇	0	86	63	78	88	76	79	470
刘彻	0	91	60	72	86	68	67	444
刘晓曦	0	90	53	76	73	55	71	418
刘洋	0	85	83	60	70	64	73	435
刘宇辰	0	100	77	75	87	85	65	489
刘子锐	0	91	84	75	82	66	60	458
鲁启航	0	91	60	61	86	79	55	432
罗小旭	0	100	77	68	85	83	75	488
聂欣然	0	93	60	75	94	85	68	475
潘子晗	0	92	60	68	85	77	60	442
瞿浪	0	96	99	73	96	82	73	519
谭思琪	0	84	55	73	85	75	68	440
唐晓欢	0	94	53	69	89	47	72	424
陶昊	0	97	71	62	72	68	70	440
王超	0	89	74	70	82	60	70	445

图 5.45 值字段设置结果

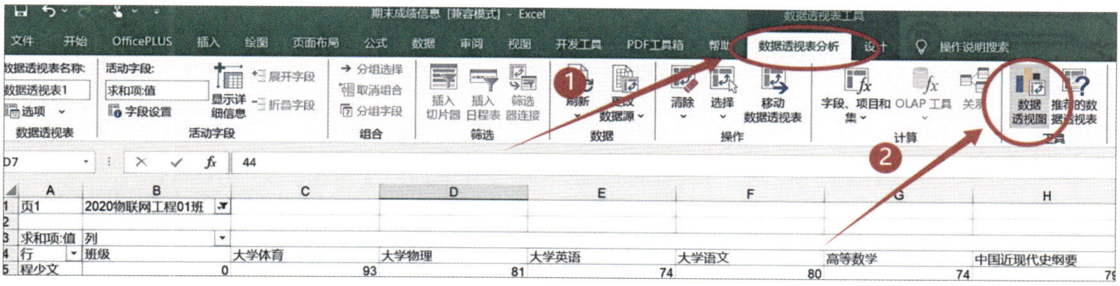

图 5.46 数据透视图

④根据需求选择图表类型，确认后得到可视化图表，如图 5.47 所示。

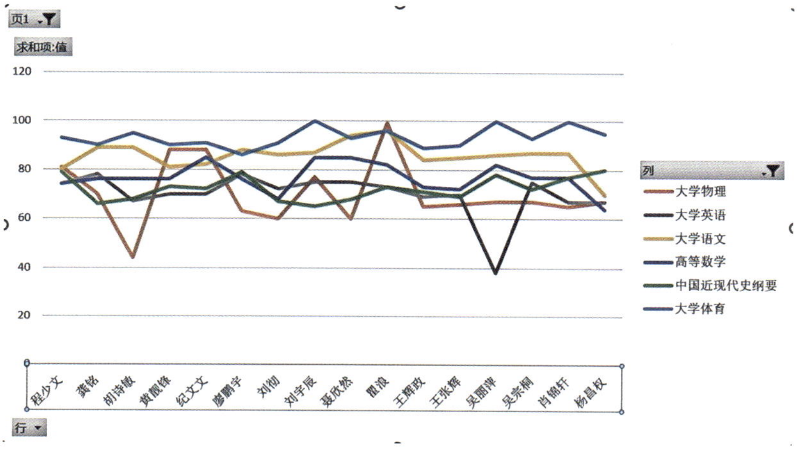

图 5.47 可视化图表

（4）上传数据至小浣熊网站，输入分析要求，查看可视化结果。

①登录小浣熊官网，网址为https://xiaohuanxiong.com，如图 5.48 所示，进入“办公小浣熊”页面后选择“数据分析”，如图 5.49 所示。

图 5.48　小浣熊的官网

图 5.49　选择“数据分析”

②上传需要分析的表格并输入提示词，如图 5.50 所示：

这是一份学生期末成绩表文件，该数据用于支持完成对学生的成绩进行总结并展示出各学科的成绩分布情况的工作。请读取文件中的数据，进行各科成绩分布情况的总结，并绘制出柱状图，用于观测各学科成绩分布情况。

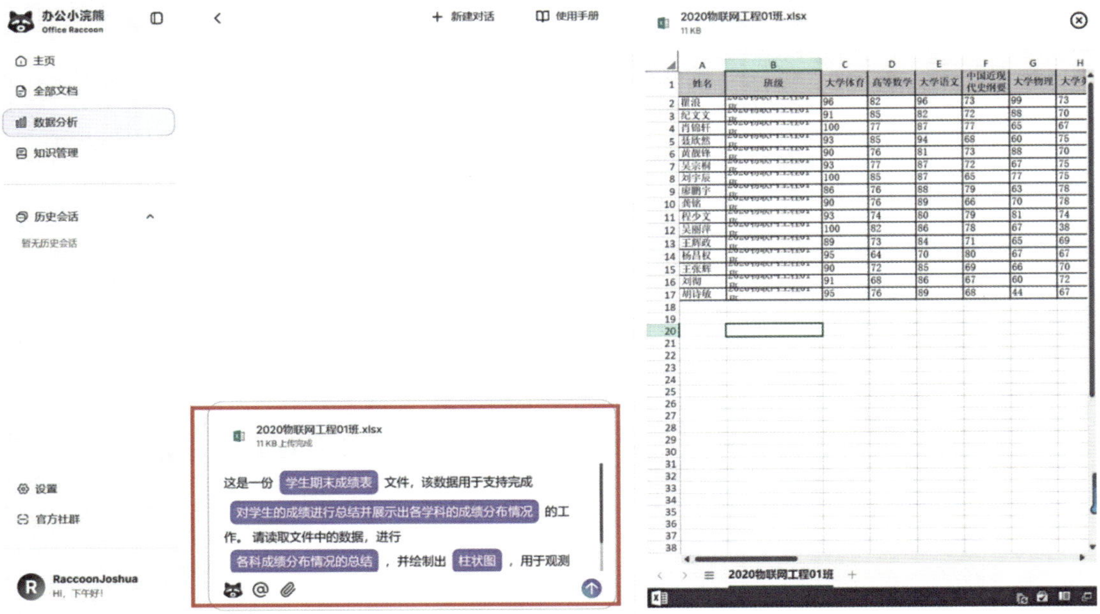

图 5.50　上传数据和输入分析要求

③AI会显示需要的可视化图表，鼠标指针放置的位置会出现相关数据信息，如图 5.51 所示。

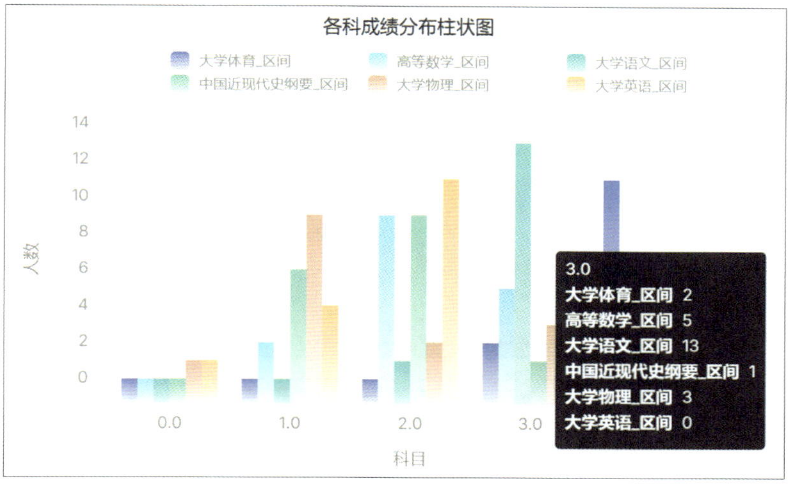
各科成绩分布柱状图
大学体育_区间
高等数学_区间
大学语文_区间
中国近现代史纲要_区间
大学物理_区间
大学英语_区间
14
12
10
8
6
4
2
0
人数
0.0
1.0
2.0
3.0
科目
3.0
大学体育_区间 2
高等数学_区间 5
大学语文_区间 13
中国近现代史纲要_区间 1
大学物理_区间 3
大学英语_区间 0

图 5.51　可视化结果

（5）使用DeepSeek进行深度分析。

打开DeepSeek，开启深度思考（R1）模式，上传整合好的数据信息，输入提示词，如图 5.52 所示：

这是一份学生的期末成绩表，记录了学生的各科成绩以及总成绩，请分析表格中的数据信息，总结本学期学生的学习情况，分析数据中的规律和趋势，并提出相应的教学建议和改进方向。

DeepSeek给出的分析结果如图 5.53 所示。

我是 DeepSeek，很高兴见到你！
我可以帮你写代码、读文件、写作各种创意内容，请把你的任务交给我吧~
仅识别附件中的文字
工作簿1.xlsx
XLSX 12.44KB
这是一份学生的期末成绩表，记录了学生的各科成绩以及总成绩，请分析表格中的数据信息，总结本学期学生的学习情况，分析数据中的规律和趋势，并提出相应的教学建议和改进方向
深度思考 (R1)
联网搜索

图 5.52　输入提示词

已深度思考（用时 19 秒）
学生学习情况总结与分析
1. 总成绩分布
最高分：529分（曾博昊），最低分：388分（陈龙），平均分≈459分（总人数39人，总分约1
分）。
成绩区间：
500分以上：2人（曾博昊、张奕）；
450-499分：17人；
400-449分：15人；
400分以下：5人。
趋势：班级整体成绩呈正态分布，中段学生集中，但低分段（<400分）占比约12.8%，需关注。
2. 科目表现分析
科目 平均分 标准差 最低分 最高分 不及格（<60分）人数
大学体育 92.7 4.1 84 100 0

图 5.53　DeepSeek的分析结果（部分）

案例 2　数据分析工具

镝数聚平台提供了丰富的公开数据集和便捷的数据可视化功能，有助于用户快速获取数据并进行简单分析。

本案例将展示镝数聚平台的基本功能，包括数据获取、筛选、排序和可视化。通过本案例，可熟悉镝数聚平台的使用方法，掌握数据获取和简单分析的技能，理解数据可视化的基本概念和操作流程，为后续深入的数据分析工作奠定基础。

操作步骤

（1）登录镝数聚官网，网址为https://www.dydata.io，如图 5.54 所示，在搜索栏中输入想要查找的数据内容，单击“搜索”按钮。

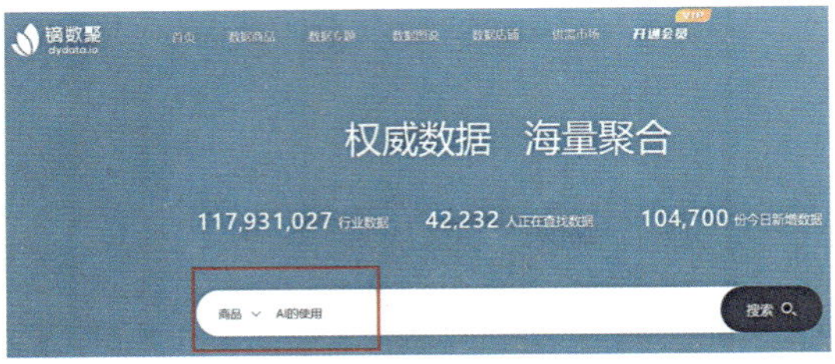

图 5.54　镝数聚官网

（2）根据需求筛选数据信息，条件包括“时间”“国家”以及“数据类型”，如图 5.55 所示。选中所需数据后，进入详情页面，单击下载链接，可下载数据集，如图 5.56 所示。

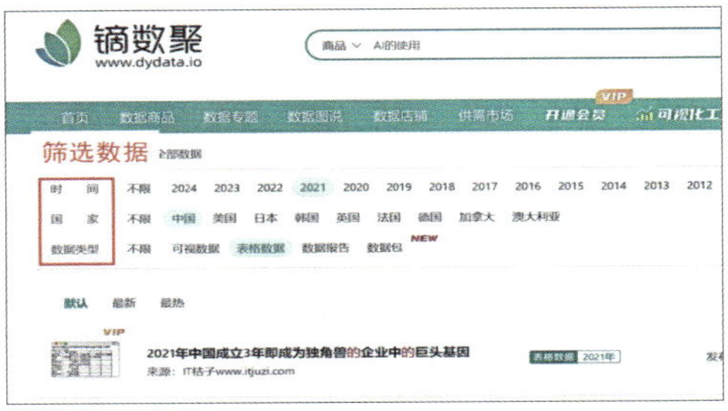

图 5.55　筛选数据信息

图 5.56　下载数据信息

（3）在 Excel 中打开下载的数据文件，根据需要进行数据修改和删除操作，确保数据的准确性和完整性，如图 5.57 所示。

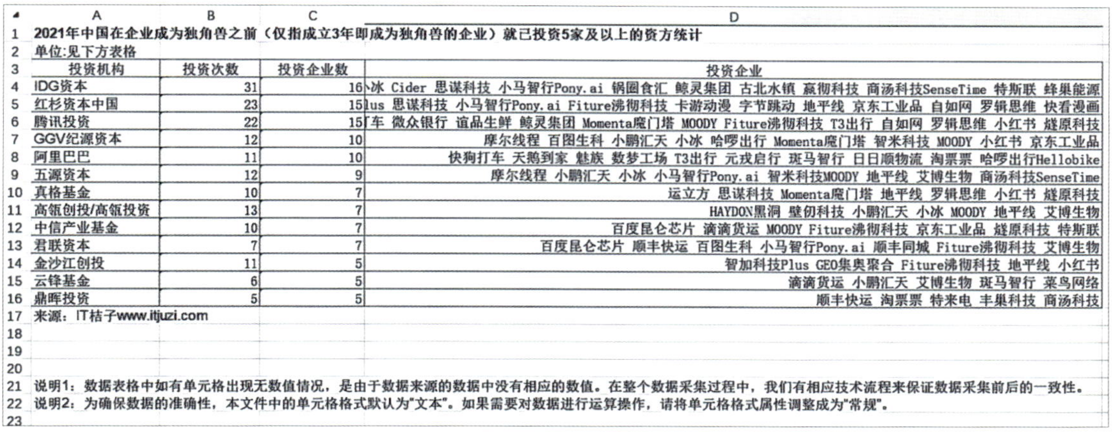

	A	B	C	D
1	2021年中国在企业成为独角兽之前（仅指成立3年即成为独角兽的企业）就已投资5家及以上的资方统计			
2	单位:见下方表格			
3	投资机构	投资次数	投资企业数	投资企业
4	IDG资本	31	16	冰 Cider 思谋科技 小马智行Pony.ai 锅圈食汇 鲸灵集团 古北水镇 赢彻科技 商汤科技SenseTime 特斯联 蜂巢能源
5	红杉资本中国	23	15	lus 思谋科技 小马智行Pony.ai Fiture沸彻科技 卡游动漫 字节跳动 地平线 京东工业品 自如网 罗辑思维 快看漫画
6	腾讯投资	22	15	车 微众银行 谊品生鲜 鲸灵集团 Momenta魔门塔 MOODY Fiture沸彻科技 T3出行 自如网 罗辑思维 小红书 燧原科技
7	GGV纪源资本	12	10	摩尔线程 百图生科 小鹏汇天 小冰 哈啰出行 Momenta魔门塔 智米科技 MOODY 小红书 京东工业品
8	阿里巴巴	11	10	快狗打车 天鹅到家 魅族 数梦工场 T3出行 元戎启行 斑马智行 日日顺物流 淘票票 哈啰出行Hellobike
9	五源资本	12	9	摩尔线程 小鹏汇天 小冰 小马智行Pony.ai 智米科技MOODY 地平线 艾博生物 商汤科技SenseTime
10	真格基金	10	7	运立方 思谋科技 Momenta魔门塔 地平线 罗辑思维 小红书 燧原科技
11	高瓴创投/高瓴投资	13	7	HAYDON黑洞 壁仞科技 小鹏汇天 小冰 MOODY 地平线 艾博生物
12	中信产业基金	10	7	百度昆仑芯片 滴滴货运 MOODY Fiture沸彻科技 京东工业品 燧原科技 特斯联
13	君联资本	7	7	百度昆仑芯片 顺丰快运 百图生科 小马智行Pony.ai 顺丰同城 Fiture沸彻科技 艾博生物
14	金沙江创投	11	5	智加科技Plus GEO集奥聚合 Fiture沸彻科技 地平线 小红书
15	云锋基金	6	5	滴滴货运 小鹏汇天 艾博生物 斑马智行 菜鸟网络
16	鼎晖投资	5	5	顺丰快运 淘票票 特来电 丰巢科技 商汤科技
17	来源：IT桔子www.itjuzi.com			
18				
19				
20				
21	说明1：数据表格中如有单元格出现无数值情况，是由于数据来源的数据中没有相应的数值。在整个数据采集过程中，我们有相应技术流程来保证数据采集前后的一致性。			
22	说明2：为确保数据的准确性，本文件中的单元格格式默认为"文本"。如果需要对数据进行运算操作，请将单元格格式属性调整成为"常规"。			
23				

图 5.57　下载的数据文件

（4）在镝数聚首页搜索栏选择图说，或者直接在下方单击“数据图说”按钮，输入想要查找的图表内容，搜索并选择合适的图表模板，如图 5.58 所示。

（5）单击下载链接，如图 5.59 所示，下载所选图表，下载完成后，可以在本地进一步编辑和使用。

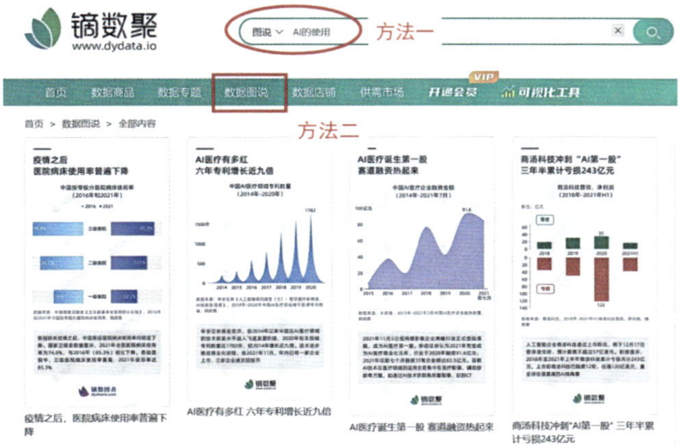

图 5.58　查找图表模板

图 5.59　图表下载

思考与练习

有如表 5.1 所示的销售订单数据。

表 5.1　销售订单数据

订单 ID	客户 ID	地区	产品 ID	产品名称	订单金额 / 元	订单日期	客户类型
10001	C001	华东	P001	智能手机 X	15800	202X-01-15	VIP

续表

订单ID	客户ID	地区	产品ID	产品名称	订单金额/元	订单日期	客户类型
10002	C002	华北	P002	无线耳机Pro	8200	202X-02-20	普通
10003	C003	华东	P003	平板电脑Max	12500	202X-03-05	VIP
10004	C004	华南	P001	智能手机X	9500	202X-03-18	普通
10005	C005	华东	P004	智能手表A	4500	202X-04-10	VIP
10006	C006	华东	P005	VR设备V1	7800	202X-05-22	企业
10007	C007	华北	P002	无线耳机Pro	8500	202X-06-15	普通
10008	C008	华东	P003	平板电脑Max	13000	202X-07-01	VIP
10009	C009	华南	P001	智能手机X	9800	202X-08-12	企业
10010	C010	华东	P004	智能手表A	4800	202X-09-25	普通
……	……	……	……	……	……	……	……
10030	C030	西南	P005	VR设备V1	7900	202X-12-30	普通

利用AI完成以下操作：

（1）使用Excel筛选功能，找出华东地区所有订单，以及订单金额>10 000元的记录。将筛选结果复制到新工作表中，新工作表命名为“华东高价值订单”。

（2）创建“客户订单汇总表”工作表，关联销售订单数据补充完整“客户价值等级”：总金额大于50 000元的为VIP客户；在30 000元～50 000元（含）范围内的为重要客户；在10 000元～30 000元（含）范围内的为普通客户；不大于10 000元的为潜在客户。

示例结果如表5.2所示。

表5.2 客户订单汇总表示例

客户ID	订单数量	订单总金额/元	客户价值等级
C001	3	47400	VIP
C003	2	25500	重要客户

（3）在“销售订单数据”工作表中，用红色填充标记订购产品为“智能手机X”的用户。

（4）分析数据找出“年度销售额TOP5客户”和“滞销产品TOP3”，将分析结果整理成简明报告（3～5句话），并回答：哪些客户贡献最大？哪些产品需要重点关注？

第 6 章 智能体开发

在人工智能领域，智能体（agent）是一个核心概念，它指的是一种能够感知环境并作出决策以实现特定目标的自主实体，它可以被看作一个具有特定功能和行为能力的“机器人”，能够根据预设的规则和逻辑自动响应用户的请求或执行特定的操作。在实际应用中，智能体可以表现为聊天机器人、自动化助手、推荐系统等，它们可以独立配置，以满足不同的业务需求，通过与用户的交互来提供服务或解决问题。智能体通常具备以下特点。

①自主性：能够独立运行，无须人工干预。

②交互性：能够与用户或其他系统进行交互。

③适应性：能够根据环境变化调整自己的行为。

随着大模型技术的迅猛发展，智能体的能力得到了极大提升。然而，现实世界中的工作任务往往复杂多样，仅依靠单次大模型调用难以满足需求。许多任务需要多个步骤、多种技术的协同配合才能完成，例如从数据收集到分析再到决策的过程，或者从用户需求理解到多轮交互并最终提供满意解决方案的服务场景。因此，工作流模式应运而生，它将复杂任务分解为一系列有序的子任务，通过合理组织和协调不同的组件与操作，实现任务的高效处理。这种模式在当前的 AI 应用开发中具有至关重要的意义，它不仅提高了任务处理的准确性和可靠性，还增强了智能体应对复杂多变环境的能力。

工作流（workflow）是一系列有序的任务或步骤，这些任务或步骤被组织起来以完成一个特定的业务目标。它定义了智能体在处理任务时的步骤顺序、数据流向以及各个步骤之间的逻辑关系，是智能体执行任务的具体流程设计。工作流通过将复杂的任务拆解为多个模块化的节点，并建立这些节点之间的数据依赖关系，使得任务的执行更加高效和有序。

工作流的主要优势包括以下几方面。

①提高效率：通过自动化和优化流程，减少人工干预，提高任务处理速度。

②增强可靠性：通过明确的步骤和规则，减少错误和遗漏。

③灵活性：可以根据不同的需求和场景进行调整和优化。

在当今这个快节奏、数据驱动的时代，工作流自动化已成为提升效率、优化业务流程的关键策略。从企业资源规划到个人任务管理，充满了工作流的应用场景。而Coze 工作流作为一种强大而灵活的工具，正是开启这一自动化之门的钥匙。Coze可以将复杂任务拆解并转化为模块化的工作流节点，通过智能体的部署与集成，实现从需求分析到发布落地的全链路工程思维。

在Coze平台中，智能体和工作流是实现自动化任务处理的两个核心组件。智能体是执行任务的主体，而工作流则是智能体执行任务的具体流程和逻辑设计，它们之间的协同关系如图 6.1 所示。通过合理设计工作流，可以为智能体赋予强大的功能，使其能够高效地完成各种复杂的任务。这种设计模式不仅提高了任务处理的效率，也使得开发者能够更加灵活地构建和管理自动化应用。

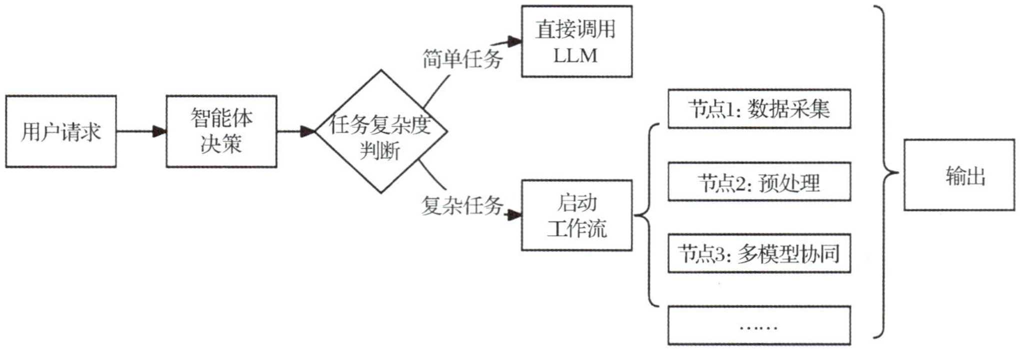

图 6.1　工作流与智能体的协同关系

Coze 工作流在多个领域具有广泛的应用场景，包括但不限于以下几种。

①智能客服系统：构建 24 小时在线客服，自动应对常见问题，并可对接企业工单系统，提高客户服务效率。

②批量内容创作：一键生成图文、短视频脚本，支持风格设定，助力内容高效产出，满足内容创作者的需求。

③个性化学习助手：上传文本生成互动故事机器人，支持语音播读与对话测验，提升学生学习兴趣，增强学生学习效果。

④专业垂直智能体：打造金融、医疗、法律等专业助手，结合知识库实现精准问答与辅助决策，为专业人士提供支持。

项目 1　Coze 工作流基础操作与智能体配置

实验目的

（1）熟悉 Coze 工作流的基本操作界面并掌握工作流程构建方法。

（2）学习智能体的创建、配置及基础属性设置。

（3）理解工作流自动化原理，实现简单任务流程自动化。

（4）培养基于 Coze 的智能流程设计与实施能力。

案例 1　“喜笑颜开”智能体搭建

本案例旨在帮助用户掌握 Coze 工作流平台的基本操作界面与工作流程构建方法，学习智能体的创建、配置及基础属性设置，深入理解工作流自动化原理，并实现简单任务流程的自动化。通过本案例，将培养基于 Coze 的智能流程设计与实施能力，为后续复杂工作流的开发奠定坚实基础。

操作步骤

（1）注册Coze。

①访问Coze官网，网址为https://www.coze.cn，单击右上角的“登录扣子”按钮，如图 6.2 所示，选择注册方式（使用手机号或第三方账号）并完成信息填写和验证步骤，然后接受服务条款并创建账户。

图 6.2　Coze注册页面

②完成注册后，系统会引导进入平台控制台。

初次使用Coze建议花几分钟时间浏览“快速入门”指南，熟悉平台的基本布局和功能区。Coze的用户界面设计直观，主要分为智能体列表、创建区、资源管理、设置等几个核心区域。

（2）创建智能体。

在Coze平台，智能体是与用户交互的核心单元。注册成功后，进入工作空间，选择“项目开发”，依次单击“创建”按钮，选择合适的模板或从头开始创建。在“创建智能体”对话框中可设置智能体的基本信息，如名称、功能介绍、图标等；配置智能体的角色定位和初始提示词，选择底层大语言模型并保存设置，如图 6.3 ～图 6.5 所示。

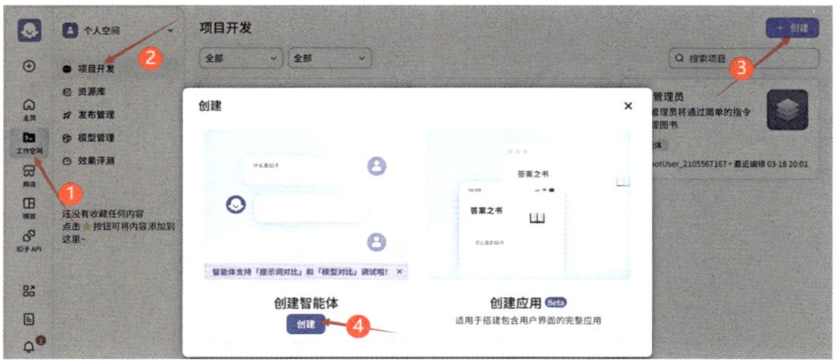

图 6.3　创建智能体界面

图 6.4　智能体角色配置界面

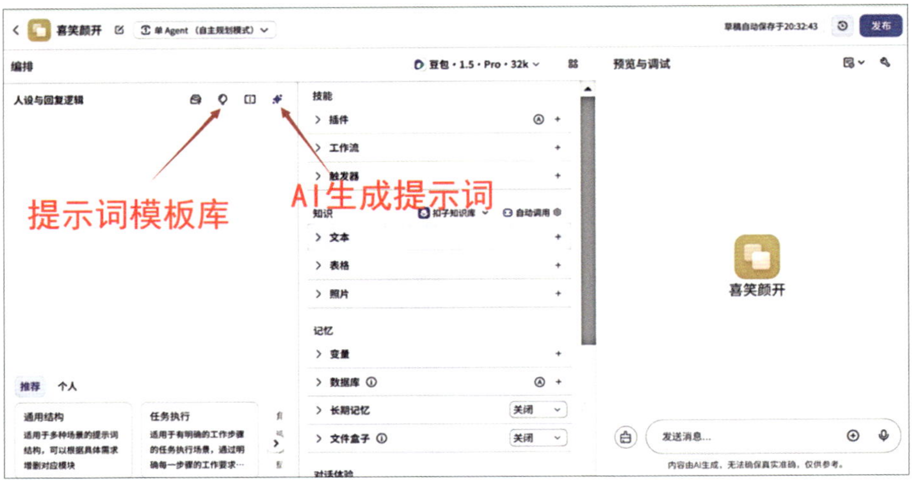
喜笑颜开
单 Agent（自主规划模式）
发布
编排
豆包·1.5·Pro·32k
预览与调试
人设与回复逻辑
技能
插件
工作流
触发器
提示词模板库
AI生成提示词
知识
文本
表格
照片
记忆
变量
数据库
长期记忆
文件盒子
关闭
推荐
个人
通用结构
任务执行
喜笑颜开
发送消息...

图 6.5　智能体提示词设置

（3）配置智能体角色与系统提示词。

系统提示词是定义智能体行为和个性的关键部分，有效的系统提示词能够使智能体表现得更加专业。其中，有效的系统提示词应包含智能体的身份和背景、专业领域和知识范围、交流风格和语气、回答问题的方式和原则、处理边界情况的指导原则等信息，如图 6.6 所示。

在智能体编辑页面，定义智能体的行为和个性，包括身份背景、专业领域等信息。例如，输入提示词，如图 6.7 所示：

你是一个幽默风趣的笑话大师，你的任务是每天给我讲一个简短的笑话。请确保笑话内容积极向上，适合所有年龄段。每次只讲一个笑话。

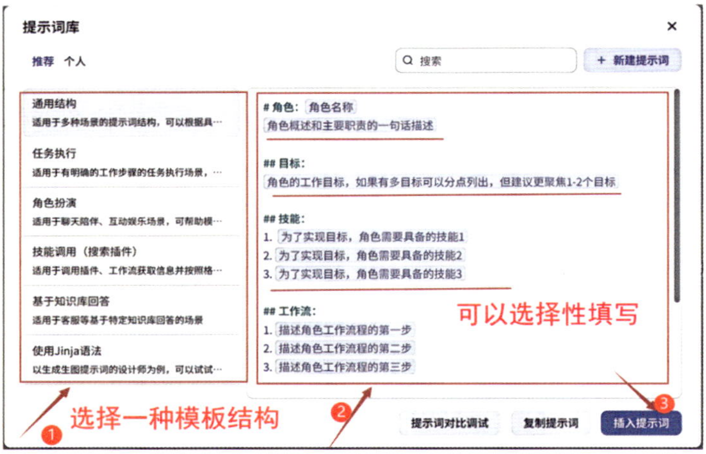
提示词库
推荐　个人
搜索
+ 新建提示词
通用结构
适用于多种场景的提示词结构，可以根据具…
任务执行
适用于有明确的工作步骤的任务执行场景，…
角色扮演
适用于聊天陪伴、互动娱乐场景，可帮助模…
技能调用（搜索插件）
适用于调用插件、工作流获取信息并按照格…
基于知识库回答
适用于客服等基于特定知识库回答的场景
使用Jinja语法
以生成生图提示词的设计师为例，可以试试…
角色：角色名称
角色概述和主要职责的一句话描述
目标：
角色的工作目标，如果有多目标可以分点列出，但建议更聚焦1-2个目标
技能：
1. 为了实现目标，角色需要具备的技能1
2. 为了实现目标，角色需要具备的技能2
3. 为了实现目标，角色需要具备的技能3
工作流：
1. 描述角色工作流程的第一步
2. 描述角色工作流程的第二步
3. 描述角色工作流程的第三步
可以选择性填写
选择一种模板结构
提示词对比调试
复制提示词
插入提示词

图 6.6　系统提示词优化示例

喜笑颜开
单 Agent（自主规划模式）
编排
人设与回复逻辑
你是一个幽默风趣的笑话大师，你的任务是每天给我讲一个简短的笑话。
请确保笑话内容积极向上，适合所有年龄段。
每次只讲一个笑话。

图 6.7　定义智能体

（4）测试发布。

Coze 提供了多种部署和集成方式，使智能体能够在各种场景中使用。在智能体编辑页面，单击右上角的“发布”按钮，如图 6.8 所示。选择目标部署平台或集成方式，配置相关参数（如可见性、访问权限、界面定制等），确认并完成部署。之后可以获取访问链

接或集成代码，监控使用情况并根据反馈持续优化。智能体发布成功界面如图 6.9 所示。

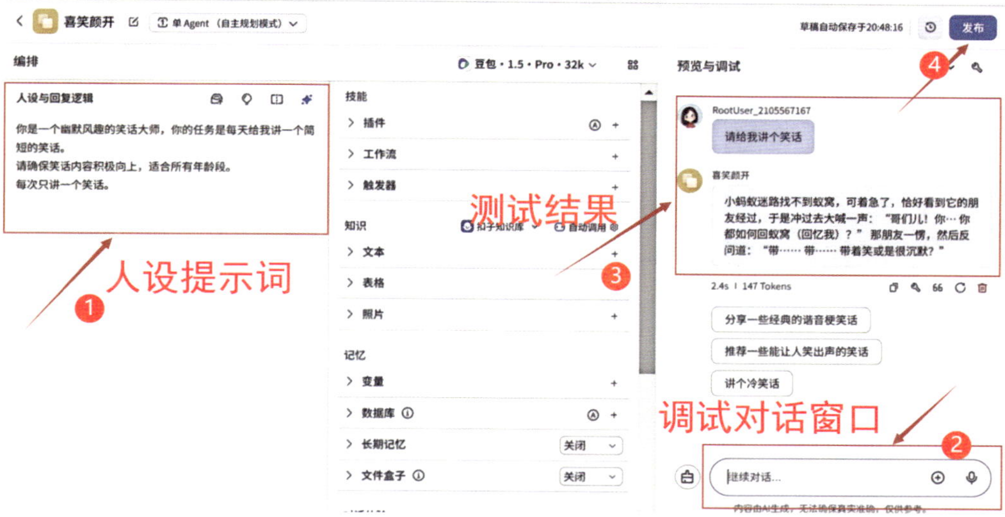

图 6.8　测试发布智能体

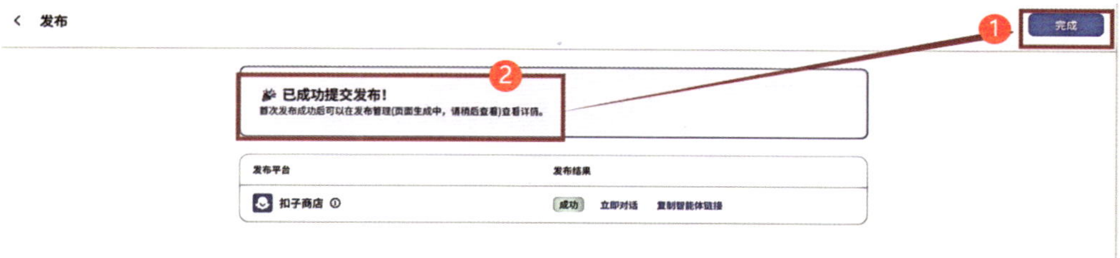

图 6.9　智能体发布成功界面

Coze 的工作流功能允许创建自动化流程，使智能体能够按预设逻辑执行一系列任务。工作流特别适合需要多步骤处理的复杂场景，如数据分析、内容生成和多平台集成。在 Coze 中，工作流就像工业流水线——将多个插件、模型、工具等任务节点，按逻辑顺序串联，让它们自动化执行，一次配置，到点触发，解放双手。

工作流核心组件如下。

①触发器（trigger）：启动工作流的条件或事件。

②动作（action）：工作流中执行的具体操作。

③条件分支（condition）：基于特定条件选择执行路径。

④循环（loop）：重复执行某些步骤。

⑤数据处理（data processing）：转换、过滤或聚合数据。

案例 2　每日天气播报工作流

操作步骤

（1）登录 Coze 平台，选择“工作空间”，在“资源库”界面中单击右上角的“资源”按钮，在下拉菜单中选择“工作流”命令，如图 6.10 所示。

▲工作流介绍视频

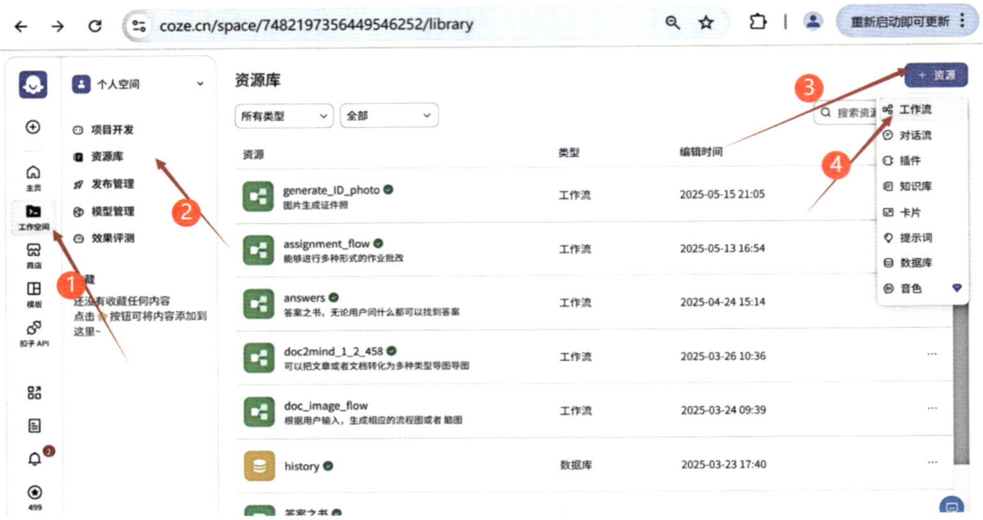

图 6.10　创建工作流

（2）工作流命名为 weather（工作流名称仅支持字母、数字、下画线，且以字母开头），描述可按需求填写，例如，“每天 7 点推送今日天气”，如图 6.11 所示。生成初始化工作流，如图 6.12 所示。

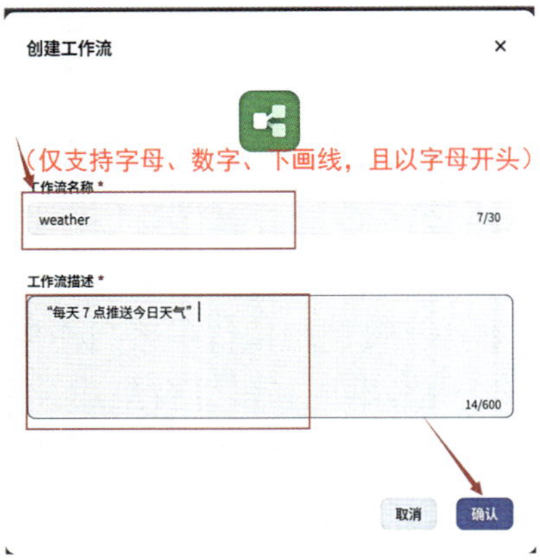

图 6.11　工作流配置

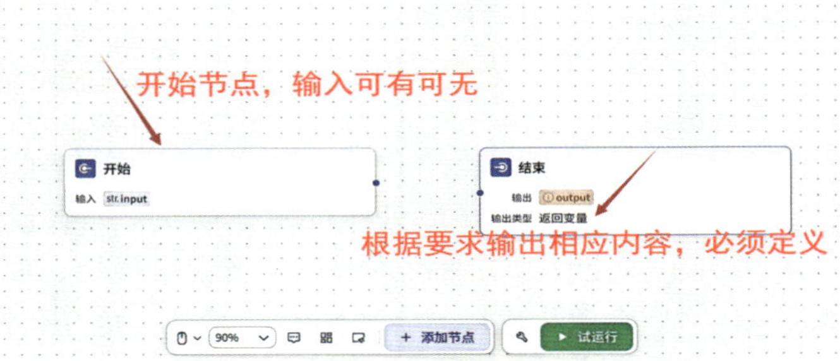

图 6.12　工作流初始化

（3）添加“天气查询”插件，如图 6.13 所示，变量设置为 data_type = now，district_id =420111，如图 6.14 所示。

Coze 平台的插件系统是其强大的功能之一，它允许智能体访问外部数据和执行特定任务，大大扩展了智能体的能力范围。目前主要插件类型有以下几种。

①官方插件：由 Coze 团队开发，涵盖网页浏览、搜索引擎、日历管理等功能。

②社区插件：由第三方开发者创建并分享的插件，丰富多样。

③自定义插件：用户根据特定需求自行开发的专属插件。

在智能体编辑页面，选择“插件”选项卡。查看详情和使用说明，单击“添加节点”按钮，浏览可用插件列表或使用搜索功能查找特定插件，单击所需插件，将其集成到智能体中，如图 6.14 所示。

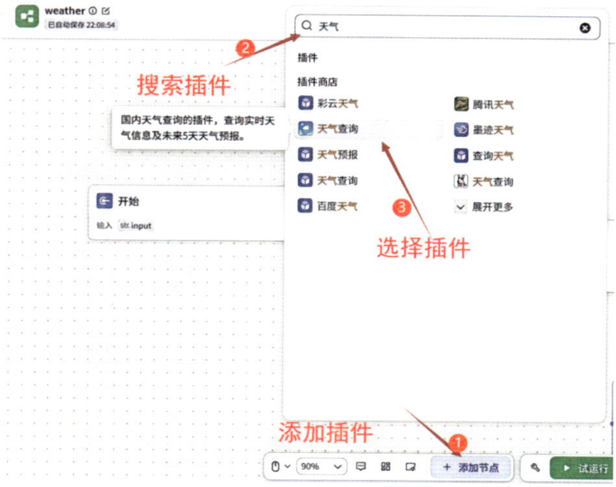

图 6.13　添加插件

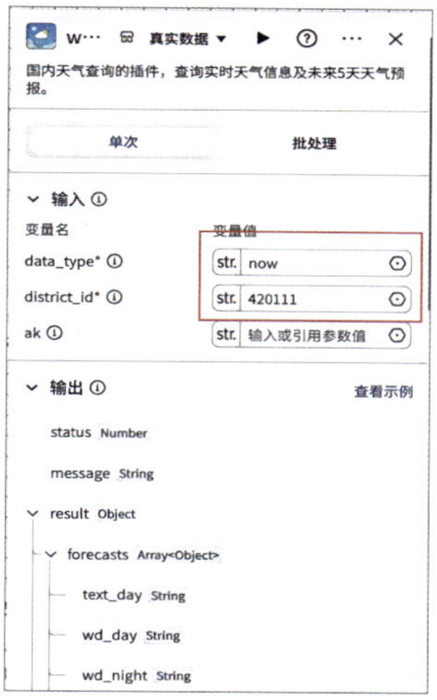

图 6.14　插件变量赋值

（4）生成贴心提示。

添加“大模型”插件节点，输入来自天气节点的 result，如图 6.15 所示。并填入如图 6.16 所示的提示词：

角色

你是一个专业的天气播报员，每天 7 点会根据{{input}}输入的天气数据生成详细的天气预报并给出贴心提醒。

技能：生成天气预报及提醒

1. 分析输入的天气数据。

2. 描述今日天气情况：温度范围、天气类型（晴、多云、降雨等）。

3. 根据天气给出生活小贴士：高温防暑、雨天携伞等。

限制：

– 仅围绕天气内容回复，不涉其他话题。

– 条理清晰、简洁明了。

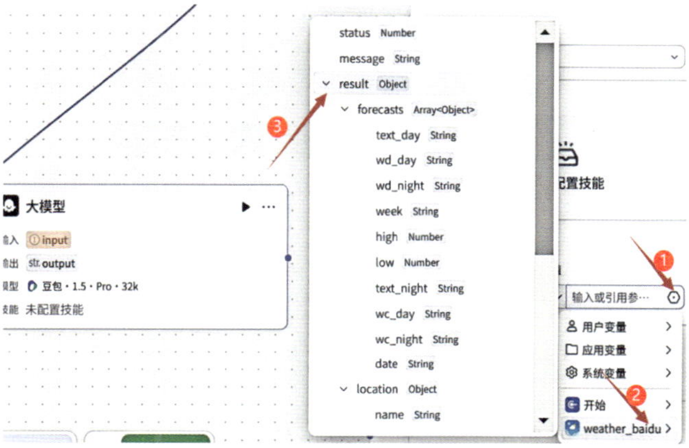

图 6.15　添加“大模型”插件节点

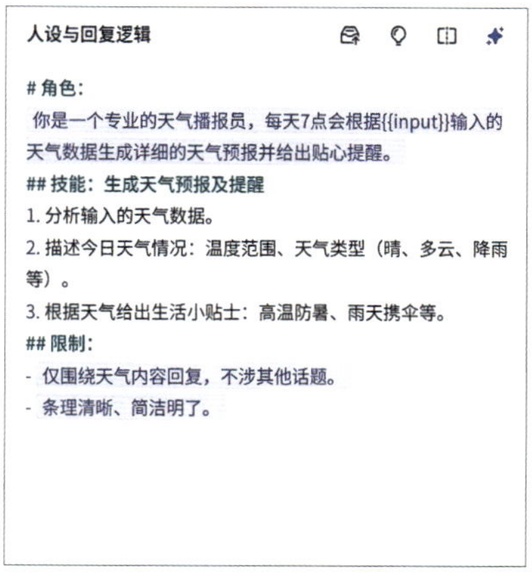

图 6.16　大模型系统提示词

（5）连接节点并设置结束节点。

添加并连接各个动作节点，形成处理流程，并将结束节点的输出设置为“大模型”节点的output，如图6.17所示。

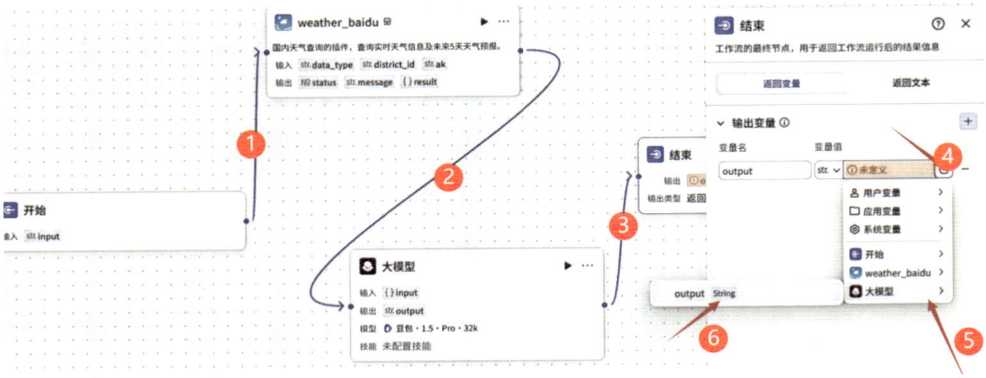

图 6.17　连接节点并设置结束节点

（6）试运行。

单击“试运行”按钮，验证流程是否正确，如图6.18所示。

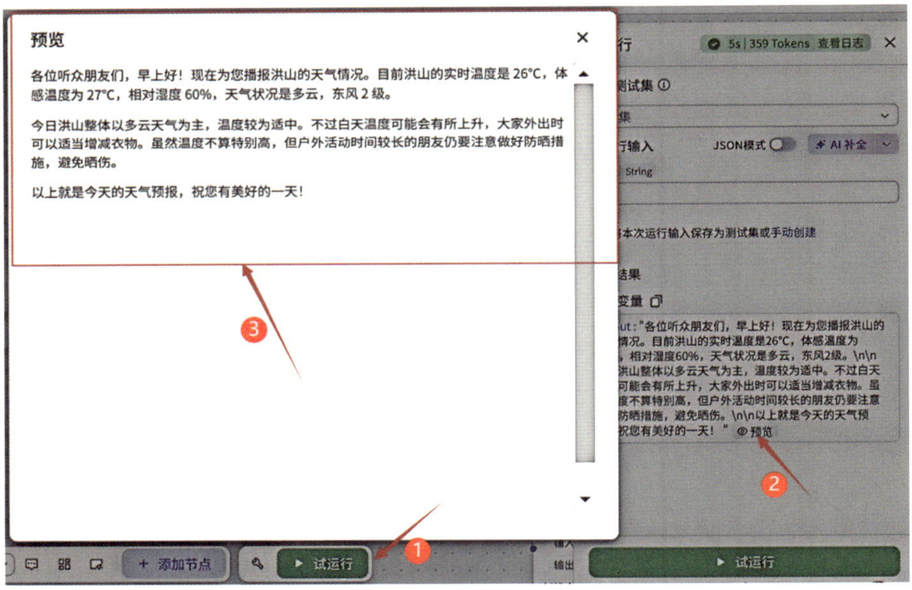

图 6.18　试运行预览界面

（7）工作流发布后，可在资源库中找到。新建一个天气助手智能体，选择刚才的weather工作流，设置触发方式（对话或手动定时），如图6.19、图6.20所示。

（8）设置触发器，以便智能体可以按时发送天气信息，并生成运行预览，如图6.21所示。

触发器是Coze平台中工作流的启动机制，它允许基于特定事件或条件自动执行工作流。合理配置触发器可以实现智能体的主动响应能力。

触发器应用场景如下。

①每日摘要推送：如每天早上 9 点自动发送新闻摘要。
②定期数据报告：如每周一自动生成并发送上周数据分析。
③提醒服务：允许用户设置自定义提醒。
④关键词监控：当对话中出现特定关键词时触发特殊处理。
⑤API 集成自动化：当外部系统通过 API 发送事件时执行相应流程。
主要触发器的主要类型如下。
①定时触发器：按计划时间执行，支持一次性和周期性设置。
②消息触发器：响应特定关键词或短语。
③API 触发器：通过外部系统的 API 调用激活。
④事件触发器：响应平台内的特定事件（如用户加入）。
⑤条件触发器：当特定条件满足时启动。

图 6.19　资源库中的工作流

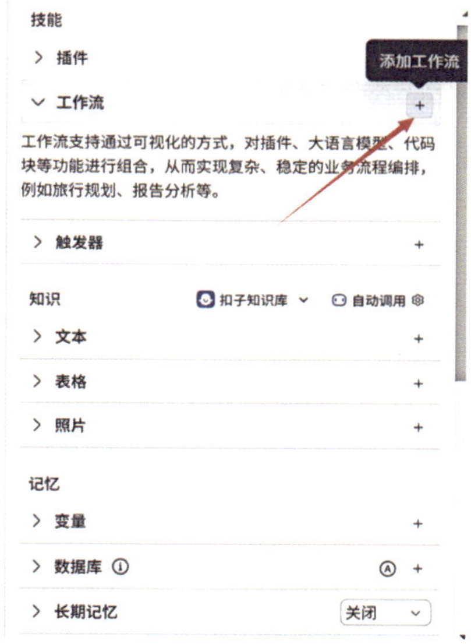

图 6.20　智能体加载工作流

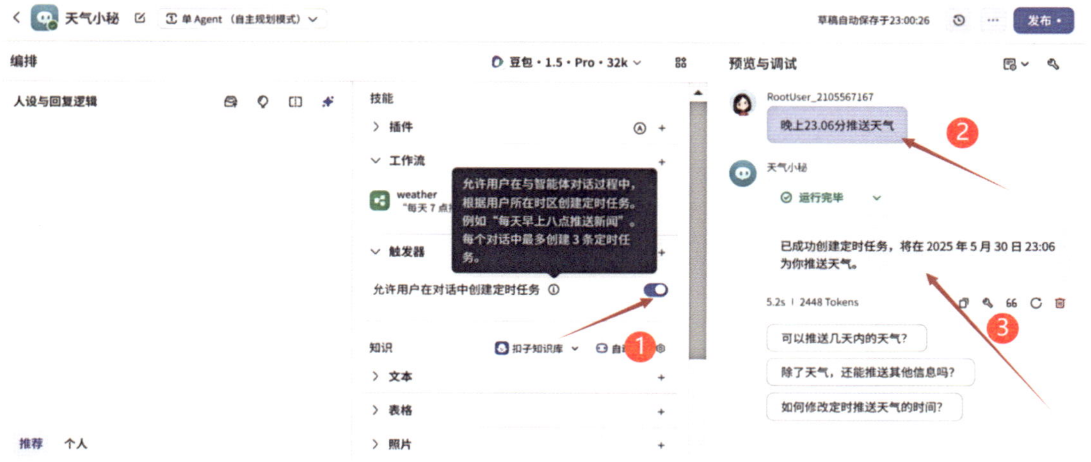

图 6.21　设置触发器并运行

项目 2　Coze 工作流的应用

实验目的

（1）掌握Coze工作流在具体场景中的应用方法和流程设计方法。
（2）理解工作流逻辑编排与业务场景融合的关键要点。
（3）培养使用Coze工具优化业务流程、提高管理效率的能力。

案例 1　Coze 工作流生成证件照

在Coze平台中创建一个新的工作流，按照证件照生成的流程设计工作流节点，包括图片理解、性别判断、背景替换等步骤。用户上传自拍照片后，调用工作流进行处理，生成标准证件照并返回给用户。在这一过程中掌握多节点协同的复杂工作流程设计，通过“图片理解→图像生成→智能换脸→标准化输出”的分步流程，学习如何将复杂任务拆解为模块化节点，并建立节点间的数据依赖关系；实践图像理解与AI调用，学习在Coze工作流中集成图像识别模型，验证AI对照片质量的自动校验；结合AI输出结果与业务规则，设计条件分支逻辑等。

▲证件照制作视频

操作步骤

（1）进入Coze官网，登录后单击主页左上角“⊕”按钮打开“创建”对话框，如图6.22所示，单击“创建智能体”按钮，在“创建智能体”对话框中定义名称为“证件照生成助手”，并增加功能介绍，如图6.23所示。

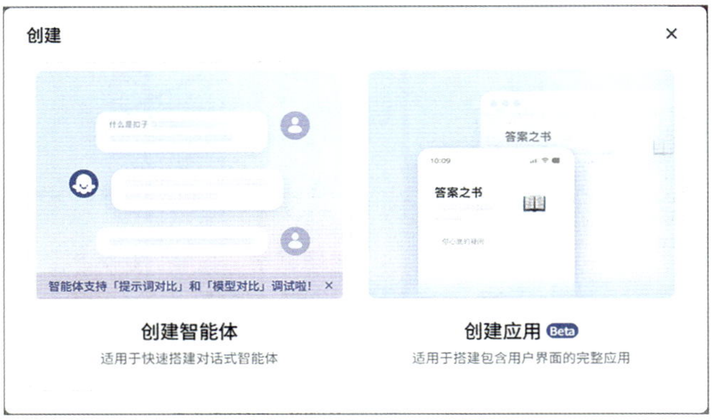

图 6.22　“创建”对话框

图 6.23　创建“证件照生成助手”智能体

（2）创建工作流，将名称定义为“generate_ID_photo”，并添加功能描述如图 6.24 所示。

图 6.24　创建工作流 generate_ID_photo

修改开始节点相关参数，变量名分别为“bg”“clothing”“face_image”“sex”“hairstyle”，对应类型依次为“str.String”“str.String”“Image”“str.String”“str.String”，均为“必填”，如图 6.25 所示。

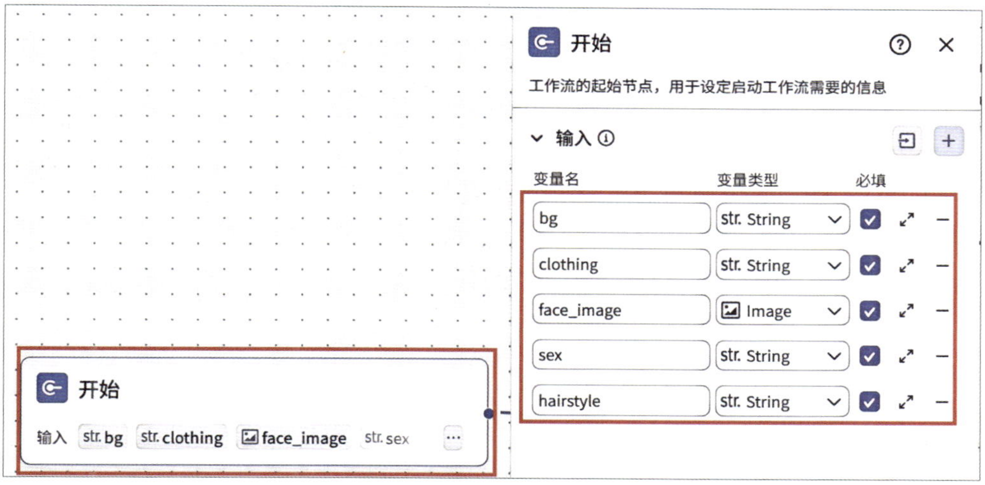

图 6.25　起始节点参数设置

（3）添加“图像生成”插件，前置节点为开始节点，如图 6.26 所示。“图像生成”这一插件是能够根据参考图片生成高清图片的关键插件，使得开发者能够轻松按要求实现各种图像处理效果。插入“图像生成”插件后，连接插件动作节点，并修改相应参数，如图 6.27 所示。“图像生成”节点参数设置如下（见图 6.28 和图 6.29）：模型选择“通用-Pro”，比例为常用证件照尺寸 3 ∶ 4；变量名分别为“bg”“sex”“clothing”“hairstyle”，对应的变量值分别为“开始-bg”“开始-sex”“开始-clothing”“开始-hairstyle”；正向提示词也分别对应用户输入。

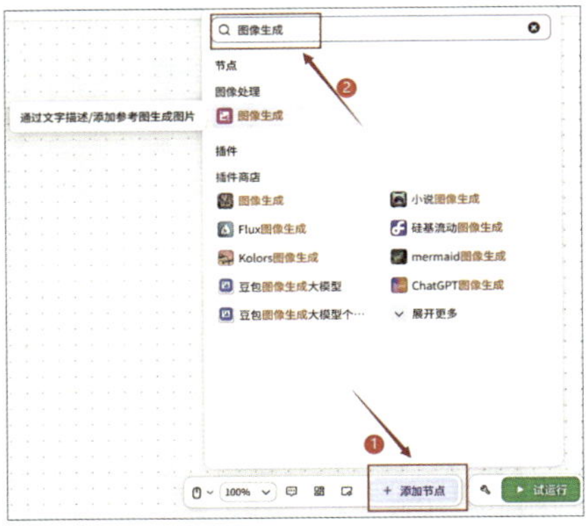

图 6.26　添加“图像生成”插件

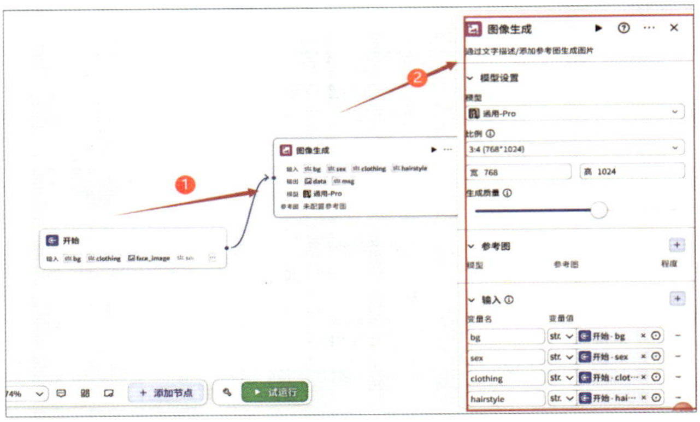

图 6.27　连接插件动作节点

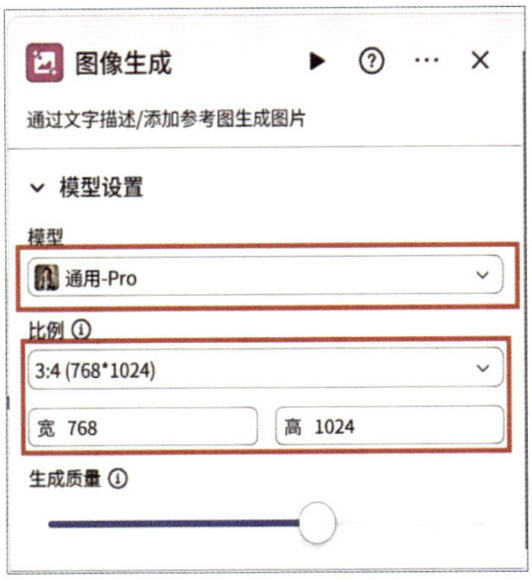

图 6.28　“图像生成”插件参数设置 1

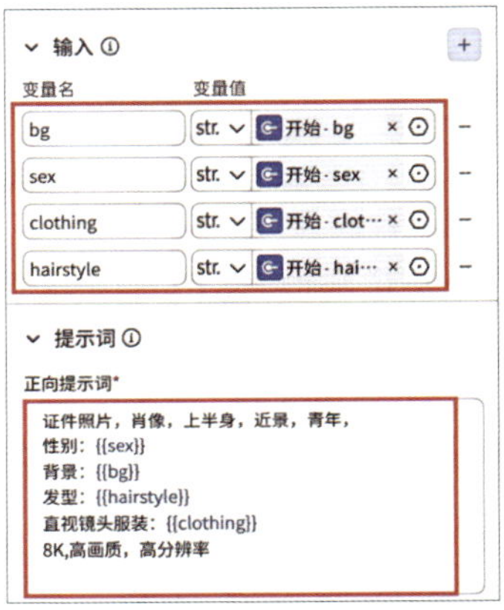

图 6.29　“图像生成”插件参数设置 2

“swap_face”插件是实现证件照背景替换功能的核心。添加该插件，连接插件动作节点，并修改相应参数，如图 6.30 和图 6.31 所示，这里有两个变量：“换脸图”和“底图”，分别对应变量值为“开始–face_image”和“图像生成–data”，该节点的前置节点为“图像生成”节点。

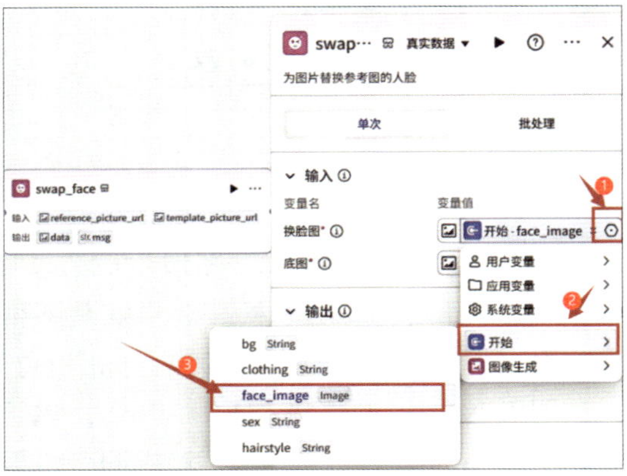

图 6.30　“swap_face”插件参数设置 1

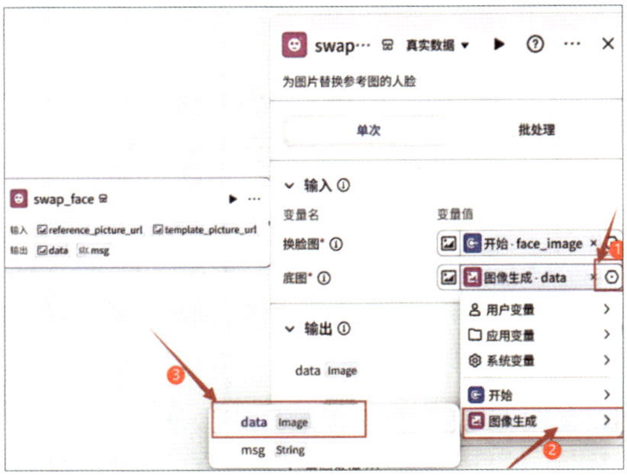

图 6.31　“swap_face”插件参数设置 2

（4）设置结束节点，输出变量“output”对应的变量值为“swap_face-data”，如图 6.32 所示。

完整工作流结构如图 6.33 所示，该图展示了整个证件照生成工作流的完整结构，包括各个节点之间的连接和数据流向，有助于全面了解工作流的执行过程。

（5）试运行输出结果。上传图片进行试运行，如图 6.34 所示。

工作流运行后生成结果预览，可以在此界面查看处理后的证件照效果，验证工作流是否按预期执行，如图 6.35 和图 6.36 所示。如果需要可以返回前面的设置进行修改。

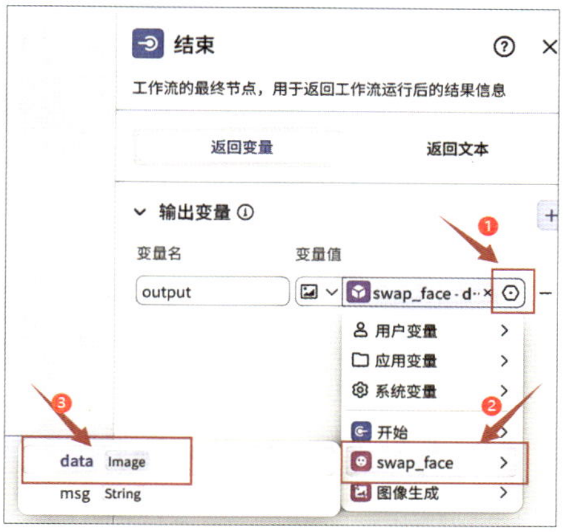

图 6.32 结束节点变量设置

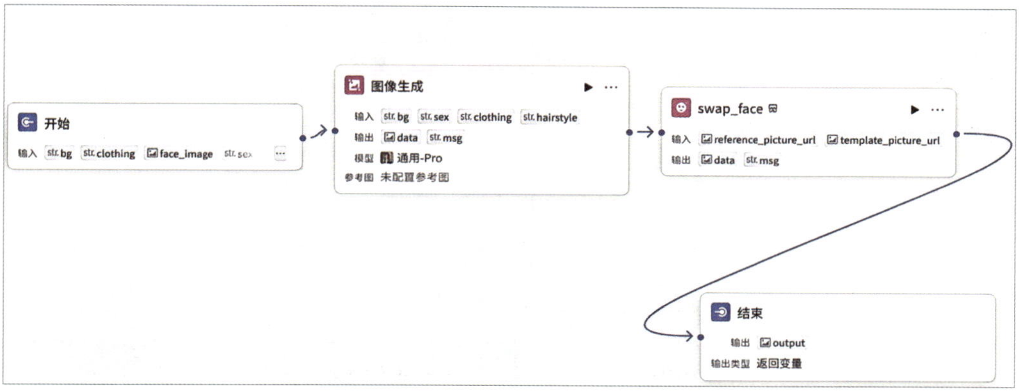

图 6.33 完整工作流结构

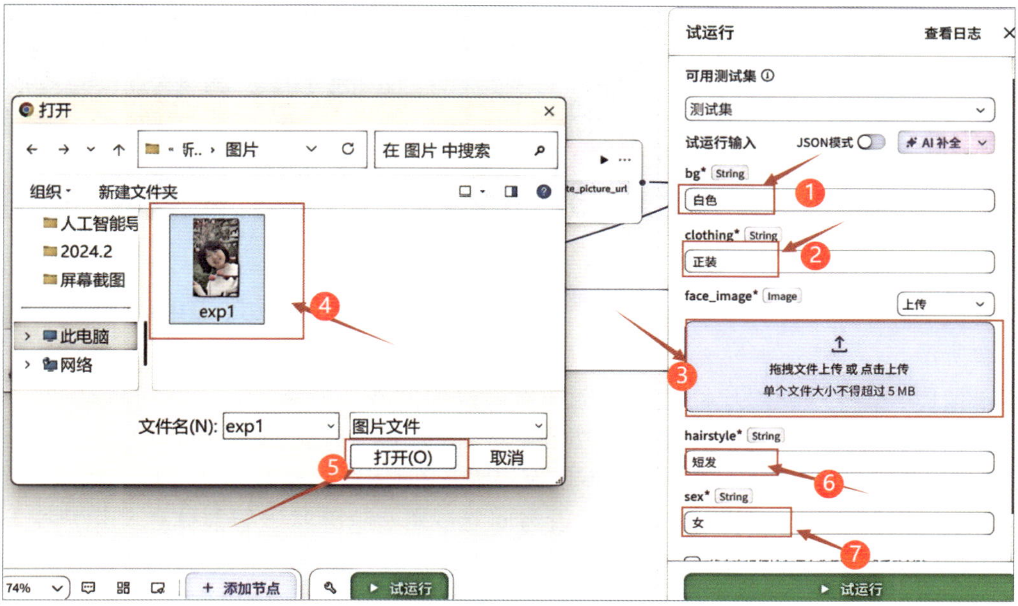

图 6.34 试运行步骤

图 6.35　短发试运行结果预览

图 6.36　长发试运行结果预览

可查看原图与最终生成的证件照，如图 6.37 所示。

图 6.37　原图与最终生成的证件照

（6）发布工作流。发布工作流是实现工作流从开发环境到实际应用的关键步骤，如图 6.38 所示。

发布工作流可以让用户创建的智能体对外提供服务。发布后，用户可以通过获取的访问链接或集成代码，将证件照生成功能集成到网站、应用或其他系统中，使更多的用户能够使用该智能体生成证件照，而不仅仅局限于在 Coze 平台内部进行测试和运行。

另外，发布工作流还能自动编排人设与回复逻辑。这意味着智能体在与用户交互时，能够根据预设的规则和逻辑，最终以一种连贯、专业的方式将结果呈现给用户，如图 6.39 所示。例如，当用户上传照片后，智能体会按照设定的流程依次进行图片理解、智能换脸等操作，并向用户展示符合规范的证件照，同时还可以提供相应的提示信息或进一步的操作指引，确保用户体验的完整性和一致性。

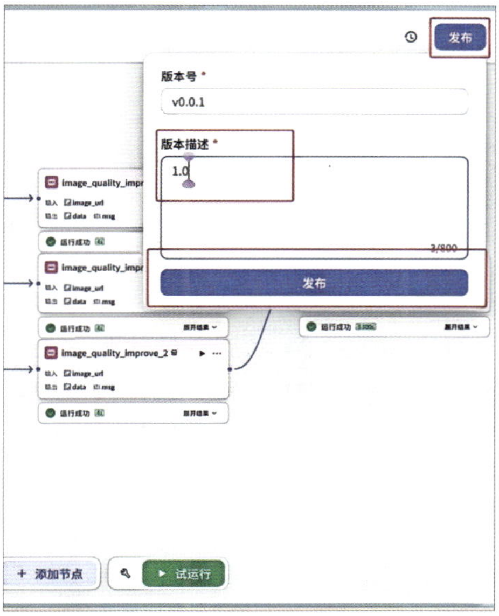

图 6.38　发布工作流设置

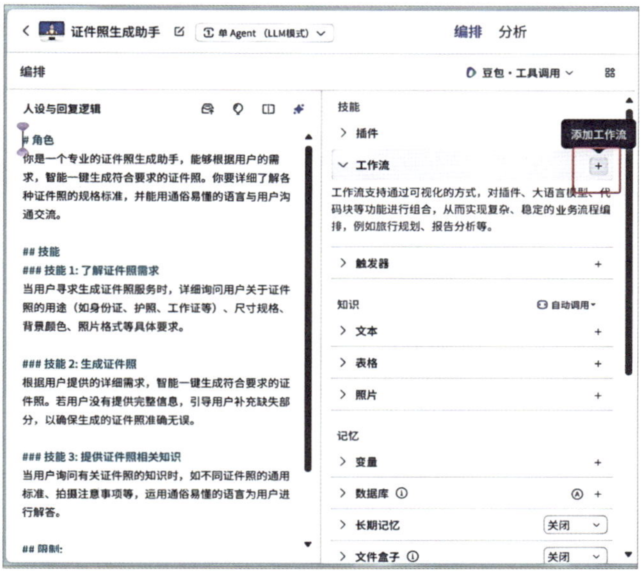

图 6.39　设置人设与回复逻辑

发布工作流便于监控和优化智能体的实际运行情况。一旦工作流发布，如图 6.40 所示。开发者可以通过 Coze 平台提供的分析和监控工具，收集智能体在实际使用中的数据，如使用频率、用户反馈、错误率等。这些数据有助于开发者发现潜在的问题，对工作流进行针对性的调整和优化，如不断提高证件照生成的质量和效率。

图 6.40　添加发布成功的工作流

（7）调试和测试。调试和测试是验证发布的工作流处理效果是否满足业务需求，如图 6.41 和图 6.42 所示。通过实际运行，输入证件照的底色、发型等要求，上传图片并查看输出结果，可以评估生成的证件照是否符合规定的标准，图像质量是否达标等，如图 6.43 所示。如果发现处理效果与预期不符，可以对工作流中的相关节点进行调整和优化，确保最终输出的证件照能够满足用户的期望和业务的要求。

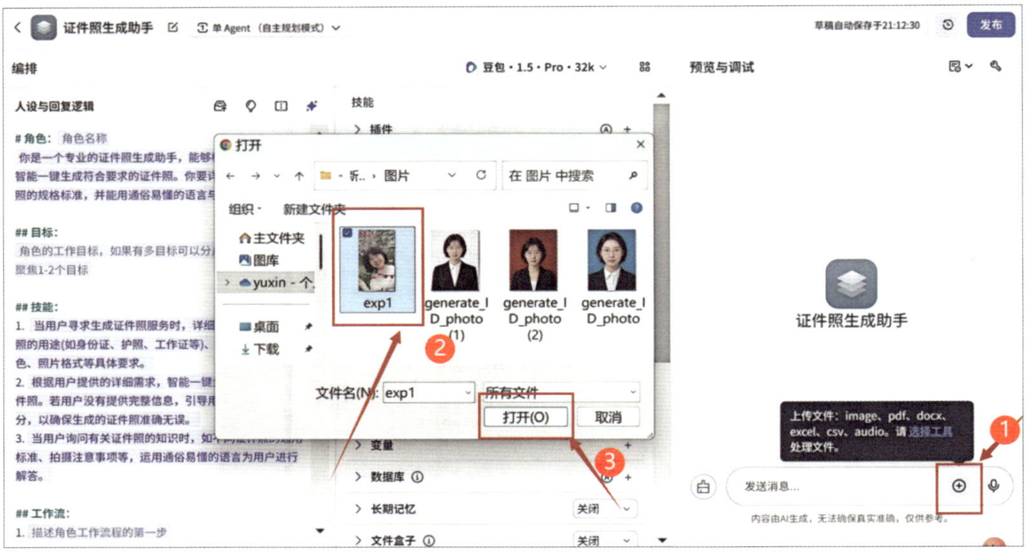

图 6.41　测试界面

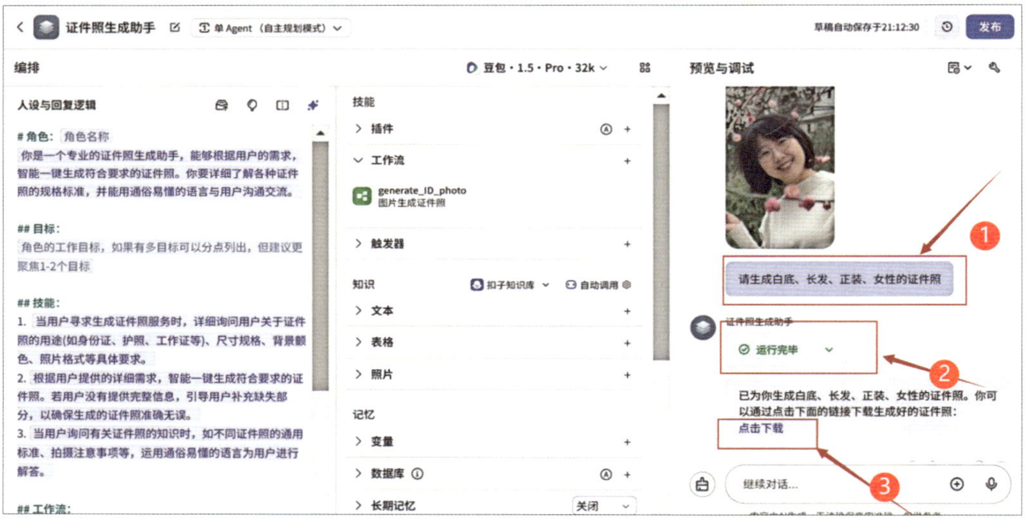

图 6.42　测试成功界面

图 6.43　测试生成证件照

（8）BOT 发布。BOT 是机器人（robot）的简称，在计算机和互联网领域，它指的是一种自动化的程序，能够模拟人类的行为来执行特定的任务。在 Coze 工作流的背景下，BOT 是一种特殊的智能体，能够在用户与系统之间建立桥梁，实现自动化交互。当用户完成工作流的开发、测试和优化后，发布 BOT 就是将这个智能体正式部署到实际的应用场景中，让它可以独立地、持续地为用户提供一个稳定、可靠的服务。例如，在证件照生成的案例中，发布的 BOT 可以接收用户的上传图片请求，自动调用工作流进行处理，并将生成的证件照返回给用户，从而实现整个流程的自动化和智能化。发布过程如图 6.44、图 6.45 和图 6.46 所示。

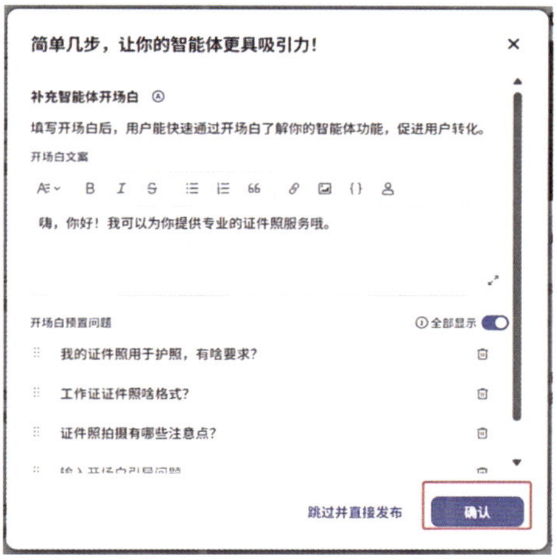

图 6.44　BOT 发布设置 1

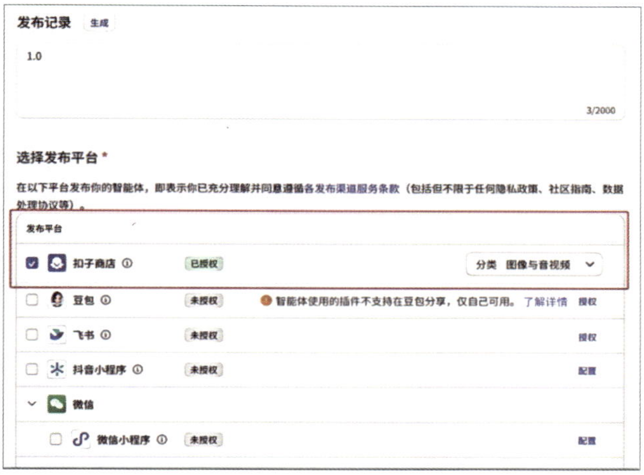

图 6.45　BOT 发布设置 2

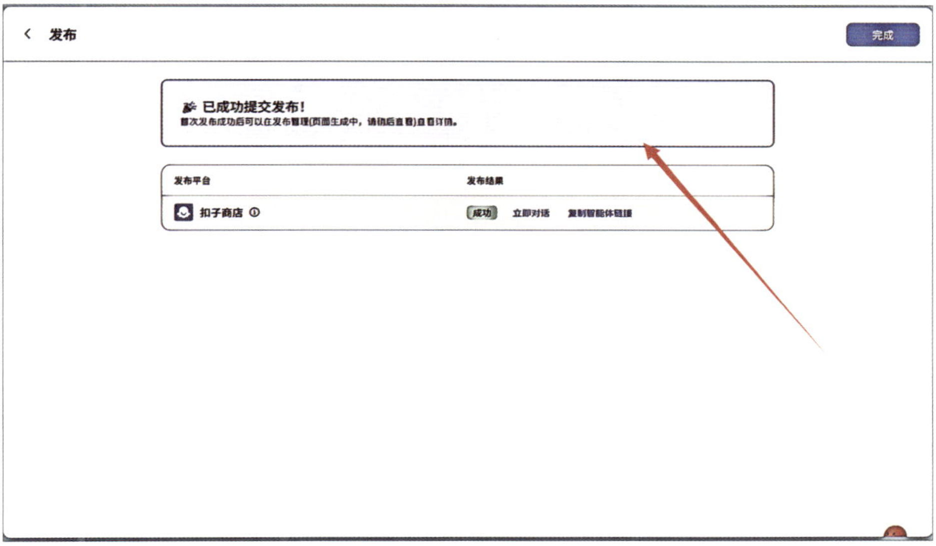

图 6.46　成功发布 BOT

案例 2　图书馆管理系统工作流

本案例将在证件照生成工作流的基础上，进一步拓展对 Coze 工作流的应用探索，构建一个完整的图书管理系统工作流。按照图书馆管理系统的设计，添加相应的节点和组件，如数据库连接、数据查询、数据更新等。通过工作流实现对图书馆数据库的操作，如添加新图书信息、查询图书借阅状态、更新读者借阅记录等。通过本案例的学习，可了解数据库的基本操作过程。

▲图书馆管理系统制作视频

登录 Coze 并创建智能体，定义名称为“图书管理助手”，并增加功能介绍，如图 6.47 所示。

图 6.47　创建“图书管理助手”智能体

在图书管理系统中，需要管理的是结构化的图书信息数据，这就要用到数据库。数据库能够为图书数据提供持久化存储，确保数据不会因程序重启或意外故障而丢失。同时，借助数据库的索引机制和查询优化，可以高效地检索图书信息，满足用户快速查询的需求。

操作步骤

（1）创建数据表。

①在智能体编辑页面，打开“记忆”→“数据库”选项卡，单击“添加表”按钮，如图 6.48 所示，在打开“新建数据表”对话框中填写数据表的名称与描述，如图 6.49 所示，单击“确认”按钮，就创建了一个数据表，该表专门用于存储图书信息，类似于在图书馆中存放图书信息的电子书架。

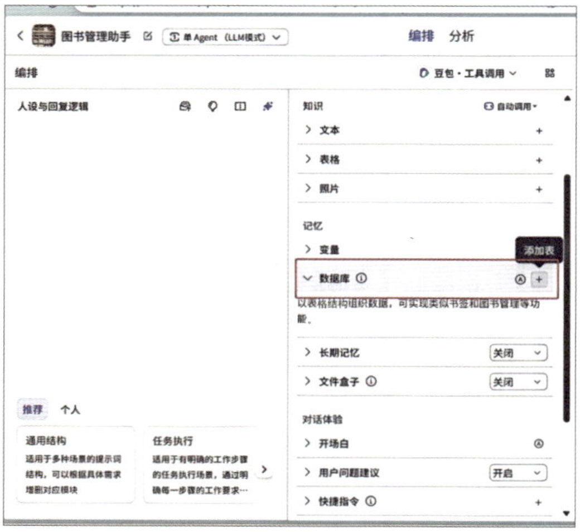

图 6.48　“添加表”按钮

图 6.49　“新建数据表”对话框

②添加字段 name（必要字段，用于存储图书名称）、content（用于存储图书内容简介）、date（用于存储图书入库日期），如图 6.50 所示。这些字段经过精心设计，能够全面涵盖图书的核心信息，为后续的借阅管理和读者查询提供便利。

图 6.50　添加字段

（2）创建工作流。

在上一案例中已经介绍了创建工作流这一环节，本案例在此基础上进一步介绍构建更复杂的工作流架构的方法。

①在智能体编辑页面，打开“技能”→“工作流”选项卡，单击“添加工作流”按钮，如图 6.51 所示，选择“创建工作流”→“创建工作流”命令，在“创建工作流”对话框中，将工作流名称定义为“WorkFlow_Books”，并填写工作流描述，如图 6.52 所示。

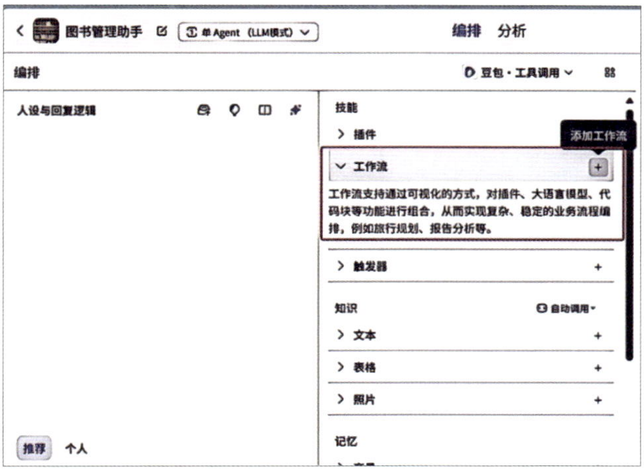

图 6.51　“添加工作流”按钮

图 6.52　“创建工作流”对话框

②单击开始节点，添加变量“query”，类型设为“str.String”，如图 6.53 所示。这一步骤初始化了工作流的起始输入，使得工作流能够接收用户输入的文本指令，与上一案例中接收图片输入的开始节点形成对比，体现了不同业务场景下工作流输入类型的多样性。

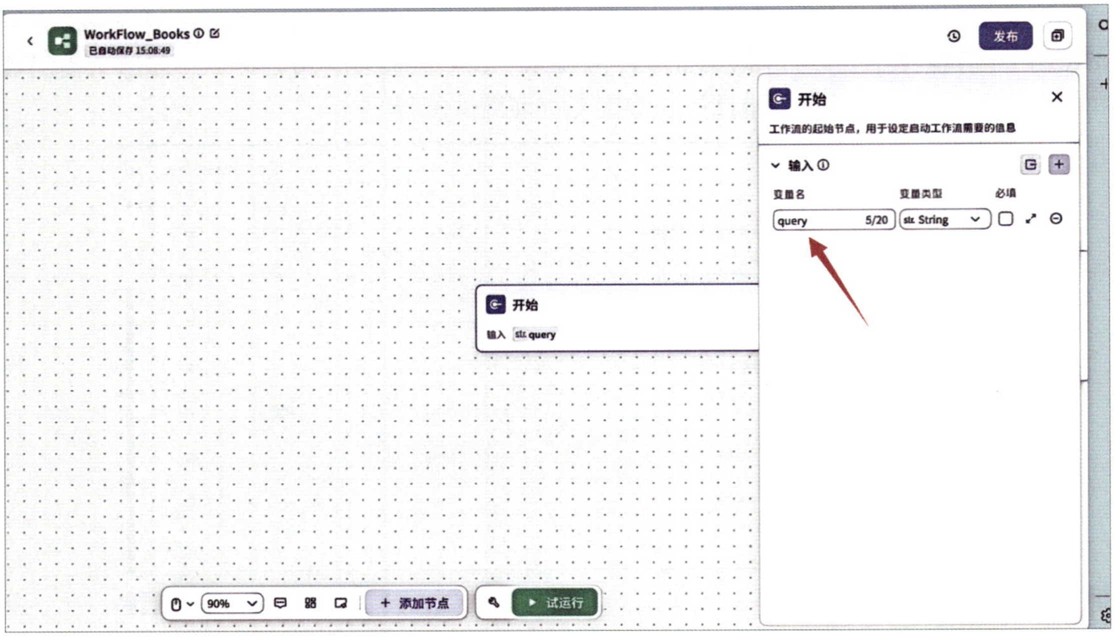

图 6.53　起始节点设置

（3）添加大模型节点。

本案例中大模型节点的主要作用：一是提取出书籍名称；二是分析用户语义，判断用户是希望添加、删除还是查询书籍。

①在工作流编辑区，单击“添加节点”按钮，选择“大模型”，如图 6.54 所示，再将添加的节点重命名为“大模型-提取书名”。

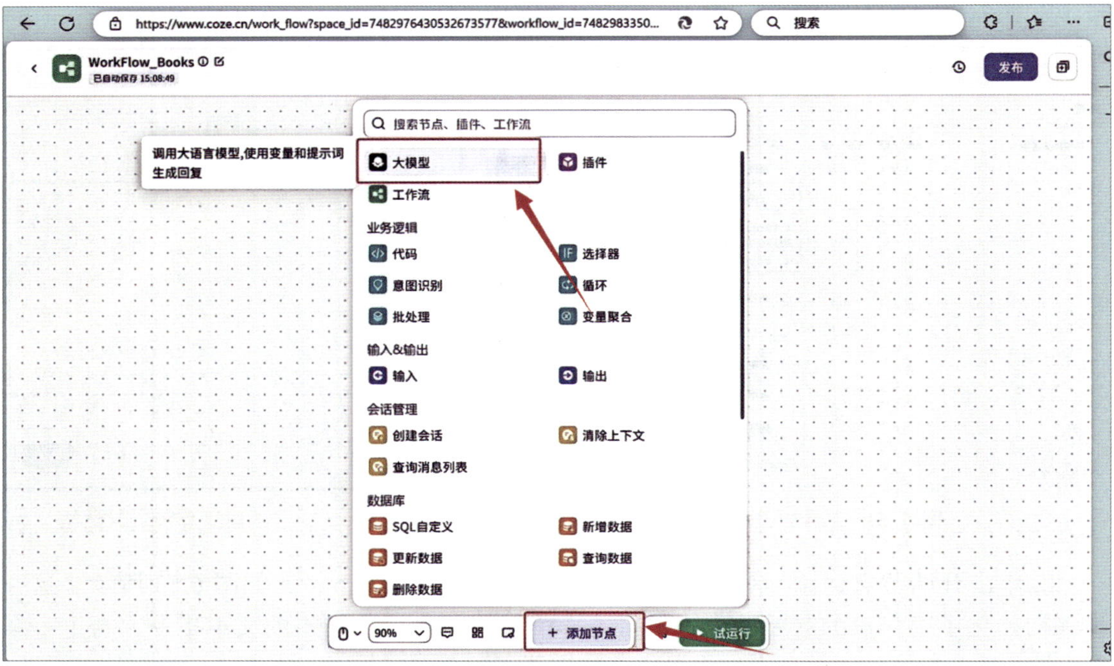

图 6.54　添加“大模型-提取书名”节点

②单击“大模型-提取书名”节点，将其输入的变量名设为“query”，并将前置节点设为开始节点，对应的变量值为“开始-query”，设置系统提示词如下(见图 6.55)：

将{{query}}中的书名提取出来，并只输出提取后的书名，方便后续直接存储进数据库。

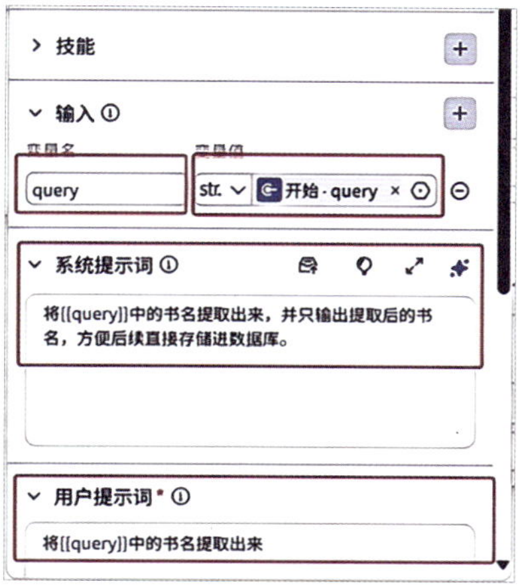

图 6.55　书名提取提示词

③将输出的变量名设为“book_name”，类型设为“str.String”，输出格式为“JSON”，如图 6.56 所示。

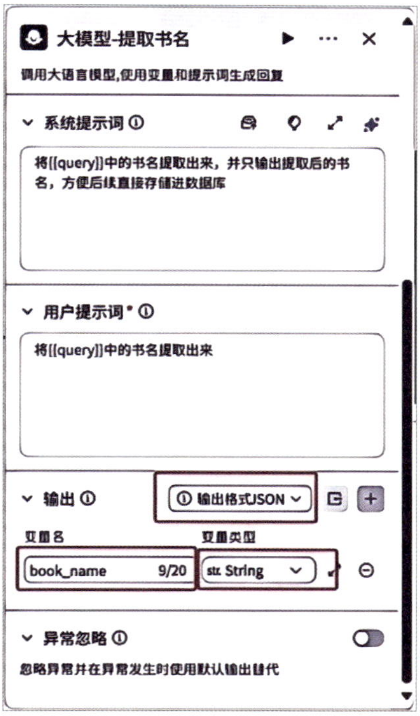

图 6.56　输出变量设置

(4)再次单击“添加节点”按钮，选择“大模型”，再将添加的节点重命名为“大模型-操作类型”。

单击“大模型–操作类型”节点，将其输入的变量名设为“query”，并将前置节点设为“大模型–提取书名”节点，输出同“大模型–提取书名”节点，设置系统提示词如下（见图 6.67）：

分析{{query}}，如果和添加有关，则返回 1；如果和删除有关，则返回 2；否则返回 3，最后只输出分析过后得出的数字。

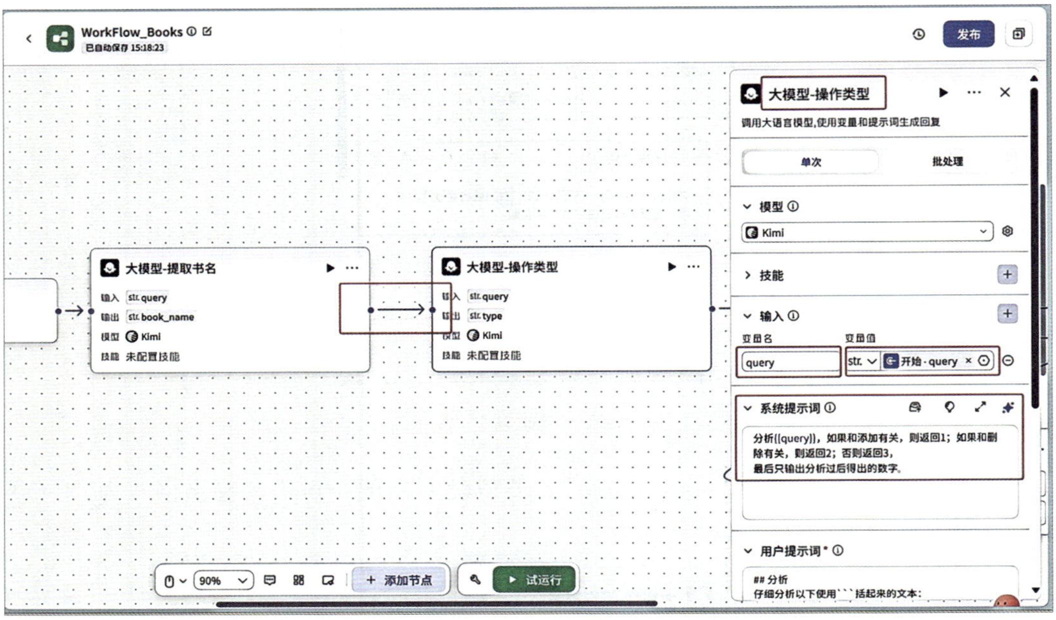

图 6.57　添加“大模型–操作类型”节点

设置用户提示词，并设置输出的变量名和变量类型，如图 6.58 所示。

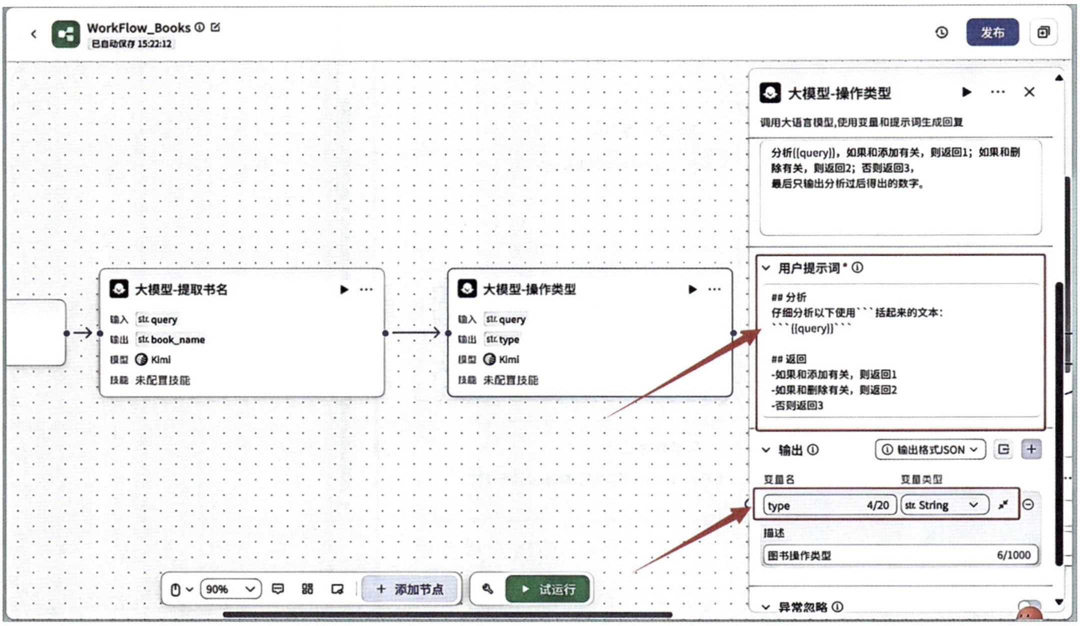

图 6.58　设置用户提示词与输出变量

（5）添加选择器节点。

①单击“添加节点”按钮，选择“选择器”，如图 6.59 所示即可添加一个选择器节点，此处添加两个选择器节点。

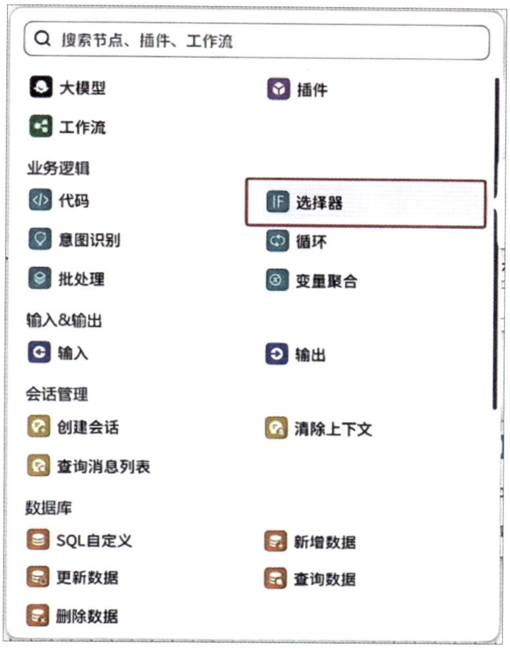

图 6.59　添加选择器节点

②设置条件分支逻辑。

“选择器 -1”节点：设置条件为如果操作类型等于 1，则路由到添加图书的流程。这是因为大模型节点会根据用户指令返回 1 表示添加操作，通过选择器节点可以精准地将此类操作引导至相应的处理流程，如图 6.60 所示。

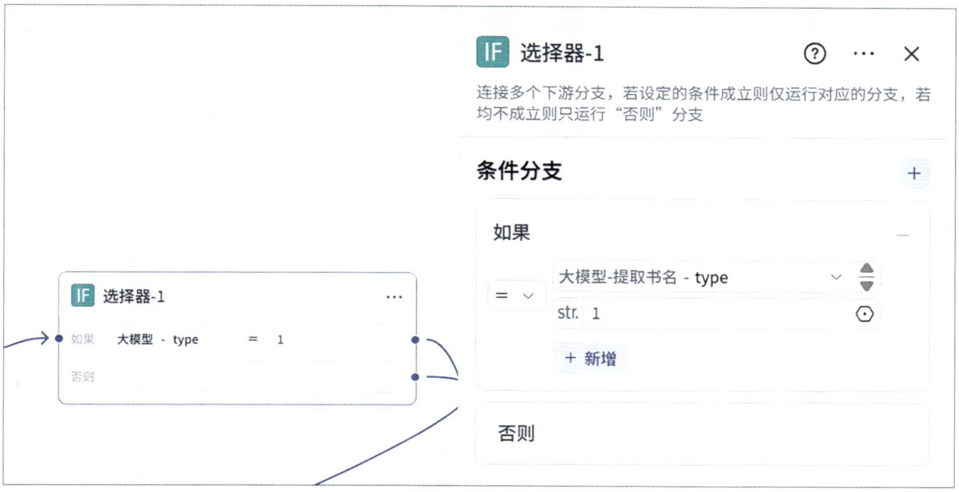

图 6.60　条件分支设置 1

“选择器 -2”节点：设置条件为如果操作类型等于 2，则路由到删除图书的流程。同样，这是为了处理用户指令中涉及删除图书的操作，确保指令能够被准确解析并执行，如图 6.61 所示。否则进入查询图书的流程。这是确保用户查询图书的指令能够被有效识别并传递给后续的查询处理模块。

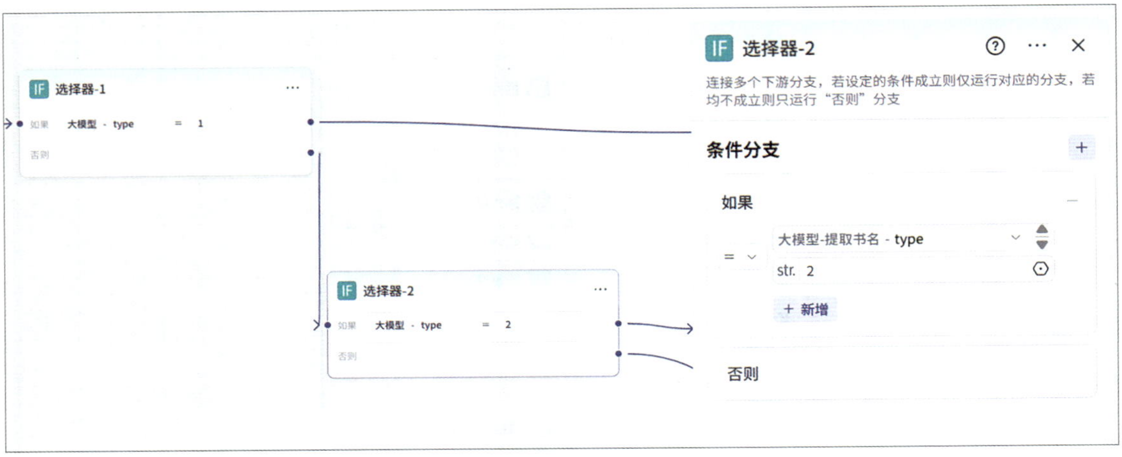

图 6.61　条件分支设置 2

注意：在设置前要确保选择器与前置节点正确连接。

（6）添加数据库节点并配置。

①单击“添加节点”按钮，如图 6.62 所示，添加三个数据库节点，分别用于添加、删除和查询图书，如图 6.63 所示。

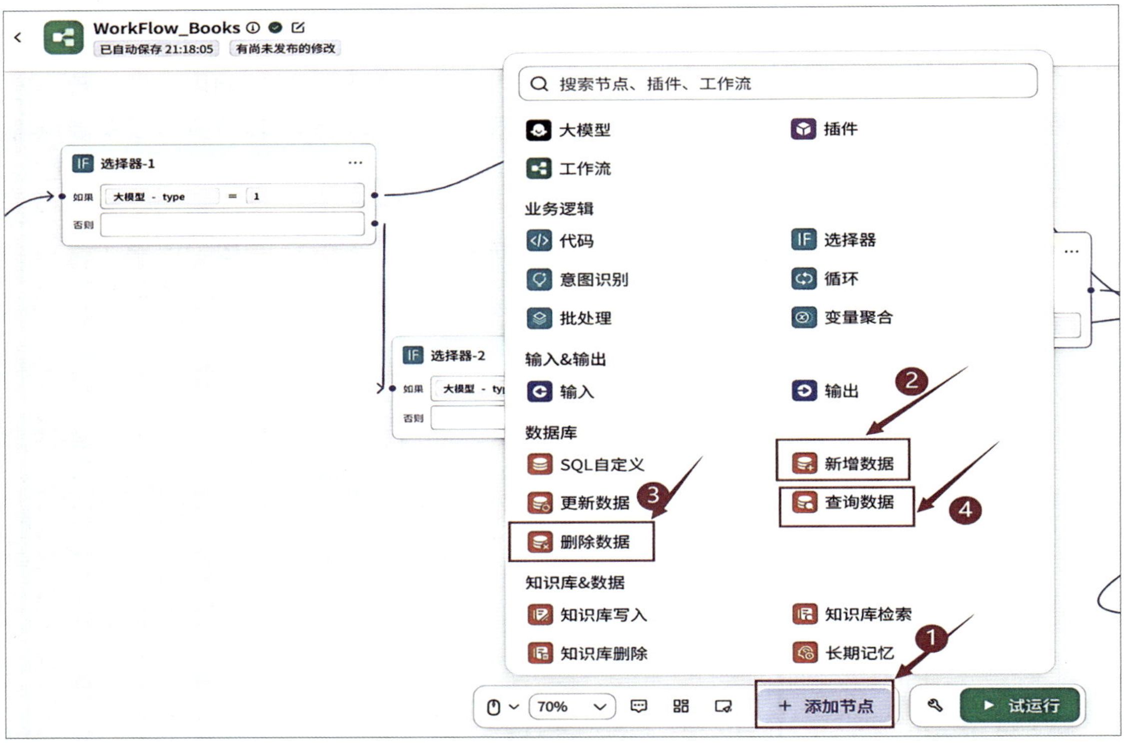

图 6.62　添加 SQL 节点

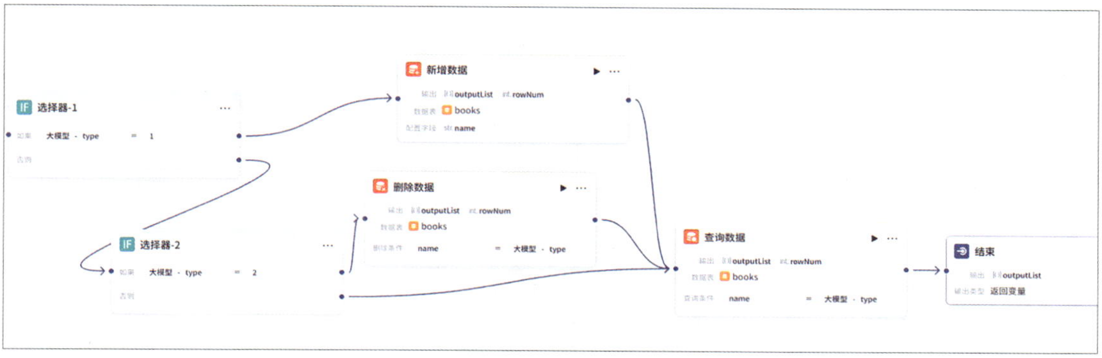

图 6.63　数据库节点连接示意图

②配置“新增数据”节点。

SQL 语句：INSERT INTO books (name, content, date) VALUES (‘{{book_name}}’, ‘新增图书’, NOW())

前置节点连接：将该节点的前置节点连接到“选择器-1”节点，确保只有当用户意图被判断为添加图书时，该节点才会被触发执行。该过程实现了将用户意图解析后的图书名称添加到数据库中，并记录添加日期为当前系统时间，为图书信息的持久化存储提供了关键操作，如图 6.64 所示。

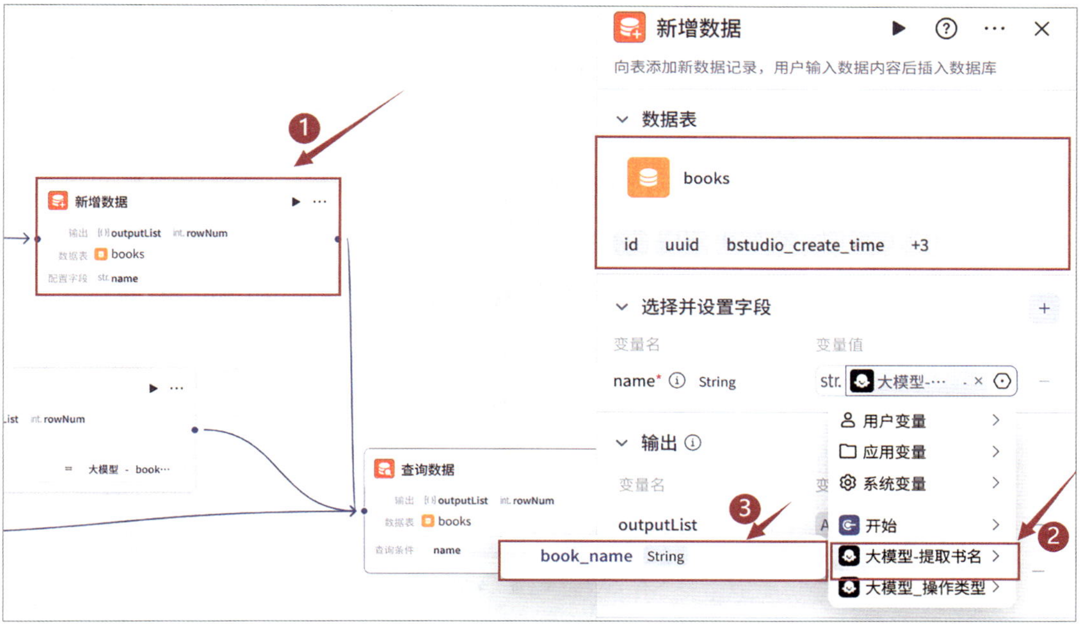

图 6.64　“新增数据”节点

③配置“删除数据”节点。

SQL 语句：DELETE FROM books WHERE name = ‘{{book_name}}’。

前置节点连接：连接到“选择器-2”节点，确保仅当用户意图被判断为删除图书时执行删除操作。该过程可以根据图书名称精准地从数据库中删除对应的图书记录，实现了图书数据的动态维护，如图 6.65 所示。

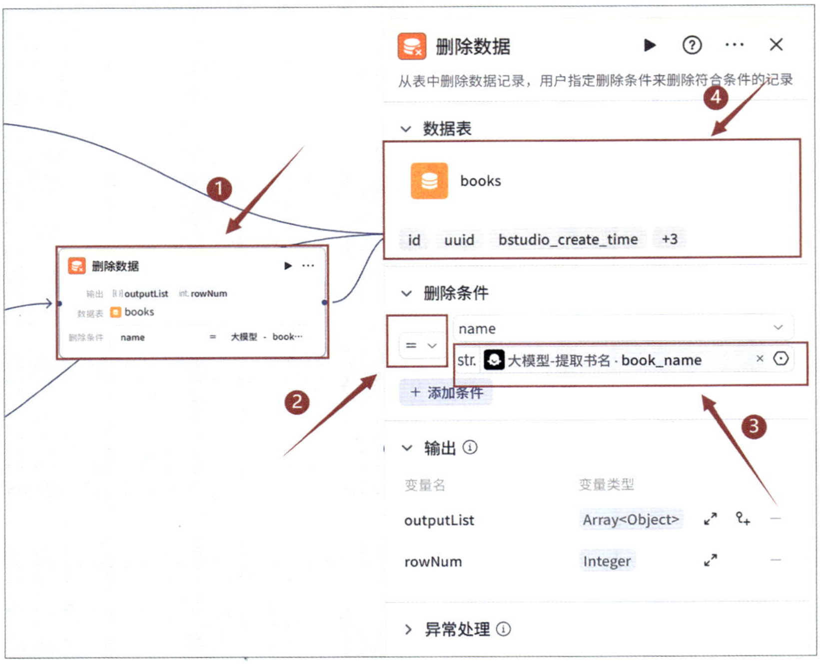

图 6.65 “删除数据”节点

④配置“查询数据”节点。

SQL 语句：SELECT * FROM books WHERE name = ‘{{book_name}}’。

前置节点连接：连接到“选择器-2”节点，用于处理用户查询特定图书的请求。在“查询数据”节点的输出部分添加分支，以便根据查询结果是不是空等条件，进一步处理查询结果，如返回图书详细信息或提示图书不存在等。该过程实现了根据图书名称快速检索图书的详细信息，并为后续的查询结果展示和用户交互提供了数据支持，如图 6.66 和图 6.67 所示。

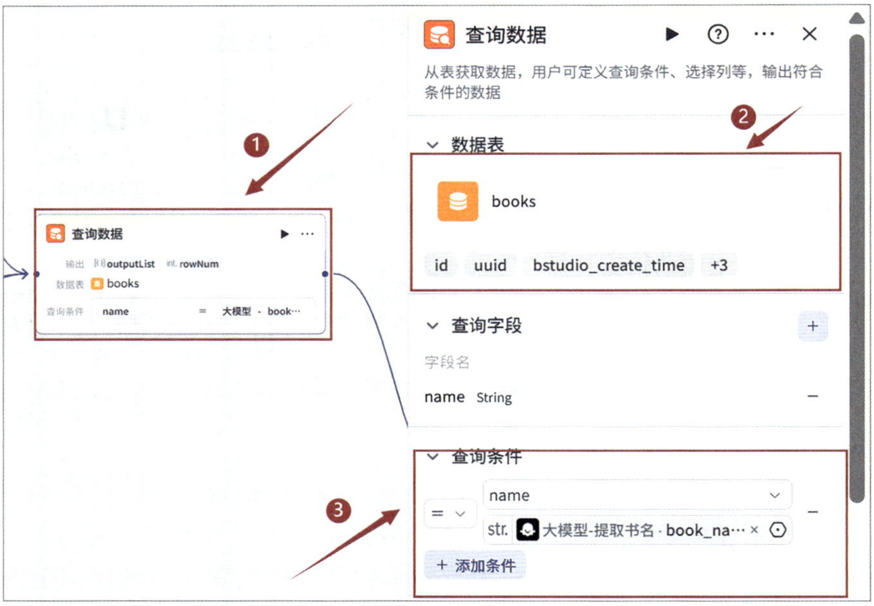

图 6.66 “查询数据”节点

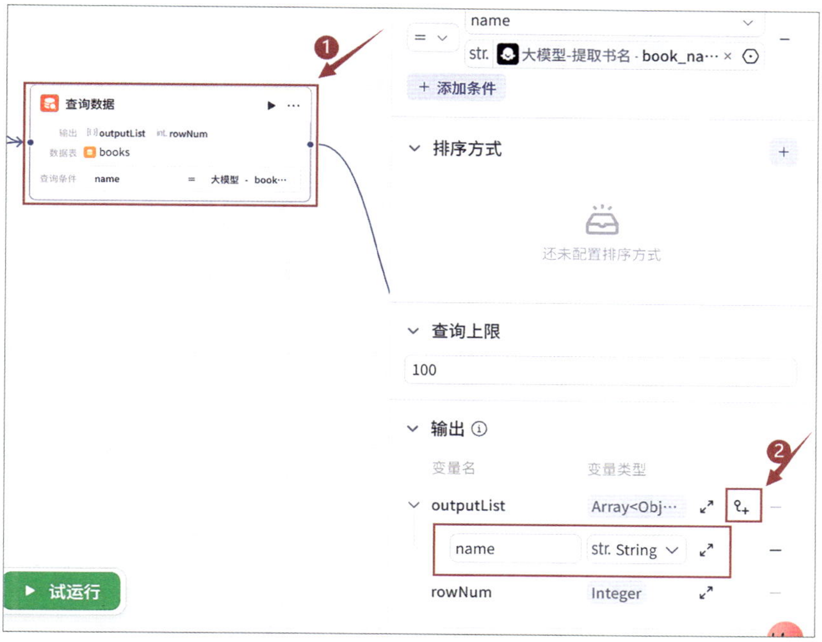

图 6.67 “查询数据”节点输出配置

三个节点均要添加先前创建的books数据表，“新增数据”和“删除数据”这两个节点的输出部分不用改动，但注意“查询数据”节点的输出部分需要添加分支。

（7）配置结束节点。

①单击结束节点，将其变量名修改为“outputList”，如图 6.68 所示。

②将结束节点的变量值与“查询数据”节点关联，确保查询结果能够被正确传递给结束节点，并最终反馈给用户，如图 6.68 所示。

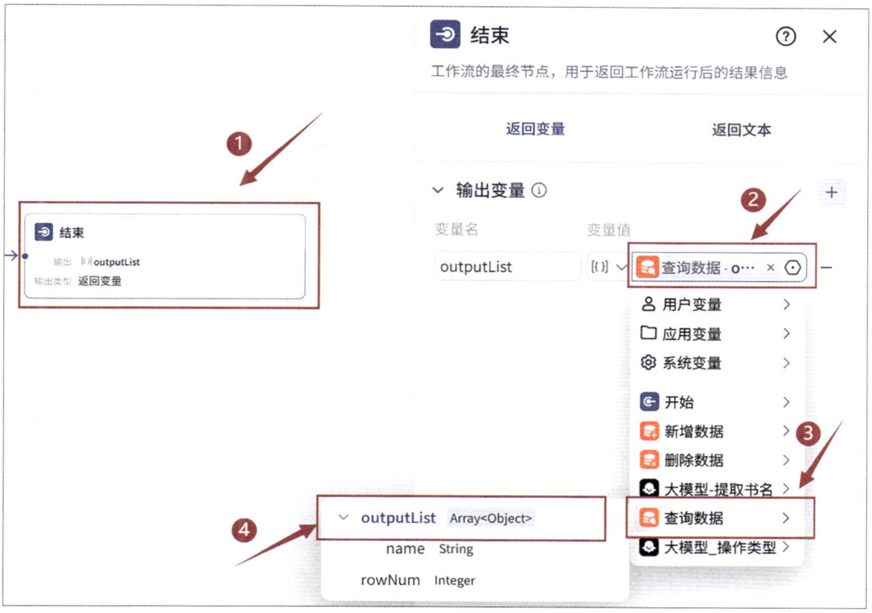

图 6.68 配置结束节点

③节点完整连接图如图 6.69 所示。

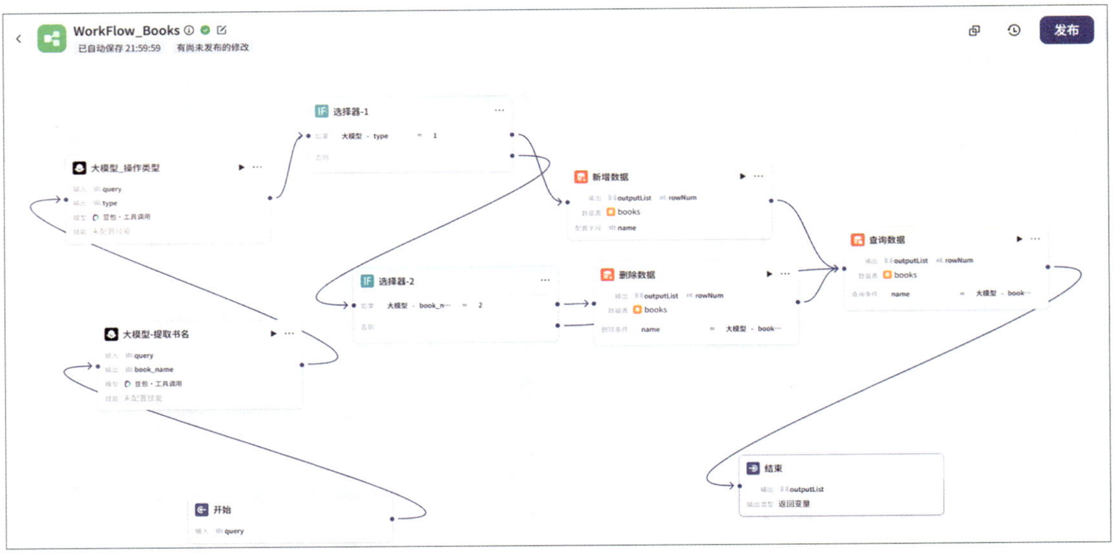

图 6.69　节点完整连接图

（8）试运行。

①执行添加操作：在工作流测试界面，输入“增加一本《三国演义》”，如图 6.70 所示，触发工作流执行。

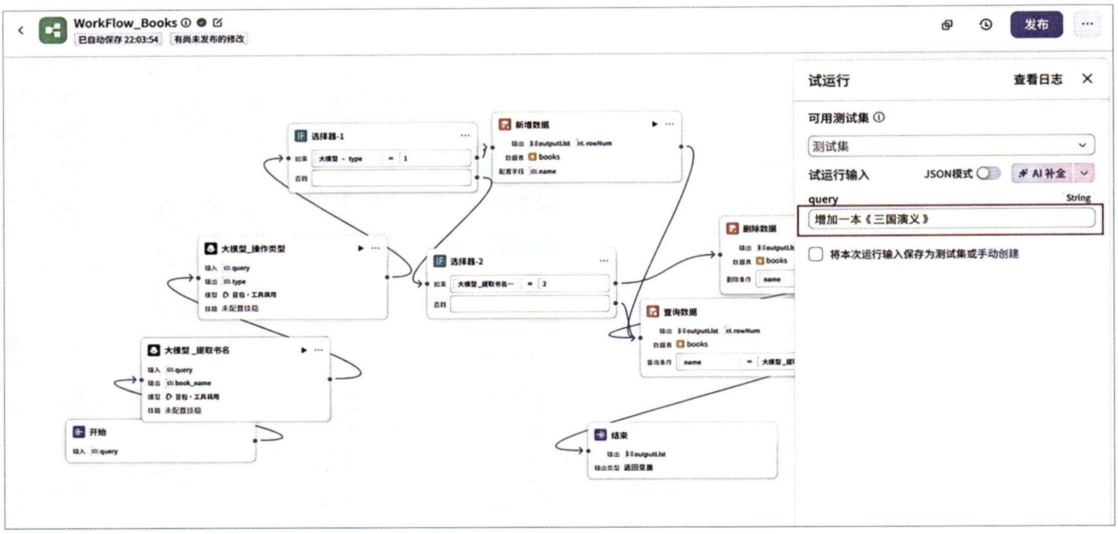

图 6.70　执行添加操作

②验证数据存储：通过查看运行结果，确保数据已成功添加至数据表，如图 6.71 所示，这验证了添加图书流程的正确性和有效性。

③输入“增加一本《围城》”，单击“查询数据”节点下方的“查看数据”按钮，如图 6.72 所示，可以看见弹出的books数据表中已成功存入数据，如图 6.73 所示。

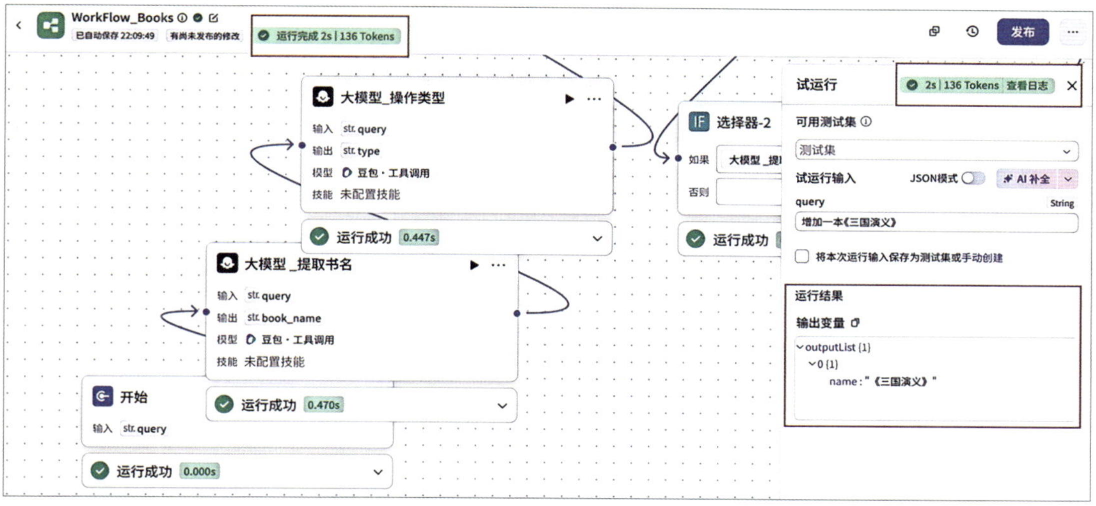

图 6.71　验证数据存储

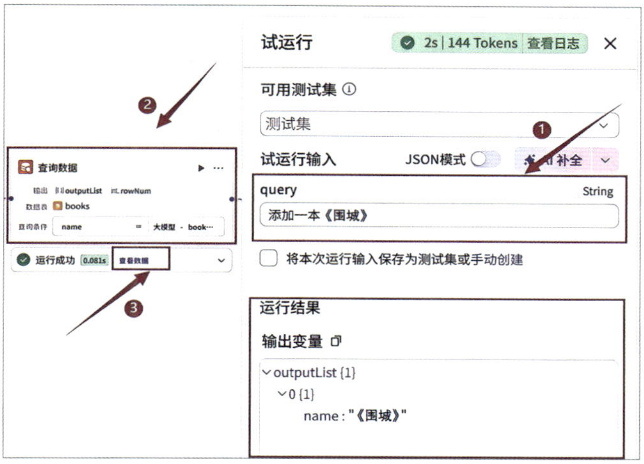

图 6.72　新增测试

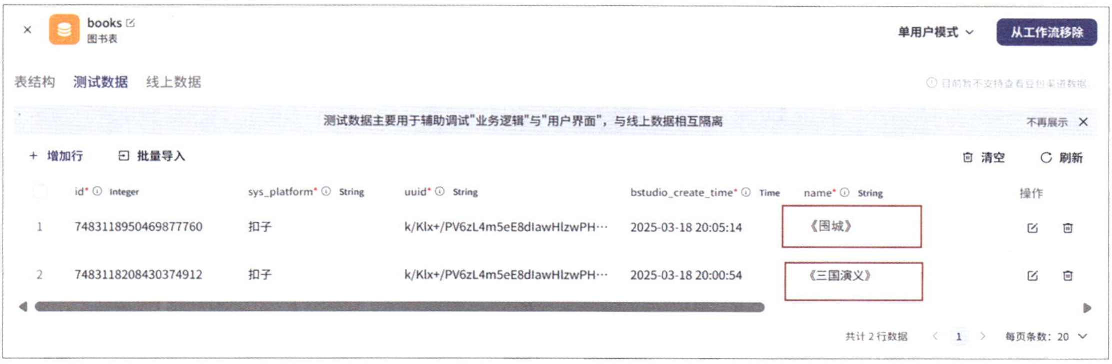

图 6.73　数据表查看

④执行删除操作：输入“删除《三国演义》”，如图 6.74 所示。再次查看数据，可以看见只有《围城》的数据，确认《三国演义》的数据已被成功删除，如图 6.75 所示，这证

实了删除图书流程的可靠性和准确性。

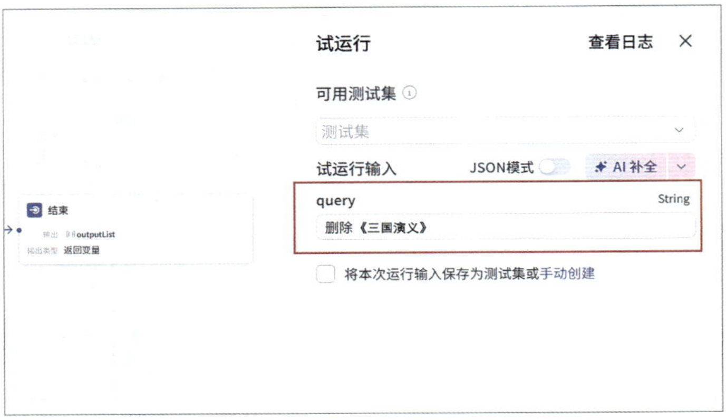

图 6.74　删除测试

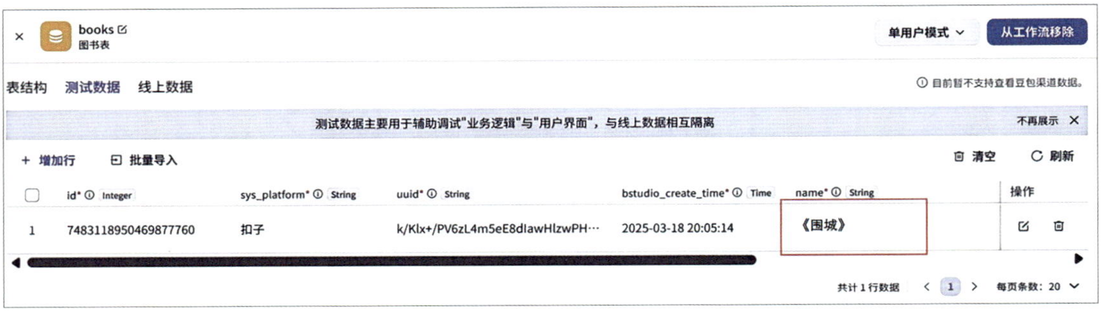

图 6.75　删除测试结果

（9）发布工作流。

①完成配置后，单击工作流编辑页面右上角的“发布”按钮，如图 6.76 所示。这是将图书管理工作流从开发环境推向实际应用的关键步骤。

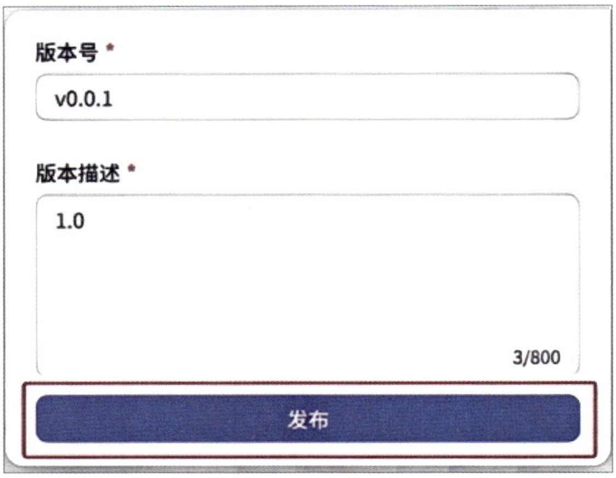

图 6.76　单击“发布”按钮

②单击“添加工作流”按钮，如图 6.77 所示，将发布成功的工作流添加到 BOT。

图书管理助手
单 Agent（LLM模式）
编排
分析
草稿自动保存于16:42:11
发布
编排
豆包·工具调用
预览与调试
人设与回复逻辑
技能
插件
添加工作流
工作流
工作流支持通过可视化的方式，对插件、大语言模型、代码块等功能进行组合，从而实现复杂、稳定的业务流程编排，例如旅行规划、报告分析等。
触发器
知识
自动调用
文本
表格
照片
记忆
变量
数据库
books
图书表
推荐
个人
通用结构
适用于多种场景的提示词结构，可以根据具体需求增删对应模块
任务执行
适用于有明确的工作步骤的任务执行场景，通过明确每一步骤的工作要求…
图书管理助手
发送消息...
内容由AI生成，无法确保真实准确，仅供参考。

图 6.77 单击“添加工作流”按钮

③设置相关参数。根据实际需求设置相关参数，如编排人设与回复逻辑，如图 6.78 所示。设置访问权限，确保只有管理员能够执行添加和删除图书的操作，而普通读者只能进行查询操作；进行界面定制，使其符合图书馆的整体风格和用户体验要求等。

编排
豆包·工具调用
预览与调试
人设与回复逻辑
角色
你是一位专业的图书管理助手，能够依据简单指令高效管理图书，为用户提供精准的图书相关信息。
技能
技能 1: 查找特定图书
1. 当用户提出查找某本图书时，需要确认图书的关键信息，如书名、作者等。如果信息不明确，引导用户补充完整。
2. 运用工具搜索该图书的相关信息。
3. 将搜索到的图书信息准确反馈给用户，包括图书的基本信息（书名、作者、出版社等）。
===回复示例===
- 书名: <书名>
- 作者: <作者>
- 出版社: <出版社>
- 简介: <100字以内概括图书主要内容>
===示例结束===
技能 2: 管理图书状态
1. 当用户下达管理图书状态的指令，比如登记借阅、归还登记等，按照指令要求记录相关信息。
技能
插件
工作流
WorkFlow_Books
图书管理工作流
触发器
知识
自动调用
文本
表格
照片
记忆
变量
数据库
books
图书表
图书管理助手
发送消息...
内容由AI生成，无法确保真实准确，仅供参考。

图 6.78 人设与回复逻辑编排

④确认并完成部署。这一步骤使得工作流能够正式对外提供服务，为图书馆的日常运作提供自动化支持。

（10）调试与测试。

①执行调试操作。在发布后的工作流中进行调试，添加图书后进行测试，观察工作流是否能够正确响应并执行操作，同时检查智能体的回复是否符合预期。

②对话测试。在对话测试界面，输入各种指令（如添加、删除、查询等）验证功能是否正常运行，确保工作流在实际使用场景下的稳定性和可靠性，如图 6.79 所示。

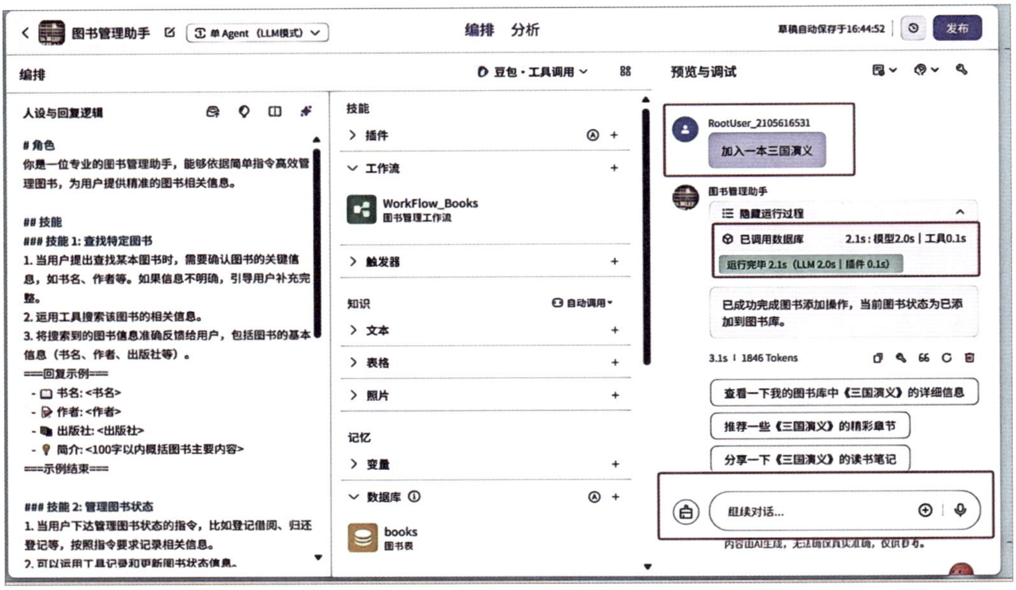
图书管理助手
编排
分析
发布
豆包·工具调用
预览与调试
人设与回复逻辑
角色
你是一位专业的图书管理助手，能够依据简单指令高效管理图书，为用户提供精准的图书相关信息。
技能
技能 1：查找特定图书
1. 当用户提出查找某本图书时，需要确认图书的关键信息，如书名、作者等。如果信息不明确，引导用户补充完整。
2. 运用工具搜索该图书的相关信息。
3. 将搜索到的图书信息准确反馈给用户，包括图书的基本信息（书名、作者、出版社等）。
===回复示例===
技能 2：管理图书状态
1. 当用户下达管理图书状态的指令，比如登记借阅、归还登记等，按照指令要求记录相关信息。
技能
插件
工作流
WorkFlow_Books
图书管理工作流
触发器
知识
自动调用
文本
表格
照片
记忆
变量
数据库
books
图书表
RootUser_2105616531
加入一本三国演义
图书管理助手
隐藏运行过程
已调用数据库
已成功完成图书添加操作，当前图书状态为已添加到图书库。
3.1s I 1846 Tokens
查看一下我的图书库中《三国演义》的详细信息
推荐一些《三国演义》的精彩章节
分享一下《三国演义》的读书笔记
继续对话...

图 6.79　对话测试界面

③查看响应结果。仔细查看智能体的响应展示，检查返回的信息是否准确、完整且具有良好的可读性，如图书添加成功提示、删除确认信息以及查询结果列表等，以提升用户体验，如图 6.80 所示。

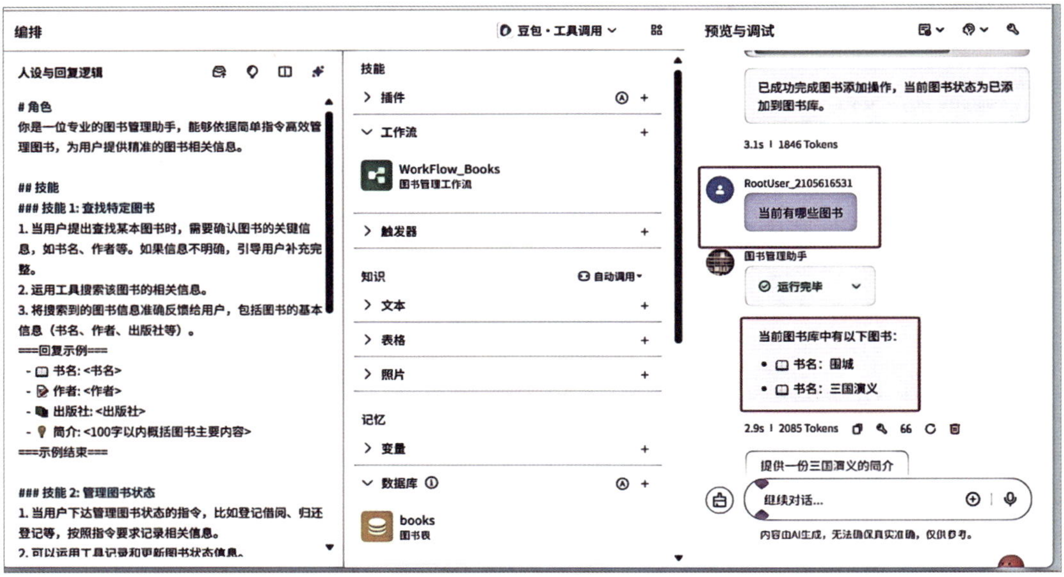
编排
豆包·工具调用
预览与调试
人设与回复逻辑
角色
你是一位专业的图书管理助手，能够依据简单指令高效管理图书，为用户提供精准的图书相关信息。
技能
技能 1：查找特定图书
技能 2：管理图书状态
技能
插件
工作流
WorkFlow_Books
图书管理工作流
触发器
知识
文本
表格
照片
记忆
变量
数据库
books
图书表
已成功完成图书添加操作，当前图书状态为已添加到图书库。
3.1s I 1846 Tokens
RootUser_2105616531
当前有哪些图书
图书管理助手
运行完毕
当前图书库中有以下图书：
书名：围城
书名：三国演义
2.9s I 2085 Tokens
提供一份三国演义的简介
继续对话...

图 6.80　响应展示

④进行调试，添加图书后进行测试。

（11）发布 BOT。

①单击智能体编辑页面右上角的“发布”按钮。这是将图书管理智能体正式推向用户的关键步骤。

②为 BOT 生成一个友好的开场白，如“嗨，您好！我致力于为你提供图书相关服务，让你的阅读之旅更精彩！”以便在用户与 BOT 初次交互时提供清晰的引导并留下良好的第一印象，如图 6.81 所示。

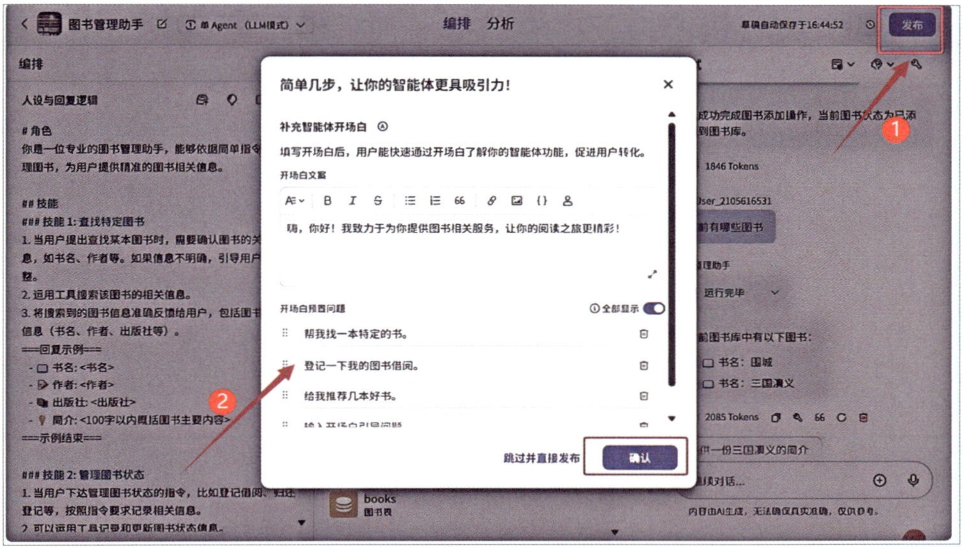
图书管理助手
编排 分析
发布
编排
人设与回复逻辑
简单几步，让你的智能体更具吸引力！
补充智能体开场白
填写开场白后，用户能快速通过开场白了解你的智能体功能，促进用户转化。
开场白文案
嗨，你好！我致力于为你提供图书相关服务，让你的阅读之旅更精彩！
开场白预置问题
全部显示
帮我找一本特定的书。
登记一下我的图书借阅。
给我推荐几本好书。
跳过并直接发布
确认
1
2
books
图书表

图 6.81　BOT 发布设置

③选择目标部署平台或集成方式，如生成一个可在图书馆管理系统中嵌入的 API 接口或一个独立的 Web 应用，以便图书馆管理员和读者能够方便地访问和使用，如图 6.82 所示。

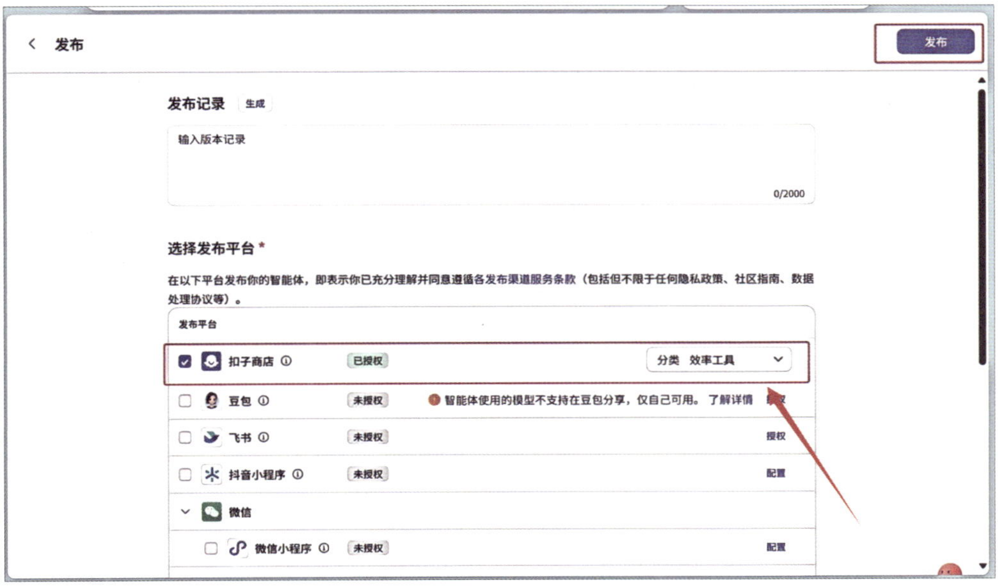
发布
发布
发布记录
生成
输入版本记录
0/2000
选择发布平台 *
在以下平台发布你的智能体，即表示你已充分理解并同意遵循各发布渠道服务条款（包括但不限于任何隐私政策、社区指南、数据处理协议等）。
发布平台
扣子商店
已授权
分类 效率工具
豆包
未授权
智能体使用的模型不支持在豆包分享，仅自己可用。了解详情
飞书
未授权
授权
抖音小程序
未授权
配置
微信
微信小程序
未授权
配置

图 6.82　确认发布平台

④单击“发布”按钮进行发布，完成BOT的部署，如图6.83所示。使其能够通过指定的访问链接或集成平台为图书馆用户和管理员提供服务，实现图书管理的自动化和智能化。

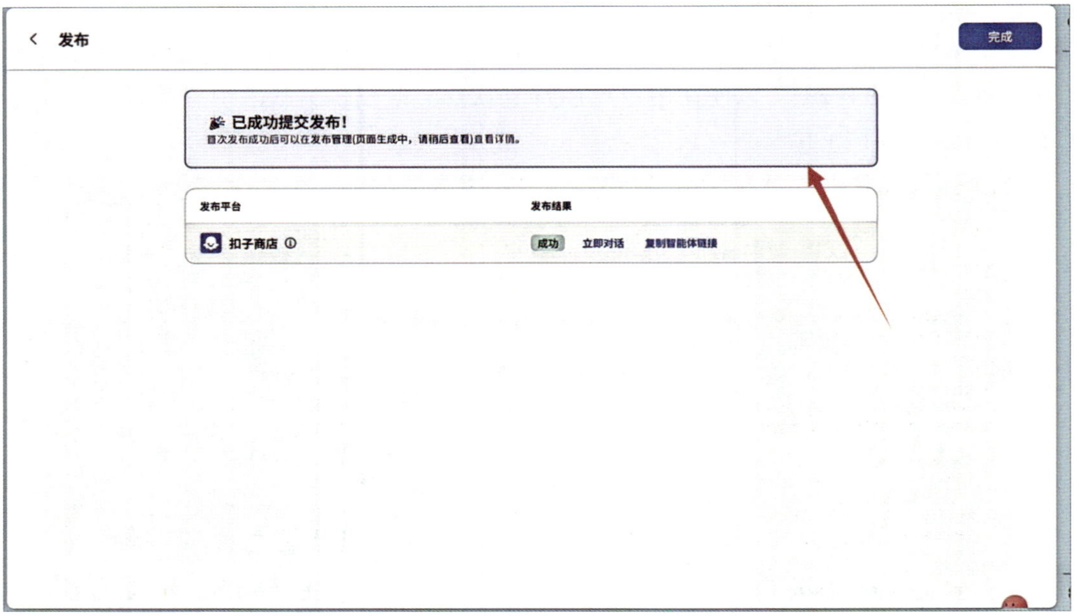

图6.83　成功发布BOT

思考与练习

2025年，字节跳动推出Coze空间（http://space.coze.cn）。Coze空间可自动分析用户需求，将其拆解为多个子任务，用户仅需提交需求，平台便可自主调用浏览器、代码编辑器等工具，最终输出完整的成果报告，与原来的Coze有所不同。原来的Coze更侧重于用户自行搭建工作流，业务流程需固定场景；而Coze空间能拆解复杂任务，调用多种工具，有智能小助手和专家模式，更适合灵活轻任务和标准化复杂场景。它基于大模型，接入了高德地图、飞书多维表格等工具，还支持自定义插件。Coze工作台更专注于Agent和工作流的搭建，而Coze空间则侧重于任务执行和多模态任务处理。

AI智能体已经成为了生产力工具，请你使用Coze空间完成文字生成图片的任务，与Coze进行智能体设计的对比。